城市与区域规划研究

本期执行主编　武廷海　刘　宛　李百浩

商务印书馆
创于1897　The Commercial Press

图书在版编目（CIP）数据

城市与区域规划研究. 第 13 卷. 第 2 期: 总第 36 期/武廷海, 刘宛,
李百浩主编. —北京: 商务印书馆, 2022
ISBN 978 - 7 - 100 - 20571 - 9

Ⅰ. ①城… Ⅱ. ①武… ②刘… ③李… Ⅲ. ①城市规划—研究—
丛刊②区域规划—研究—丛刊 Ⅳ. ①TU984 - 55②TU982 - 55

中国版本图书馆 CIP 数据核字（2021）第 271584 号

城市与区域规划研究

本期执行主编 武廷海 刘 宛 李百浩

商 务 印 书 馆 出 版
（北京王府井大街 36 号邮政编码 100710）
商 务 印 书 馆 发 行
北京新华印刷有限公司印刷
ISBN 978 - 7 - 100 - 20571 - 9

2022 年 1 月第 1 版　　　开本 787×1092　1/16
2022 年 1 月北京第 1 次印刷　印张 13 ¼

定价：83.00 元

主编导读
Editor's Introduction

Currently, the world is undergoing profound changes unseen in a century. Against this backdrop, it has become a social consensus that Chinese-type modernization boosts China's national rejuvenation, which has provided a broad and profound background and reference for our understanding of urban and regional planning. Articles of this issue focus on "Urban Tradition and Modernization", to explore the planning and construction of cities, especially capital cities in China and beyond.

The special article Preliminary Discussion on the Philosophical Implications of Beijing's Traditional Central Axis by WU Tinghai, YE Yale and WU Weijia explores the longitudinal composition and spatial evolution of the traditional central axis of Beijing – a thousand-year-old capital city, revealing the philosophical and cultural implications behind the spatial form. It offers scientific support for interpreting the value of the central axis as a historical and cultural heritage, as well as for the spatial conservation and use of the central axis as a cultural resource. In addition, it is a specific case for understanding the complex and rich tradition of Chinese capital city's central axis. Among the feature articles, the Capital City Construction in Western Countries and Modern City Planning (1850-1950) by LIU Yishi examines the formation and development process of planning concepts, design ideas and technical standards of modern urban planning based on a comparative study on the planning schemes and construction activities of capital cities of major Western countries, including France, Britain, Germany and

当今世界正经历百年未有之大变局，以中国式现代化推进中华民族伟大复兴，已经成为社会共识，也为我们认识城市与区域规划提供了广阔而深邃的时空背景与参照。本期聚焦"城市传统与现代化"，探究中外城市特别是都城的规划建设问题。

"特约专稿"武廷海、叶亚乐、吴唯佳"北京传统中轴线'天地之和'哲学蕴含初论"，探究千年之都北京传统中轴线的纵向构成及其空间演变，揭示空间形态背后的哲学文化蕴含，对于中轴线作为历史文化遗产的价值阐释，以及作为文化资源的空间保护与利用，都有科学支撑作用，同时也为认识中国都城中轴线的复杂而丰富的传统提供了具体案例。"学术文章"刘亦师"西方国家首都建设与现代城市规划（1850～1950）"详细比较了法、英、德、美等西方主要国家首都城市百年间的规划方案与实践，考察现代城市规划之规划观念、设计思想、技术标准的形成与发展的进程，

the US from 1850 to 1950, presenting the historical boundaries of the emerging discipline of modern urban planning. Research on the *Laws of Indies* and American Viceroyalty Capital City Planning in the Spanish Colonial Period by CAO Kang and LI Yijie summarizes the planning and construction practices of American viceroyalty capitals, including Mexico City, Lima, Bogotá and Buenos Aires, in the Spanish colonial period from the end of 15th century to the first half 19th century, pointing out that the general character of these cities' urban planning is a complicated hybrid of pragmatism and law-abiding, commonality and difference, and order and flexibility. Research on Spatial Form of Traditional Urban Governance and Its Modernization in Suzhou by FU Shulan is an empirical analysis of the spatial governance and characteristics of urban spatial structure at provincial, prefectural, county and township levels in the traditional city of Suzhou in the 18th century. It examines modern governance approaches, such as urban division, land zoning and urban center, from the perspective of division emergence and reshaping of urban center, providing a vivid and specific example of a traditional Chinese city and its modernization. Topophilianist Authenticity: An Explanatory Framework for Authenticity of Architectural Heritage from the Perspective of Human Geography by WANG Mengting et al. enriches the connotation composition system and interpretation of the authenticity of architectural heritage and provides useful insights into the value recognition, revitalization and sustainable development of Chinese architectural heritage. Re-Understanding the Territorial and Spatial Planning from the Perspective of Chinese Traditional Culture by MAO Bing and YIN Jian explores the issues of development and protection, harmony between man and nature, innovative development, people-oriented, and landscape construction in the territorial and spatial planning system through applying the ideas of the dialectical unity, the unity of man and nature, the unity of time and space, the practice until the best and the rhythmic vitality in Chinese traditional culture. In

也呈现了现代城市规划这门新兴学科的历史边界；曹康、李怡洁"《西印度群岛法》与西班牙殖民时期美洲总督区首府规划研究"梳理了 15 世纪末到 19 世纪上半叶 300 多年间，西属美洲殖民地墨西哥城、利马、波哥大、布宜诺斯艾利斯四个总督区首府城市的规划与建设实践，揭示了这些城市规划共同呈现的务实与守法、共性与差异、秩序与灵活等复杂混合特征；傅舒兰"苏州传统城市治理的空间结构及其近代化研究"对 18 世纪苏州传统城市省、府、县、乡里等不同层级的空间治理以及城市空间结构特征进行实证分析，并从区划显现与中心重塑的视角考察城市区划、用地分区、城市中心等现代治理手段，提供了中国传统城市及其近代化的生动而具体的案例；王梦婷、吴必虎、谢治凤等"恋地主义原真性：人文地理学视角的建筑遗产原真性解释框架"丰富了建筑遗产原真性内涵构成体系与解释途径，为中国建筑遗产的价值认知、活化利用与可持续发展提供了有益启示；毛兵、殷健"基于中国传统文化的国土空间规划再认识"试图运用中国传统文化中辩证统一、天人合一、时空一体、止于至善、气韵生动等观念，探讨现代国土空间规划中发展与保护、人与自然和谐、创新发展、以人为本、风貌营造等问题。此外，赵广

addition, Research on Relationship Between Public Health Emergencies and Planning Legislation by ZHAO Guangying, ZHAO Yongge and LI Chen proposes that the planning legislation is significant in the management of public health emergencies based on SARS, COVID-19, other public health emergencies.

In the column of Research Review, there are three papers. Among them, the paper by LI Chunfa, GU Runde and SUN Guiping reviews the hotspots and theme evolution of research on Beijing-Tianjin-Hebei regional development over the past three decades and its prospect; HAN Liuwei, LIN Zurui and LI Yuan's paper focuses specifically on the progress of research on the water environment adaptation in ancient villages in China based on the CiteSpace software of the JAVA platform; and the paper by GAO Yuan, YU Jianghao and TIAN Li reviews research on the resource and environmental carrying capacity of villages and towns, and its prospect.

In the final part is WU Tinghai's book review on *Chinese Urbanization* by GU Chaolin. Urbanization has always been one of the core contents of research on urban geography. As early as in 1945, LIANG Sicheng, an architect, published an article titled The Structure and Order of Cities in *Ta Kung Pao*, and in 1979 WU Youren, a geographer, published an article titled On Urbanization of Chinese Socialism. Since the reform and opening-up, China has experienced unprecedented large-scale and rapid urbanization practices in human society. *Chinese Urbanization* is a magnificent work, which summarizes a series of essential issues of urbanization in China against the backdrop of urbanization in the world based on the theories and practices of Chinese urbanization. More importantly, the book actually sheds light on the proposition that "Chinese urbanization promotes Chinese-type modernization", which provokes our further thinking.

英、赵永革、李晨"突发公共卫生事件与规划立法关系研究"结合从"非典"到新冠肺炎疫情等突发公共卫生事件,提出规划立法中对突发公共卫生事件管理的价值问题。

"研究评述"有三篇论文。李春发、顾润德、孙桂平评述了30年来京津冀区域发展研究的热点与主题嬗变并进行展望;韩刘伟、林祖锐、李渊基于 JAVA 平台的 CiteSpace 软件,对我国古村落水环境适应研究进展进行专门评述;高原、于江浩、田莉对村镇资源环境承载力研究进行评述与展望。

最后,武廷海对顾朝林著《中国城镇化》进行评述。城镇化是城市地理学研究的核心内容之一,1945 年建筑学家梁思成在《大公报》发表"市镇的体系秩序",1979 年地理学家吴友仁发表"论中国社会主义城市化",改革开放以来中国经历了人类社会史无前例的大规模快速城镇化实践,《中国城镇化》正是基于这样恢宏的中国城镇化理论与实践,以世界城市化为背景,对中国城镇化的一系列本质问题进行思考和总结,堪称鸿篇巨著。更重要的是,《中国城镇化》实际上已经启示了"以中国城镇化推动中国式现代化"的命题,引发我们进一步的思考。

城市与区域规划研究

目 次 [第13卷 第2期 （总第36期）2021]

Journal of Urban and Regional Planning

CONTENTS [Vol.13, No.2, Series No.36, 2021]

北京传统中轴线"天地之和"哲学蕴含初论

武廷海 叶亚乐 吴唯佳

Preliminary Discussion on the Philosophical Implications of Beijing's Traditional Central Axis

WU Tinghai[1,2], YE Yale[1,2], WU Weijia[1,2]
(1. School of Architecture, Tsinghua University, Beijing 100084, China; 2. Beijing Key Laboratory of Research on Capital Spatial Planning, Beijing 100084, China)

Abstract A systematic interpretation of the philosophical implications of Beijing's traditional central axis is helpful to tell the world about the philosophical concepts of Chinese civilization. The paper combed through the formation of Beijing's traditional central axis, analyzed the spatial pattern in every period, and revealed the philosophical implication of Harmony between Heaven and Earth. Based on the current problems existing in the value interpretation, protection and utilization, specific suggestions are proposed for better protection and utilization of the traditional central axis, as well as better planning and construction of the extension zones.

Keywords central axis; Beijing; philosophical implication; Harmony between Heaven and Earth; Planning Heritage

摘 要 系统阐释北京传统中轴线的哲学蕴含,有助于向世界讲述中华文明哲学理念。文章梳理北京传统中轴线的形成过程和各历史阶段的空间特征,揭示其中蕴含的"天地之和"哲学蕴含;基于当前价值阐释与保护利用中存在的问题,提出传统中轴线保护利用和中轴线及其延长线规划建设的具体建议。

关键词 中轴线;北京;哲学蕴含;天地之和;规划遗产

1 引言

2016 年 5 月,习近平总书记在哲学社会科学工作座谈会上的讲话指出:"中国古代大量鸿篇巨制中包含着丰富的哲学社会科学内容、治国理政智慧,为古人认识世界、改造世界提供了重要依据,也为中华文明提供了重要内容,为人类文明作出了重大贡献。"北京是古都规划建设的无比杰作(梁思成,2001),北京传统中轴线是世界上现存最长、最完整的古代城市轴线,蕴含着深刻的哲学内容,承载着中华文明独特的价值体系。

2014 年 2 月,习近平总书记在首都北京考察工作时强调:"北京是世界著名古都,丰富的历史文化遗产是一张金名片,传承保护好这份宝贵的历史文化遗产是首都的职责。"北京传统中轴线是统领老城整体秩序的空间骨架,堪称北京老城的灵魂与脊梁。挖掘其中的哲学蕴含,溯到源、找到根、寻到魂,有助于加强空间秩序认知和文物保护利用,促进北京中轴线的积极保护和整体创造。

2020 年 8 月,中共中央、国务院关于《首都功能核心

作者简介
武廷海、叶亚乐、吴唯佳,清华大学建筑学院、首都空间规划研究北京市重点实验室。

区控制性详细规划（街区层面）（2018～2035年）》批复指出：“中轴线以文化功能为主，是体现大国首都文化自信的代表地区。”北京传统中轴线展现出宏阔、壮丽、有序的景观特征，不仅是城市要素组织的空间形式，也是大国首都风范和中华文明魅力的物质载体。系统阐释北京传统中轴线“天地之和”的哲学蕴含，有助于向世界讲述中华文明哲学理念，有助于北京中轴线申遗工作。

中国古代都城轴线不仅是一种卓越的空间组织形式，而且是国家政治理念在都城建设上的反映（刘庆柱，2016），具有深厚的文化意义（吴良镛，2014），反映在其形成过程和布局形态中（武廷海等，2015；武廷海，2021）。北京传统中轴线肇始于元，成型于明，其中明北京城中轴线的主体部分传承至今，位置和朝向基本明确。长期以来，对于元大都中轴线位置存在争议，主要有“较元大都中轴线东移”（朱偰，1936；王璞子，1960；王子林，2017；陈喜波，2021）和“与明北京城中轴线一致说”（赵正之，1989；徐苹芳，2001；侯仁之，1997）两种观点，而从景山以北的元代大道遗迹（元大都考古队，1972）和元大都海子东岸遗迹（岳升阳、马悦婷，2014）等考古发现看，元大都中轴线很可能与明北京城位置一致。当前关于北京中轴线空间形态的研究主要从横向探讨两侧要素的对称布局特征（沈加锋，1989），关于纵向空间序列特征的研究主要集中在皇城范围内（李路珂，2003），研究多关注“天道”“皇权”“礼制”等文化蕴含（朱祖希，2012；吕舟，2015；王岗，2015）。此外，有学者探讨中轴线朝向偏离子午线（夔中羽，2005；李仕，2010；王军，2020；陈喜波，2021）和山水朝对特征（敖仕恒、张杰，2018）。总体看来，当前关于北京中轴线的研究丰富而深入，但是尚缺少从纵向上对中轴线整体空间序列进行定量分析，相应的哲学内涵有待进一步揭示，北京传统中轴线申遗及其保护发展迫切需要科学支撑。

2　北京传统中轴线纵向空间特征

从城市规划角度看，中轴线是具有特定朝向和节奏、由一系列关键节点（山川、草木、建筑、城墙等）构成的规划设计控制线；从建成环境角度看，中轴线是经过严整设计、体现规划意图的中心地区；从建成遗产角度看，北京传统中轴线是由不同时期规划设计控制线与建成环境空间遗存综合层积形成的遗产地区。

元大都中轴线北起齐政楼，南过万宁桥、皇城、宫城，出都城南门丽正门，南端为位于今正阳门南的一棵大树，长约4.7千米，合元代10里（图1a）。北端“齐政楼”出自《尚书》“在璇玑玉衡，以齐七政”，蕴含国家治理的深义；南端大树（东经116.391752°，北纬39.896951°）被刘秉忠用来确定大内朝向，忽必烈敕封为“独树将军”（武廷海等，2018）。

明永乐年间改建北京城，继承元大都中轴线走向与主体结构，北起鼓楼（即元齐政楼），南过皇城、万岁山（今景山）、宫城，出都城南门正阳门，至天桥北一带（今珠市口南，历史上为洼地北缘，东经116.392176°，北纬39.888277°），长约5.7千米，合明代10里（图1b）。明嘉靖年间修建北京外城、扩建山川坛和天坛，中轴线分别向南、北延展，南至外城正南门永定门，北至都城北墙（今北

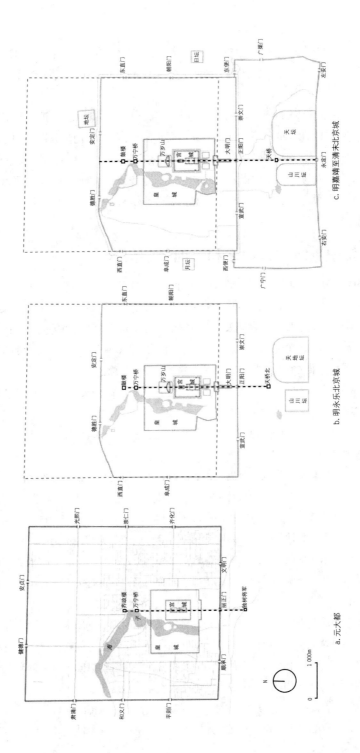

图 1 元大都、明永乐北京城、明嘉靖至清末北京城及其中轴线

二环，东经116.389277°，北纬39.888277°），贯穿全城，长约8.5千米，合明代15里（图1c）。清代延续了明代城市中轴线格局，只进行了局部改造；中华人民共和国成立后新建了天安门广场和毛主席纪念堂等。

值得注意的是，北京传统中轴线尽管历经朝代更替，但是元、明永乐、明嘉靖至清末等三个时期中轴线的空间结构表现出相同的比例与节奏：自南而北，中轴线都被均匀地分为5段，3∶2分点处都是宫城中的重要建筑。元大都时期，中轴线3∶2分点处为延春阁，是大内之中最高的建筑；明永乐时期，中轴线3∶2分点处为中圆殿（后改名交泰殿），处于乾清宫和坤宁宫之间；明嘉靖至清末，中轴线3∶2分点处为中极殿（今中和殿），居故宫外朝三大殿之中（图2）。

3　北京传统中轴线"天地之和"的哲学蕴含

北京传统中轴线在不同时期表现出精确的空间同构并非巧合，实际上是"天地之和"哲学思想在规划上一以贯之的表现。元大都规划主持者刘秉忠精通传统文化，据《元史·世祖本纪》记载，忽必烈称刘秉忠"其阴阳术数之精，占事知来，若合符契，惟朕知之，他人莫得闻也"；《元史·刘秉忠传》称他"于书无所不读，尤邃于《易》及邵氏《经世书》"，所谓"邵氏"是指北宋哲学大家邵雍，著有《皇极经世书》，书中解释《周易》"参天两地而倚数"称："五，两之则为十。若参天，两之则为六；两地，又两之则为四。此天地分太极之数也。"元大都中轴线长10里，被延春阁分为南6里和北4里两段，正好合于天、地之理数"参天两地"，象征都城为天子所居之处与沟通天地之所。延春阁南北两侧建筑物的命名明显也呈现出南为天为乾、北为地为坤的特征。因此，元大都中轴线规划建设堪称"天地之和"。

姚广孝主持明永乐北京城规划，服膺刘秉忠思想，中轴线规划也依据"参天两地"，延续"天地之和"的规划立意。永乐北京城与元大都中轴线长度都为10里（1元里=240步，1明里=360步），北端点相同（元称齐政楼，明称鼓楼）；南端点（独树将军和天桥北）都为自然形胜，体现了中国古代尊重自然、顺应自然的天地观念；自南向北第一个等分点处都为都城正南门，第三个等分点处都为后宫中心点，其中永乐北京城置"交泰殿"，取意泰卦，象征乾坤相交、天地相交，与"延春阁"如出一辙。明嘉靖增筑北京外城，尽管主要出于军事防御的考虑，但是关键节点布局仍然依据"参天两地"，将3∶2拓展至全城，在更大尺度上延续"天地之和"的规划立意。

从中国都城中轴线形成与变化长期历程看，秦汉至隋唐时期是都城中轴线形成时期，中轴线之北端为象天的宫城，南为祀天的郊坛；中轴线的朝向往往具有山川定位的特征，可以说都城中轴线规划建设具有天地之思。元代以来，从元大都到明清北京城，中轴线的纵向设置依然考虑天地，但更多的是哲学层面上的天地，这是中国都城中轴线规划的新变化。

文化遗产价值阐释是中轴线申遗保护的关键环节，当前对北京传统中轴线"天地之和"哲学蕴含的价值阐释不足，相应的保护、利用与展示亦显不足。一是对传统中轴线"天地之和"哲学蕴含的价

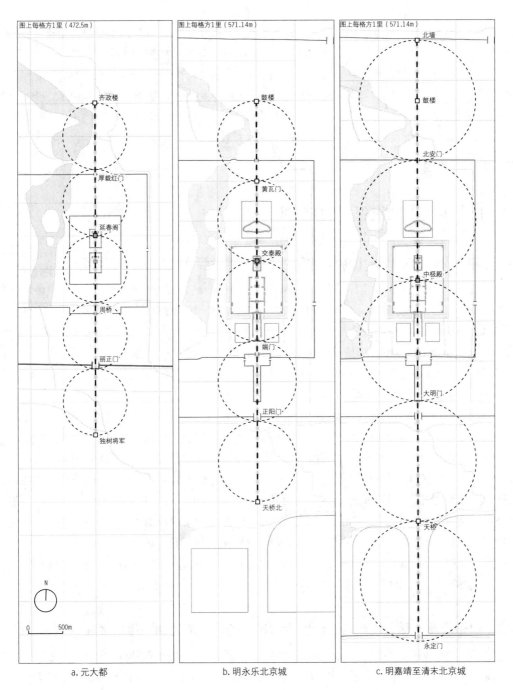

图2 三个时期城市中轴线空间序列分析

值阐释与传承不足。北京传统中轴线是元明清和近现代不断传承发展的产物，已有 750 余年历史，是蕴含规划智慧、见证历史进程、体现国家治理的规划遗产。当前，中轴线上物质文化遗产保护受到的关注较多，但对其价值内涵的阐释和传承仍有待加强；元代中轴线规划奠定了"天地之和"的立意，在明清时期得以传承，当今中轴线保护亦应延续历史文脉并发扬光大。二是对传统中轴线"天地之和"空间格局的保护、利用与展示不充分。北京传统中轴线是点、线、面等不同空间形态历史文化遗产的集合体，当前，传承中轴线的保护利用措施尚未关注并系统呈现"天地之和"的规划布局特征，保护利用体系尚不健全。

4　北京传统中轴线保护利用建议

4.1　建立展示北京传统中轴线"天地之和"哲学蕴含的保护利用体系

上述三个历史时期中轴线上体现"参天两地"立意的部分空间要素传承至今，成为北京传统中轴线上的重要节点，承载着中国传统"天地之和"的哲学蕴含。按照保存状况可以分为三类（图 3）。第一类为原状保存较好的六处节点，包括鼓楼、交泰殿、中和殿（明中极殿）、内金水桥（元周桥）、端门、正阳门。第二类为已改造或复建的四处节点，其中元代延春阁在明初被拆毁，并堆置万岁山（今景山公园），今有绮望楼；元代丽正门在明初被拆除，根据元大都城考古发现，位于今天安门广场国旗旗杆处；明代大明门清代沿用为"大清门"，中华人民共和国成立后在此建毛主席纪念堂；中华人民共和国成立初期永定门的瓮城、城楼和箭楼被陆续拆除，2004 年永定门城楼得以复建。第三类为已无遗存的六处节点，包括元代厚载红门、独树将军，以及明代的北墙点、地安门、天桥北、天桥。

笔者建议古为今用，对中轴线上的重要节点进行分类展示：对于原状保存较好的节点，加强"天地之和"哲学思想和文化内涵的展示；对于已改造的节点，通过多种形式呈现历史文化信息，特别是进一步凸显天安门广场国旗旗杆、毛主席纪念堂在传统中轴线空间序列中的重要地位；对于已无遗存的节点，通过适当的方式标志并展示其历史特征和价值内涵。建议特别重视明代北墙点、鼓楼、独树将军、天桥北、永定门等传统中轴线端点，以及景山绮望楼（元延春阁位置）、交泰殿、中和殿等"天地之和"关键节点的保护与展示，凸显中轴线纵向空间序列特征，呈现文化内涵。将北京传统中轴线"天地之和"保护利用体系作为整体纳入申遗工作，并纳入中华文明标识体系。

4.2　中轴线及其延长线规划建设要传承和弘扬"天地之和"传统文脉

笔者建议在传统中轴线文化规划建设活动中，分段展示"天地之和"的哲学蕴含，强化中轴线秩序特征（图 4）。第一，传统中轴线中段，从地安门至毛主席纪念堂，长 3 400 米，属于明清皇城范围，涵盖绮望楼、交泰殿、中和殿三个关键节点，作为展现"天地之和"文化内涵的精华地区。第二，传

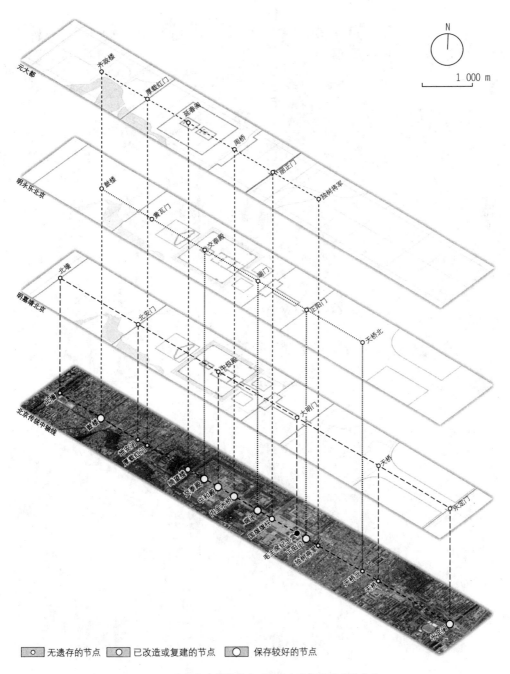

图3 北京传统中轴线蕴含"天地之和"的遗产点分布

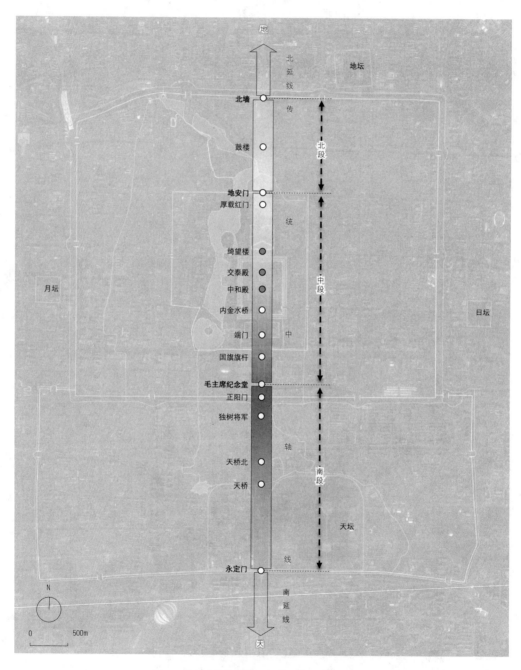

图 4　北京中轴线及其延长线天地文化蕴含示意

统中轴线南段，南起今永定门，北抵毛主席纪念堂，长3 400米，涵盖独树将军、天桥北和永定门三个重要节点，与周边的天坛、先农坛共同展示"敬天"等与"天"相关的传统文化。第三，传统中轴线北段，南起地安门，北达钟鼓楼，延伸至明清老城北墙，长1 700米，涵盖鼓楼和北墙点两个重要节点，与周边的地坛等共同展示"礼地"等与"地"相关的传统文化。

我们建议中轴线延长线规划建设要进一步传承并弘扬"天地之和"的传统文化立意。中轴线延长线北至燕山山脉，南至北京新机场、永定河水系，节点布局要兼顾传统中轴线的空间节奏，重要文化项目建设要充分考虑更大尺度的天地文化内涵，使历史文化与现代文明交相辉映，彰显大国首都风范。

致谢

本文受国家自然科学基金项目（51978361）资助。

参考文献

[1] 敖仕恒, 张杰. 结合山水地形的元大都城市十字定位与中心区布局研究[J]. 中国建筑史论汇刊, 2018(1): 199-237.

[2] 陈喜波. 明北京城中轴线形成原因探析[J]. 中原文化研究, 2021, 9(1): 92-100.

[3] 侯仁之. 试论元大都城的规划设计[J]. 城市规划, 1997(3): 10-13.

[4] 夔中羽. 北京中轴线偏离子午线的分析[J]. 地球信息科学, 2005(1): 25-27.

[5] 李路珂. 北京城市中轴线的历史研究[J]. 城市规划, 2003(4): 37-44+51.

[6] 李仕. 北京中轴线: 为何偏离子午线[J]. 城市住宅, 2010(5): 76-77.

[7] 梁思成. 北京——都市计划的无比杰作[M]//梁思成全集 第五卷. 北京: 北京建筑工业出版社, 2001: 101-113.

[8] 刘庆柱. 从"双轴线"到"中轴线"[N]. 中国社会科学报, 2016-05-06(005).

[9] 吕舟. 北京中轴线申遗研究与遗产价值认识[J]. 北京联合大学学报(人文社会科学版), 2015, 13(2): 11-16.

[10] 沈加锋. 从一个调查看北京中轴线的印象[J]. 城市规划, 1989(4): 25-27.

[11] 王岗. 北京中轴线的历史文化内涵与当代政治意义[J]. 北京联合大学学报(人文社会科学版), 2015, 13(2): 6-10+30.

[12] 王军. 北京中轴线朝向考[J]. 建筑史学刊, 2020, 1(1): 113-124.

[13] 王璞子. 元大都城平面规划述略[J]. 故宫博物院院刊, 1960: 61-82.

[14] 王子林. 元大内与紫禁城中轴的东移[J]. 紫禁城, 2017(5): 138-160.

[15] 吴良镛. 中国人居史[M]. 北京: 中国建筑工业出版社, 2014: 210.

[16] 武廷海. 规画: 中国空间规划与人居营建[M]. 北京: 中国建筑工业出版社, 2021: 361.

[17] 武廷海, 王学荣. 秦始皇陵规画初探[J]. 城市与区域规划研究, 2015, 7(2): 132-187.

[18] 武廷海, 王学荣, 叶亚乐. 元大都城市中轴线研究——兼论中心台与独树将军的位置[J]. 城市规划, 2018, 42(10): 63-76+85.

[19] 徐苹芳. 论历史文化名城北京的古代城市规划及其保护[J]. 文物, 2001(1): 64-73+1.

[20] 元大都考古队. 元大都的勘查和发掘[J]. 考古, 1972(1): 19-28+72-74.

[21] 岳升阳, 马悦婷. 元大都海子东岸遗迹与大都城中轴线[J]. 北京社会科学, 2014(4): 103-109.

[22] 赵正之. 元大都平面规划复原的研究[M]//《建筑史专辑》编辑委员会. 科技史文集(第 2 辑). 上海: 上海科学技术出版社, 1989: 26.

[23] 朱偰. 元大都宫殿图考[M]. 上海: 商务印书馆, 1936: 23.

[24] 朱祖希. 象天设都 法天而治——试论北京中轴线的文化渊源[J]. 北京规划建设, 2012(2): 45-49.

[欢迎引用]

武廷海, 叶亚乐, 吴唯佳. 北京传统中轴线"天地之和"哲学蕴含初论[J]. 城市与区域规划研究, 2021, 13(2): 1-10.

WU T H, YE Y L, WU W J. Preliminary discussion on the philosophical implications of Beijing's traditional central axis [J]. Journal of Urban and Regional Planning, 2021, 13(2): 1-10.

西方国家首都建设与现代城市规划（1850～1950）

刘亦师

Capital City Construction in Western Countries and Modern City Planning (1850-1950)

LIU Yishi

(School of Architecture, Tsinghua University, Beijing 100084, China)

Abstract With the capital cities of major western countries, including France, Britain, Germany and the US, as examples, this paper examines the establishment and development of City Planning as an independent discipline based on a comparative study on the planning schemes and construction activities of these cities between 1850 and 1950, with the focus on the formation and evolution of planning mentalities, design principles and technical standards. Modern city planning can be traced back to the renovation of Paris in the mid-nineteenth century, yet the emerging discipline was not well recognized with distinct boundaries until variegated practices had been conducted in western countries over more than half a century. The paramount concern and continuous reflections on human has been the source for the development of City Planning, which sheds light on today's debate on the nature and content of City Planning for ideological and technical innovations.

Keywords western countries; capital city planning; renovation of Paris; planning discipline; planning mentality; design principle; technical standard

摘　要　文章以法、英、德、美等西方主要国家首都城市的规划和建设活动为对象，综合比较这些首都城市在1850～1950年提出的各类规划方案与规划实践，以之切入考察现代城市规划学科的创立与发展，重点研究不同规划方案和城市演变过程中相关规划观念、设计思想和技术标准的形成、扩充等逐步成熟和完善的历史过程。现代城市规划的根源可追溯至19世纪中叶，经历大半个世纪的发展，汇聚了西方各国的实践，才逐渐廓清了这一新兴学科的面目和边界，体现出一以贯之的对于"人"的关怀与思考，对于今天重新认识城市规划的内涵、争取思想和技术创新也具有启示意义。

关键词　西方国家；首都规划；巴黎改造；规划学科；规划观念；设计思想；技术标准

1909年年初，利物浦大学建筑学院成立了世界上第一个城市规划系，为现代规划教育之嚆矢[①]（Crouch，2002），以之为依托又创办起著名的《城市规划评论》（*Town Planning Review*）杂志。这二者皆是现代城市规划学科成立的重要标志[②]。《城市规划评论》的首任主编是后来主持制定了《大伦敦规划》的阿伯克隆比（Patrick Abercrombie，1879～1957）。他在此后几年间发表了一系列关于欧美首都城市规划和建设历史的论文。这些论文旨在梳理外国城市规划的经验，用以阐明城市规划学科的意义并试图指导当时英国的规划建设[③]（Denby，1938），具有很强的现实关怀特性。而且，阿伯克隆比早年的这些研究成果后来或

作者简介
刘亦师，清华大学建筑学院。

隐或现地呈现在他日后的规划实践中，由此不难看到规划史研究在西方城市规划学科形成之初的重要地位和贡献。

　　阿伯克隆比的研究基于实地调研，聚焦在西欧主要国家的首都城市④（Dehaene，2004），采用视野宽广的比较研究方法，得出颇多至今看来仍颇为新颖的观点。例如，阿伯克隆比梳理了巴黎从 14 世纪到 19 世纪中叶的历次扩建过程和规划方案，指出奥斯曼（Georges Haussmann，1809~1891）在 1853~1870 年的改造虽然彻底改变了巴黎的城市形象和空间特征，新增添了火车站、林荫大道等内容，但改造工程依据的基本是 1793 年早已确定的方案，从规划角度上说"留给奥斯曼发挥的余地甚小"（Abercrombie，1912）。此外，在分析了香榭丽舍大道（Champs-Élysées）及其沿途重要节点的复杂形成过程后，阿伯克隆比将之与柏林的菩提树下大街及其延长线进行比较，指出"虽然前者包含了更多城市发展和规划上的失误和缺失，但正因如此而显得更加富有魅力"（Abercrombie，1911b）（图 1）。

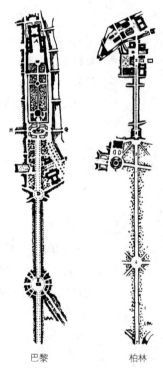

巴黎　　　　柏林

图 1　阿伯克隆比对巴黎香榭丽舍大道与柏林菩提树下大街及其延长线的比较研究

资料来源：Abercrombie，1911b：218-219。

　　可见，现代城市规划学科自成立之初，就明确地将城市空间与建筑单体区别对待，并在全球视野中比较研究其特征与设计手法，深刻影响了规划学科此后的发展。阿伯克隆比之后，针对各国首都城市规划的历史研究成果颇多。这是因为，第一，工业革命以后容纳流入人口最多的城市就是各国首都，因此它们的城市问题最突出，其经验利弊亟待梳理总结；第二，首都的规划和建设是各国用以彰显其物质文明和思想文化水平的集中体现，也是各国政府"对内笼络民心，亦为对外宣扬国威之重要途径"[5]，具有无可替代的独特性；第三，迟至20世纪50年代以前，欧美这些主要国家仍积极推行全球殖民主义，"帝国"首都规划所体现的设计思想、艺术品位和技术标准是其殖民地城市规划的重要参考；第四，第一次世界大战后出现了一批新兴的民族国家，其首都规划也受到当时流行的欧美规划思想和技术的深刻影响，甚至直接聘用欧美规划师制订方案。因此，首都规划是全球视野下规划史研究中不可缺少的内容。

目前，这些针对首都城市的规划史研究的地域范围已从西欧和北美扩展至包括"非西方"世界在内的其他地区，研究内容也从较单纯的城市空间形态和景观特征扩展至经济政策、规划法案、国家建构和社会变迁等各方面。除量大面广的城市史研究外，专以首都城市的规划史为研究对象的著述可粗略归为两类：第一类以美国学者劳伦斯·威尔（Lawrence Vale）为代表的综合性研究（Vale，1992），其著作一般分章讨论具有代表性的各国首都城市的规划设计和实施，内容偏重空间形态和规划政策，而较少系统分析其所体现的规划思想及其与整个规划学科的关联；第二类则强调"专、精"，常以单一城市为研究对象，有明确的研究目标及丰富的历史细节，虽然有力地补充了此前阿伯克隆比那种粗放式的研究，但普遍缺少视野宏大的比较研究，也难以由之摹画出西方城市规划学科的发展脉络。例如，2006年出版的《20世纪的首都城市规划》各章就以不同的首都城市为对象分别论述，唯在篇首收入彼得·霍尔（Peter Hall）以较为宏观的视野讨论重新思考"首都"概念及其分类的文章（此书还同时收入劳伦斯·威尔关于多个首都城市规划设计的综述）（Hall，2006），可视作为数不多的例外。

有鉴于此，本文拟以推动了工业化和城市化进程的西方主要国家的首都城市——巴黎、维也纳、柏林、伦敦和华盛顿为对象，在扼要论述它们各自城市规划与建设历程的基础上，采用比较研究的方式梳理在它们的规划和建设中彼此影响、相互轇轕的历史过程，而将重点放在规划观念、设计思想、技术标准三方面，着力考察以下问题：现代的规划观念如何在欧美各地的实践中得以形成并使其边界逐渐清晰？城市规划的设计思想如何逐渐扩充并形成体系？相关技术标准在何种背景下创建并逐步完善？比较奥斯曼的巴黎改造和阿伯克隆比的大伦敦规划，二者相去近百年，从这些方面入手观察可以清楚看到二者的紧密联系和根本区别。而在此两造之间西方世界又在首都城市的规划构思和实践中，涌现出代表着现代城市规划的不同发展方向，构成了现代城市规划史上万象奔腾的磅礴景象。

限于篇幅，本文关注的是西方主要国家首都的规划历史。虽然这些国家在其遍布全球的殖民地首府，如新德里、堪培拉、马尼拉、西贡以及北非的诸多城市也进行了各种规划活动，但就规划观念、设计思想和技术手段而言，那些规划活动凛遵宗主国的模式，殊少创新。此外，在民族主义泛起和民族独立运动的大潮下，20世纪上半叶还产生了诸多新兴的民族国家，如苏联、土耳其、巴西以及北洋政府和国民政府统治下的中国等，在规划史上也有其地位。这些"非西方"国家，包括日本在内，其规划活动仍遵照西方确立的模式进行，唯在苏联和日本出现过一些令人耳目一新的创造（刘亦师，2019a），但已超出本文讨论的范围。

本文的研究时限起自 1850 年，其为欧洲各国政府尝试系统工业革命引致的城市问题之始（Wiesner-Hanks et al.，2004），并即将迎来影响深远的巴黎改造，下迄第二次世界大战结束后的 1950年。本文研究的首都城市都属于西方主要国家，暂不涉及原殖民地国家和新兴民族国家的首都规划。我们开展这项研究的用意与阿伯克隆比的研究一样，旨在古为今用，通过研究外国首都城市的历史，力图深化对我国近代以来首都城市规划和建设的理解。

1　现代城市规划的雏形：18 世纪末以来的巴黎改造及其影响

巴黎地扼冲要，古罗马人已在此地沿塞纳河两岸修建通往比利时和英国的公路，并于公元 3 世纪筑起巴黎的第一道城墙。此后由于人口增长，巴黎的城市建设区域原有城墙不断向外扩张，导致城墙遭拆毁。同时，为抵御外敌入侵和征收关税，巴黎又陆续修建起至少 6 道城墙（Abercrombie，1911a）。其中较重要且存留到 19 世纪 50 年代的是修建于腓力二世时期（1180～1223）的中世纪城墙、14 世纪百年战争时代的城墙和 1784 年修建的关税城墙。直到 19 世纪 40 年代，巴黎的远郊仍在兴建围墙以标明市域及其税收的边界。

在长期缓慢发展过程中，巴黎逐渐聚集了现代城市空间的诸种要素。例如，路易十四时代已仿效罗马的样例将巴洛克式的宽阔道路引入巴黎，唯其长度较短，尚不具备后来的那种恢宏的气度，也缺少路灯、下水道等现代基础设施。此外，巴黎市中心的不同区域已形成卢浮宫、观象台、大学等具有法国特色的古典主义建筑群和诸多城市广场，但这些要素尚未与城市主要道路发生紧密联系。并且，除在巴黎的东西远郊各有一处皇家公园可用于市民出外游憩外，由于长期和平导致防御性极强的百年战争时代城墙被局部改造为郊外公园。

由于城墙占地较广，局部拆除后可有效改造该地区的交通和居住环境，"城垒一旦拆除，就为城市创造出简单、经济的改造条件"（Abercrombie，1911a）。可见，在延续城市既有格局、重新利用前代遗留的各种遗产的长期实践中，巴黎的市政管理者和建筑师对巴黎的城市问题与改良方向已逐渐形成清晰的认识。

在此基础上，1744 年，法国宫廷建筑师在巴黎西郊的布洛涅（Boulogne）森林附近规划了新市区，并以香榭丽舍大道将之与巴黎市区连接起来。拥挤的老市区与新市区疏朗开阔的空间格局形成鲜明对比。

1789 年法国大革命爆发后，法国政府曾任命一个由雕刻家、建筑师和工程师组成的艺术委员会（The Commission des Artistes），负责研究巴黎的城市空间并提出改造方案，此即 1793 年版巴黎规划。这一规划产生于法国资产阶级革命的大背景下，受其影响也具有豪迈奋发的特征。它首次在规划中将此前历代存留的城墙、道路、建筑和开敞空间等要素统一加以考虑，提出在既有城市肌理上以新的宽阔大道进行切分和连接，尽量使道路取直，形成贯通全城的新轴线和高效的道路网。同时，这一规划将市区内道路按截面宽度进行分级，规定最宽的道路为 14 米，最窄 6 米；道路交会处设置圆形广场。可见，"就交通、卫生和艺术形象而言，现代巴黎的雏形已现"（Abercrombie，1912）。这一方案虽然最后被束之高阁，仅在拿破仑称帝后在市内按其建议的位置兴建若干公共建筑，如凯旋门等，但它提出的重整街道格局构想成为后来奥斯曼改造巴黎的重要参考。

1851 年年底拿破仑三世称帝时，巴黎相比伦敦在经济发展和城市环境方面已瞠乎其后（Hall，2004）。因此，拿破仑三世立志重振巴黎，使之建成为欧洲乃至全世界"最明亮、最壮丽和最洁净的首都城市"（Chapman，1953），并于 1853 年 6 月任命奥斯曼为塞纳地区行政长官，主持巴黎的城市改造。奥斯曼出生于官宦世家，担任过波尔多等"外省"地区的行政长官，积累了丰富的行政和城市建设经验，剑及履及亦能知人善任，堪称"能吏"。奥斯曼下车伊始即在巴黎最高的那些建筑物顶层修建观测塔，绘制出精准的全城测绘图作为此后改造的重要依据；他在改造中体现了远迈前代的气魄：将 1793 年规划方案中拟建的宽 40 米的主要街道大幅拓展至 80～120 米。不但如此，奥斯曼曾积极支持拿破仑三世称帝，因此深得后者的信任与器重，这也是他在此后 17 年间得以排除阻难、大刀阔斧进行城市改造的重要原因（Chapman，1953）。

奥斯曼拆除了位于西北部残留的百年战争时代的城墙，在原址修建起林荫大道，后又拆除环绕巴黎市区的关税城墙，修建起外围的环城大道（boulevards exterieurs）。为使环形道路与放射形道路连成整体，奥斯曼扩大新建了一系列广场，"于数中点连以正街，复由此中点各作射出之径街，并做数圈街以穿贯之"（安徽警察厅省道局，1923），由此形成新的城市街道系统。四方辐辏的笔直大道汇聚于不同几何形状的广场，如位于关税城墙的凯旋门广场被扩大成 12 条道路的交会点，使这种街道和广场成为现代交通的重要组成部分，也成为巴洛克式城市设计的重要特征，对世界各国产生了巨大影响。

当时的巴黎虽然有多条道路可进入市内，但没有一条贯穿全城的街道。因此，奥斯曼将香榭丽舍大道向东西延展，直抵布洛涅和万塞纳（Vincennes）森林公园，成为贯穿巴黎的东西轴线；继之又打通了一条南北大道，构成巴黎市的十字形道路骨架。奥斯曼的建设方式并非拓宽原有道路，而是提出"创造性破坏"（creative destruction）的观念，在大量拆除现有住宅和其他建筑的基础上新建宽阔的道路，也因此重塑了巴黎的城市肌理（图 2）。这一改造手法在拿破仑三世的第二帝国倒台之后仍然继续（图 3）。

奥斯曼曾参与过 1830 年的"七月革命"，亲眼见到革命者利用巴黎狭窄的街道构筑街垒（Chapman，1953）。在拿破仑三世的授意下，奥斯曼开辟宽阔大道的主要意图除促进人员和货物的快速输送外，还结合军营的布置，保证军队能迅速抵达可能的"暴乱"地点，遏制街头革命再次发生，也因此略具现代城市规划政治和社会功能的雏形。

为了使宽阔的道路成为巴黎城市景观的重要内容，1856 年，奥斯曼任命阿方德（Jean-Charles Alphand，1817～1891）执掌新成立的林荫道种植建设部门（Service des Promenades et Plantations），负责巴黎的城市绿化、广场和公园建设（图 4）。阿方德在实践中探索制定了建设种植多排行道树、具有不同道路断面和复杂地下管网系统等林荫大道的设计标准。除建设道路外，阿方德还负责巴黎的公园建设，"布洛涅森林公园的设计是巴黎改造当之无愧的集大成作品"（Abercrombie，1912），最终建成世界上最早的与城市公园相连的林荫大道系统，成就超乎其所模仿的伦敦公园之上，也启发了美国景观建筑学家奥姆斯泰德（Frederick Law Olmsted，1822～1903）设计园林大道（parkway）[⑥]（MacDonald，1999）。

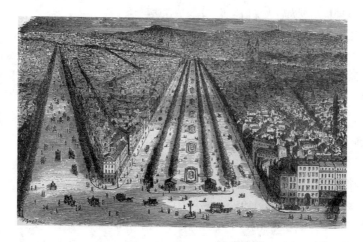

图2　奥斯曼改造巴黎形成的街道景观

资料来源：Lampuhnani，1985：25。

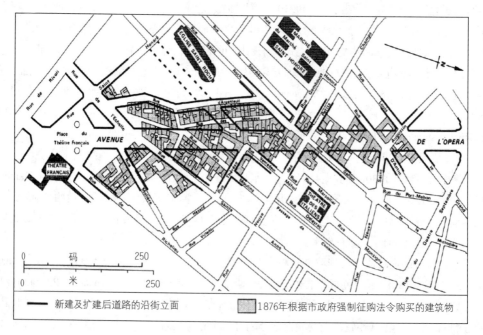

—— 新建及扩建后道路的沿街立面　　　　▨1876年根据市政府强制征购法令购买的建筑物

图3　歌剧院及其正对的歌剧院大街原有城市肌理和拆除后建成的空间形态对比（二者均于1887年建成）

资料来源：Wiesner-Hanks et al.，2004。

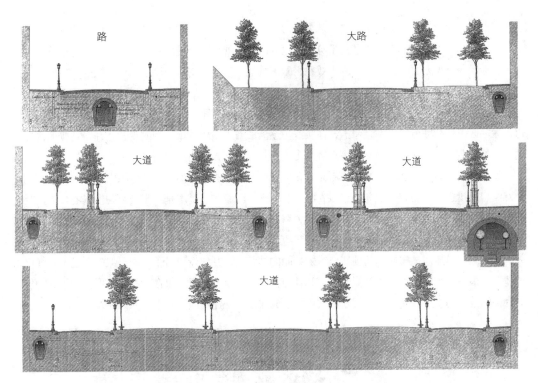

图 4　阿方德著作中对不同形状的城市广场的设计（1867 年）

资料来源：Alphand，1984。

奥斯曼改造巴黎为时最长的一项工程是修建现代化的供水系统和下水道系统，对其他各国，尤其是英国产生了深远的影响。奥斯曼在南北两个方向选择了远离巴黎的可靠水源地，分别修建 114 千米和 173 千米的引水渠进入巴黎市区，同时任命工程师在巴黎地下修建多条人工河道，截留雨水和污水并引向巴黎远郊的污水处理厂，使原本污秽不堪的塞纳河及其支流逐渐清澈起来。整个工程持续 30 余年，和巴黎绿化系统的建设一样，都延续到奥斯曼去职之后（Chapman，1953）。

为了募集资金实施花费巨大的改造项目，奥斯曼提出"生产性投资"（productive expense）的概念（Foglesong，2014），利用土地的升值预期积极利用民间游资，沿各条壮丽的大道投资建设公寓住宅、商店等建筑，其税收又用于城市基础设施建设等，实现"正反馈循环"。此外，奥斯曼又推动建筑立法，或利用其政治身份重新阐释和利用现有法案为推进其改造事业服务，积极塑造了巴黎的现代化城市景观，并推动了法国经济和建造业的繁荣（Paccoud，2016）。

奥斯曼积极引入新技术和设备，利用地下管网在道路两旁竖立煤气灯，创造出令人惊叹的巴黎夜景并提高了巴黎的治安水平（James-Chachraborty，2015）。同时，新建的火车站、百货商店、歌剧院等公共建筑及至沿街布置的五层公寓大楼和零星的城市公园，不但代表了法国的国家形象，同时改变了巴黎市民的生活方式，促成中产阶级从郊区回流到市内居住以享用种类齐全的服务设施，形成城市优先的规划心理和偏好，也根本区别于英、美的郊区化发展模式。更重要的是，巴黎改造在政治、军事、社会、经济等方面所体现出的巨大效益，欧洲其他国家竞相仿效，以之为模板改造各自的首都，"奥斯曼化"（Haussmannization）成为欧洲城市建设的普遍模式；而在这一过程中，主事者以理性的态度将城市历代遗留的物质要素连同现实需求统一筹划，将道路、公共建筑、广场、绿化系统、下水道、住宅区等各种城市要素综合考虑，在实践中逐渐成形了现代城市规划的观念，并得到普遍接受。通过巴黎改造促成规划观念的浮现，是规划史上具有划时代影响的重大事件。

巴黎改造虽然开创了城市规划的新时代，但就城市规划的内涵而言，其所涉内容的关联性和完整性方面与现代意义上的城市规划仍有很大区别。首先，巴黎改造基本是对市区空间形式的整治，既缺少区域观念，没有触及城市与城郊和乡村的关系，也未从经济发展角度对工业布局统筹安排，而且对导致城市问题的根源——人口过度膨胀的趋势也重视不足，只是简单地将工人阶级住宅拆毁并外迁到郊区。其次，虽然通过技术革新创造出恢宏壮丽的林荫大道并建设了若干公园，但整个巴黎的绿化不成体系。最后，奥斯曼对历代遗留的建筑和其他物质遗产漠不措意，仅在大广场上保留若干文物建筑作为街道景观的对景，现代城市规划中的重要组成部分——建筑保护尚未进入其视野。

图5　法国建筑师尤金·希那德（Eugène Hénard，1849~1923）绘制的巴黎道路交通规划，环岛部分为下沉广场，以地下通道与四周道路相连，另在路口设置分流岛

资料来源：Kostof，1992：160。

1870 年年初，奥斯曼因在城市建设中滥发信贷被告上法庭而遭拿破仑三世解职，不久法兰西第二帝国也被推翻。但巴黎的建设事业未因政治和人事的割裂而终止，奥斯曼时代制定的宏大计划和积累的工程经验在新时期发挥了重要作用，造就了现代巴黎的城市景观，也决定了巴黎此后城市发展的方向。例如，为满足交通发展，19 世纪末在林荫大道和圆形广场增添了机动车分流岛与地下通道等设施（图 5）；奥斯曼时代形成的富庶阶层居住于城内、工人阶级散布于市郊的格局也一直延续下去，柯布西耶在其 20 世纪 20 年代的"光辉城市"方案中也遵循了这一传统。

2　西欧主要国家首都建设与现代规划观念之形成

以巴黎为仿效的对象，欧美各国大致以两种不同的改造方式对其各自首都相继进行规划和建设。第一种是伦敦改造所侧重的公共卫生设施建设。巴黎改造通过改造供水和下水道系统大幅改进了城市环境与居民健康，当时不胜疫病袭扰的伦敦以之为表率，在公共卫生设施的规划和建设方面做出创造性贡献，而且针对公共卫生立法，并于 19 世纪 70 年代完成了对泰晤士堤岸工程的改造。

此外，欧洲大陆国家如奥地利、德国以及西班牙、意大利、荷兰、比利时等，则仿效巴黎的样例陆续开始拆除围绕市区的中世纪城墙，并在城墙旧址上修建环状道路，也力图形成类似巴黎的道路网络和市中心区景观。

无论是哪一种，巴黎改造的表率作用及其深远、巨大的影响，均清晰可见。通过这些改造实践，欧洲各国的政府和建筑师、工程师逐渐认识到现代城市规划的内涵，同时发展出相应的规划技术和标准，为现代城市规划学科的成立奠定了基础。

2.1　公共卫生运动主导下的 19 世纪中后叶伦敦改造

拿破仑三世执政前曾长期居留于伦敦，对伦敦当时的改造成就，如新商业街摄政王大道（Regent Street）和海德公园等评价颇高，以之为样例指导巴黎改造。

实际上，随着工业革命和全球贸易的展开，率先进行工业化的英国遭遇了更为严重的人口膨胀、居住环境急速恶化等城市问题。伦敦等大城市的居民除一直以来都受肺结核、鼠疫、伤寒等"热病"的威胁外，19 世纪 30 年代以后从亚洲带入的霍乱成为最致命且反复暴发的全国性瘟疫（Broich, 2005；Frazer, 1984）。

在此背景下，英国卓有远见的政治家如查德威克（Edwin Chadwick, 1800～1890）等人领导了致力于探究霍乱致病原因和扩散机理的疫病调查，其工作方式为以整个城市为对象，对每个街区甚至每条街、每幢房屋的居民沾染疫病的状况进行统计。1842 年，查德威克自己出资刊印了其著名的调查报告（Chadwick, 1842），雄辩地指出环境问题与疫病间的因果关联，推翻了当时占统治地位的、由法国学者提出的贫穷导致疫病流行的学说。查德威克提出"瘴气理论"（miasmatic theory），即城市中下水道淤塞以及地表污水、人畜排泄物和垃圾等堆积产生的臭气，其四下扩散是导致霍乱、伤寒等疫病传播的主要原因（Rosen，1958）。因此，必须彻底改造城市居住环境，尤其是建立完善的现代排污系统，并立法解决城市内挤占内院甚至道路建房、导致通风不畅和瘴气淤积的居住现状。查德威克的卫生调查和报告直接导致公共卫生运动的兴起，对城市环境的改造和公共卫生设施的供给从此成为现代政府不可忽视的重要职能。

1848 年，英国通过了全世界第一部《公共卫生法》。同时，查德威克委任他信任的工程师约翰·罗（John Roe）在伦敦尝试改良下水道规划及其砌筑技术。罗发明了蛋形截面的下水道，大大减少其底部的淤积量，同时倾斜的侧壁提高了水流冲刷的流速，无须全部依赖人力掏淤，仅在个别关键节点扩大空间使工人能进入维修（刘亦师，2021a）（图 6）。与传统的高大拱券下水道系统相比效率大大提高，造价也可减至传统下水道的三十分之一（Sunderland，1999）。查德威克马上采取了这种新发明，并采用雨水和污水分流以及主管、支管截留等技术，同时使当时已在大量使用的室内抽水马桶设施连接到排污支管，以此替代遍布伦敦各处的旱厕，减少瘴气来源（Bertrand-Krajewski，2008）。

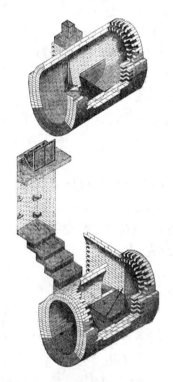

图 6　约翰·罗发明的砖砌蛋形下水道（1842 年）

资料来源：*The Civil Engineering and Architect's Journal*，1842：320。

实际上，科学研究后来证明瘟疫的传播媒介是病菌而非"瘴气"，但查德威克领导发动的公共卫生运动和下水道系统的建设在实践中确实缓解了各种疫病的滋生与传播。查德威克本人后来也曾受到拿破仑三世的邀请到巴黎指导其下水道改造工程（Lopez，2012）。可见，当时英、法两国技术交流颇频繁，也在实践过程中积累了丰富经验。例如，卫生调查过程中细致缜密的社会调查成为现代城市规划的重要方法；而下水道系统的修建则不但充分利用了工业革命以来的最新成果和技术发明，同时在下水道管线线路的铺设中，人们也开始认识到必须以整个城市范围为对象，从而选择最佳的坡度和走向以充分发挥重力管的性能，并尽力将排污口布置在远离人口聚集区的远郊。

由于横穿伦敦的泰晤士河其入海口与市区相距不远，在潮汐力作用下使得排入泰晤士河的污物向东顺流而下数千米后在下一次涨潮时被再次冲回到市区。为彻底解决排水问题，伦敦市政府任命巴扎格特（Joseph Bazalgette，1819~1891）为总工程师，在全面考虑伦敦市的道路、河流、地貌、人口及其他地下工程的基础上制订新方案。巴扎格特参考巴黎的经验，不再将污水排向泰晤士河及其他地下河，而使各条排污主管大致沿泰晤士河埋设。同时，采取不同埋深的管道分别布置污水管、电力管线、地铁和气动火车（未实现）等设施（Halliday，1999），较巴黎更为先进（图7）。

1. 热力、电力、供水等管道；2. 砖砌下水道（涵洞内为圆形截面，其余为蛋形截面）；
3. 地铁隧洞；4. 气动火车隧洞（未实现）

图7 巴扎格特下水道工程中的地下空间布局

资料来源：*The Illustrated London News*，1867-6-22。

同时，为了改造位于泰晤士河滨的伦敦最繁华的商业区，巴扎格特领导进行了泰晤士河堤岸工程，成为伦敦下水道改造工程中难度最大也最引人注目的部分。巴扎格特采取填河造陆的方式，拓宽了河岸旁边的道路，同时将泰晤士河弯曲部位的河道收窄，使河水流速加大，阻止潮汐回冲市内。在河岸拓宽处，巴扎格特增设了广场、码头等设施并新建一批公共建筑，由此彻底改造了伦敦的滨河景观和城市环境，形成了可与巴黎改造媲美的景致，也成为"象征帝国形象和英国文明的重要工程"（Porter，1998），至今仍是深受伦敦民众喜爱的休憩场所。

巴扎格特深受卫生改革运动的影响，非常注意城市的通风和绿化，沿堤岸增设了多处城市公园，形成若断若续的公园带。在埋设管道时，巴扎格特预留了足够空间，除当时已铺设的下水道、供水管、燃气管外，后来还添设了电气管，使议会附近的维多利亚堤岸（Victorian Embankment）成为英国最早使用电灯照明（1878年）的区域，是英国当时城市现代化的标志。相比下水道工程的隐蔽性，泰晤士河堤岸改造显著改善了河道水质和景观环境，体现了英国领先世界的工程水平和国家实力，整个工程于1874年完全竣工。

在住宅区的规划和建设方面，英国于1875年通过新的《公共卫生法》，授权地方政府拆除不合卫生标准的房屋和住宅区，并新建房间高度、建筑材料等满足要求的地方"法定住宅"（bye-law housing）[7]（Billington，2005）。法案要求打破此前断头路和封闭大院的肌理，规定主要街道宽度一般定为至少40英尺（约12米）（Kostof，1991），并在连栋住宅背面预留较窄的通道，均旨在使街道彼此间相连、以利通风，因此形成了街道布局呈彼此垂直正交的网格状。这种缺少变化、单调乏味的住宅区也成为英国当时独特的城市景观（图8）。

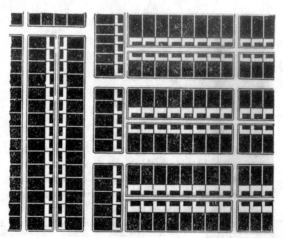

图8 按照1875年《公共卫生法》布局的街道和"法定住宅"总平面示意

资料来源：Benevolo，1985：105。

2.2 拆城筑路：欧洲大陆首都城市的环城大道与市中心区改造

英国因孤悬海外不易遭到外敌入侵，因而早在工业革命之前就拆除了古城墙。而欧洲大陆国家的首都城市则将发挥防御作用的城墙一直保留到19世纪中叶，甚至19世纪40年代巴黎仍在添建外围城墙。奥斯曼将巴黎的几重城墙悉数拆除，形成环城大道，"不特除去交通之障碍，一变而为交通之利器"[8]。受巴黎改造的影响，欧洲其他国家的主要城市也陆续开始拆除围绕市区的巨大城墙，填平沟堑，依其旧址修建了宽阔的环状道路，形成类似巴黎的林荫大道（陈树棠，1923）。

其中，拆城筑路最著名的例子发生在奥匈帝国首都维也纳。维也纳城墙历经千余年构筑，已形成城墙、棱堡、暗门、壕沟等完整防御体系，城内则为"丛杂狭隘之街道，而教堂与市场占满空地"。工业革命以后维也纳人口数量剧增，内城多为高官显宦所占，平民多住在城墙之外。1857年，奥匈帝国皇帝约瑟夫一世（Franz Joseph I，1830~1916）决定拆除其"模范城垒"，修筑环城大道并在内城扩建广场和公共设施。城墙拆除后，"其地为公家所固有，能做宽广之圈式美街，……另有空地建筑政府衙署、市政公所、雕画之博览院以及大学、教堂等，且余甚大之地面，以供私人之展布"（安徽警察厅省道局，1923）。

1858~1890年开展的维也纳内城改造，不但连通了内城及其外围，也仿效巴黎的范例在内城新建了90余条大道并进行500多处广场和公共建筑的建设，上文所谓"圈式美街"沿原城墙位置环抱内城，其各段名称不同，但共同构成著名的维也纳环城大道（ringstrasse）。环城大道除按巴黎林荫大道模式修建外，沿途还与之配合新建了一系列公园、广场、歌剧院等恢宏壮丽的公共建筑。林荫道及其两侧的建筑群和公园多采取围合式布局，较之巴黎其城市景观和空间感受更加细腻，"为世人所艳羡"（安徽警察厅省道局，1923）（图9、图10）。这些早期的城市改造实践是后来奥地利建筑师西特（Camillo Sitte）归纳城市设计理论的重要基础。

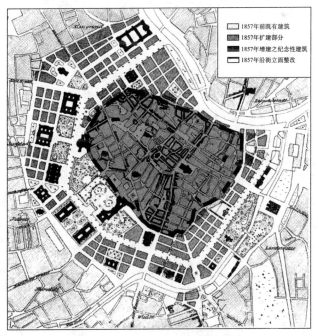

图9　维也纳环城大道及内城（虚线段内深色部分）总平面图，灰色阴影均为1857年以后新建之公共建筑及公园

资料来源：Abercrombie，1910：226。

图 10　维也纳环城大道局部鸟瞰（从维也纳剧院望向博物馆）（1911 年）

资料来源：Abercrombie, 1911c。

环城大道和内城改造将近完成时，维也纳郊外的外城墙也于 1890 年被拆除，形成第二道圈式大道，并一举将市域面积从 14 000 英亩（约 56.7 平方千米）扩大 3 倍（44 500 英亩，约 180 平方千米）（Abercrombie, 1910）。奥匈帝国政府曾为这一阶段的改造规划举行竞赛，由德国建筑师施蒂本（Joseph Stübben）和奥地利建筑师瓦格纳（Otto Wagner）胜出，其中内城为历史城区，除建筑保护外允许兴建 6 层建筑，外围则依次按 5 层、4 层递减，力图体现内城的壮丽景象和历史风貌（Abercrombie, 1910）。1904 年，维也纳市域范围再次扩大，纳入了西部森林和多瑙河东岸区域，市域面积再次扩大至 68 000 英亩（约 275 平方千米）（图 11）。为方便居民出行，维也纳政府于 1894 年兴建环绕全城的郊区铁路（stadtbahn），此后还陆续投资建设巴士和有轨电车等交通方式，并对工人阶级率先实行高峰期低价票政策，鼓励郊区住宅的兴建（Wiesner-Hanks et al., 2004）。

1909~1912 年，在维也纳已进行 50 余年改造的基础上，奥地利建筑师瓦格纳和卢斯（Adolf Loos）制定了新规划方案。此方案在维也纳及其周边布置了多重环形大道，以放射状道路连接各圈层，体现出区域规划的思想。瓦格纳曾设计了维也纳的不少著名公共建筑，其设计强调效率并剔除冗余装饰，已初具现代主义思想。他提出"城中城"的概念，在预期容纳 15 万人口的维也纳第 22 区规划中采用规整的道路格网，旨在加强交通效率（Lampuhnani, 1985）（图 12）。虽然其建筑形式仍不脱古典主义，但大面积的城市绿地和宽阔、理性的街道布局已可见现代主义城市规划的重要特征，对后来"红色维也纳"时期的城市建设也产生了巨大影响（Sonne, 2009）。

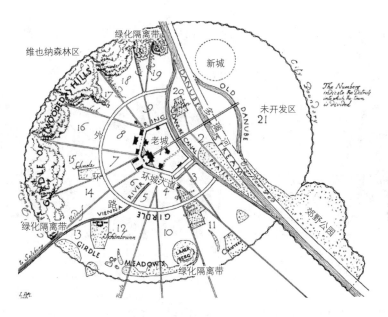

图 11　维也纳城市空间发展示意（1909 年）

资料来源：Abercrombie，1910：229。

图 12　维也纳及其周边区域规划（1911 年）

资料来源：CED Library，UC Berkeley。

除维也纳外，欧洲各国首都也开始陆续拆城筑路和市中心区改造，如马德里、莫斯科、罗马、布鲁塞尔、阿姆斯特丹等。其城市改造的方法也均遵循"奥斯曼化"的路径，拆毁既有的狭窄街道，植入新的宽阔林荫大道，形成新的城市景观（图13）。

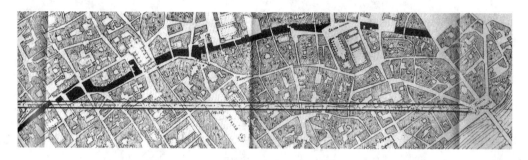

图13　罗马市中心区改造，可见其笔直的主干道叠加于拟拆除的旧城肌理之上（1873年）

资料来源：Kostof，1992：273。

德国的柏林、科隆等市也经历了相似历程。德国城市改造特别注重新城区的规划设计及其与旧城区的衔接，在一系列实践中形成了城区扩张（extension plan）的设计原则和技术标准，即在老城区扩建或新建笔直的道路，再沿其延长线为主轴构成新城区。1862年，建筑师霍布鲁西特（Hobrecht）为柏林制定了城区扩张规划（图14），其中菩提树下大街向西延伸（图1），紧邻老城发展出新城区。

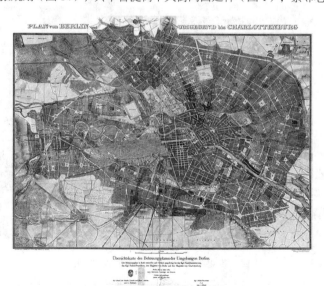

图14　霍布鲁西特的柏林城市扩张方案（1862年）

资料来源：Bernet，2004：400-419。

这一方案成为此后柏林城市改造和扩建的主要依据（Bernet，2004），虽然仿效巴黎改造统筹考虑了下水道系统和城市广场等要素，但没有在新市区设置足够的绿地空间，而以"数不尽、枯燥无味的住宅街区来建设"（阿尔伯斯，2000），是这一规划的不足之处。

在这些实践中，德国建筑师以其严谨态度和科学精神逐渐构建起道路截面、城市绿化等城市设计的理论体系。施蒂本于 1890 年出版了百科全书式的《城市建筑》（Stübben，1890），其中不少篇幅用以分析道路横断面设计，将功能性和观赏性有机地融合在一起，使由行道树和草坪环绕的步行道独立出来，形成丰富多样的街道断面形式和街景，与法国的道路设计突出恢宏气度的设计意图迥乎不同，成为"德国式城市街道设计方法"（German School）（Unwin，1909），对各国城市景观的改造产生了深远影响（图15）。施蒂本本人除获得维也纳改造竞赛的首奖外，还曾参与不少德国城市的城区扩张规划，创造和完善了将通过性交通与居住区内部交通隔离开、使公共建筑形成组群及当时德国常用的带状绿化空间等方法，被认为是"当时世界上有关大城市规划中设计思想和技术方面最先进的方案"（Sutcliffe，1981）。

1910 年举办的柏林规划竞赛是规划史上另一划时代的重要事件。这次竞赛中的几个获奖方案设计思想虽侧重和手法各异，但均从区域、绿化系统、住宅建设、道路交通体系、基础设施等各方面将柏林市区及其周边区域统筹考虑，显见人们对城市规划观念理解大为加深（Borsi，2015）。其中，获得首奖的是简森（Hermann Jansen，1869～1945）的方案，以数重环城路和放射性大道构成基本城市结构，并根据当时英国的田园城市理论采用环形绿化隔离带，进而形成贯穿城、郊区的绿地公园体系（Ökesli，2009）。

由经济学家和规划家埃博思塔特（Rudolf Eberstadt，1856～1922）等人合作完成的另一获奖方案，则采取了完全不同的设计策略：以从外围深入核心老城区的楔形绿化取代连续的环状绿化带，道路体系与楔形绿化结合布置。楔形绿地思想后经其他德国建筑师的发展和完善，成为现代城市规划空间布局的重要理论（图16）。但上述两个方案均采用倡议将柏林周边几百个自治行政单位合并进行统一规划，在居住区的设计中都采用城市院落式住宅的形式，并影响中北欧国家甚深，形成与英国"法定住宅"或田园城市住宅迥乎不同的景象（图17、图18）。

1909～1910 年，规划界接踵发生了多起大事件，如英国规划立法、利物浦学派成立、柏林竞赛及英国皇家建筑师学会（RIBA）在伦敦举办首次城市规划会议等，此前田园城市思想和田园城市运动早已风靡全球。这些事件标志着现代城市规划学科最终形成，同时说明通过半个多世纪的实践，规划观念逐渐进入西方视野并得到人们的广泛认可。

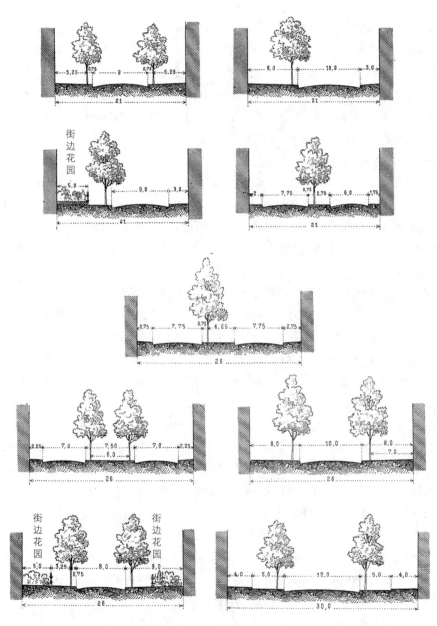

图 15　施蒂本著作中的道路截面设计（1890 年）

资料来源：Stübben，2014：36。

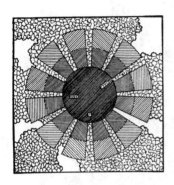 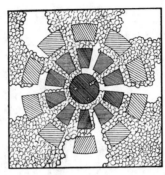 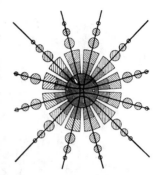

图 16　埃博思塔特获柏林竞赛三等奖的方案空间模式简图（左），以楔形绿地为其特征，这一手法经完善（中）

演化为彼得森（Richard Peterson）卫星城空间模型（右）

资料来源：Blau and Platzer，1999：63。

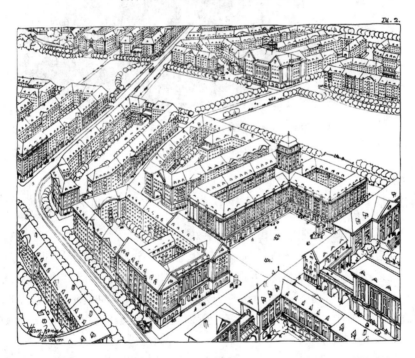

图 17　简森大柏林城市规划竞赛首奖方案市中心区鸟瞰图，城市肌理由大院式住宅构成（1910 年）

资料来源：Borsi，2015：47-72。

图 18　德国规划模式影响下的阿姆斯特丹规划鸟瞰图，贝拉格（H. Berlage）设计（1915 年）

资料来源：Kostof, 1991：120。

3　美国进步主义思潮与城市美化运动：华盛顿规划及其影响

　　针对 19 世纪中叶以来因急速工业化和城市化导致的一系列政治、经济、社会问题，19 世纪 90 年代至 20 世纪 20 年代，美国发生了一场声势浩大的进步主义改革运动。这场运动以提倡理性、技术进步和宣扬爱国主义为特征，主张加强政府对市场经济的监控和管理，号召重塑道德标准并逐步实现社会公正、推动社会进步。进步主义运动不但重塑了美国的国家形象和内外政策，也深刻影响了美国人的思维、观念和行为准则。因此，进步主义运动被广泛认为是美国历史上影响最为深广的改革（McNeese, 2009；李剑鸣，1992）。

　　城市物质环境的改造是进步主义运动的核心议题之一，进步主义改革家们试图以之展现新的社会秩序、道德规范和市民生活的进步意义，进而改造城市面貌和人们的生活方式。当时，商业和知识界精英对政府效率低下和腐败成风不满，转而寻求以各方面专家组成委员会，干预并解决城市中的各种问题，这是进步主义运动兴起的重要背景，也在此过程中催生出城市规划委员会等专门机构和相关专业团体。后来的美国城市美化运动正是在进步主义思想大潮下轰轰烈烈展开的（LaGrand, 2020；Dunn,

1978），唯国内学界尚较少关注二者的关联。

1893 年举办的芝加哥博览会是进步主义思潮在城市建设领域的典型体现之一。19 世纪末，芝加哥经过半个世纪的发展，从籍籍无名的边陲渔村跃升为仅次于纽约的美国第二大城市。在筹备庆祝哥伦布登陆美洲 400 周年博览会时，芝加哥的精英企业家们以强烈的进取精神争取到举办权，立志将其举办成展现美国上升期国力和芝加哥城市精神的盛会。博览会的筹备委员会（芝加哥本地企业家为其主要成员）任命自学成才的本地建筑师伯海姆（Daniel Burham）负责规划和建设事宜，伯海姆又从芝加哥和美国主要建筑事务所中挑选了十多位顶尖建筑师及景观设计师参与博览会的场馆设计，开创了商业精英和技术专家通力合作的先例（Karlowicz，1970）。而且伯海姆本人就是进步主义改革的积极推动者，认为"城市面貌的改变将引致社会其他领域的改革"（Hines，1991）。

芝加哥博览会的场地规划和展馆设计皆遵循学院派新古典主义风格，体现了当时流行的"布扎"（Beaux-Arts）建筑教育的影响：严谨的轴线关系和清晰的主从秩序是整个规划最重要的特征；单体建筑规模宏大，全部采用新古典主义风格，具有统一的檐口高度且均被刷涂白色抹面，创造出人们心目中理想的"白色之城"（White City）（图 19）。为举办展览会还专门兴建了林荫大道和一系列城市公园，并促进下水道等基础设施的建设。芝加哥展览会所体现的尊崇科学、专家意见和倡举合作主义等精神，既体现了进步主义运动的重要主张，也预示了之后城市美化运动的关键特征。

图 19　芝加哥博览会场地规划鸟瞰图（1893 年）

资料来源：https://www.jstor.org/stable/community.12193200。

芝加哥博览会所展示的理想城市及其美好环境给美国各地从事城市改造的政治和商业精英留下深刻印象。从此，由他们发起了一场以营建气度恢宏的市民中心、公共建筑群、城市公园和林荫大道为主要对象的城市美化运动。按规划史家彼得森（Jon Peterson）的研究，城市美化运动的兴起是 19 世纪末以来美国思想和社会改革合力作用的结果（Peterson，1976），如成立于 19 世纪 90 年代的各地市政艺术协会致力宣扬城市雕塑艺术在训育公民品格中的作用，仿效巴黎改造进行的美国城市改造也已进行多年，同时奥姆斯泰德建设城市公园和园林路的社会效益也早已得到广泛认同，应用于美国各大城市的规划中，等等（图 20）。城市美化运动正是在此基础上，通过对道路、公园、纪念碑和城市雕塑等美化和改造，并致力营建市中心公共建筑群和公园绿地体系，从而进一步提升"市民自豪感"并促进爱国主义思想（Foglesong，2014）。

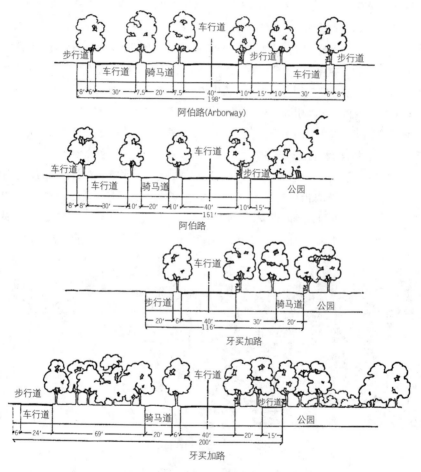

图 20　波士顿园林路系统道路截面设计（19 世纪 90 年代）

资料来源：Nolen and Hubbard，1937：23。

　　经过近十年的理论和舆论准备，城市美化运动首先在美国首都华盛顿得以实施。1900 年为筹备华盛顿建都百年庆典，参议员麦克米兰（James McMillan）在美国建筑师学会（AIA）的支持下成立了"参议院公园委员会"（Senate Park Commission），亦称"麦克米兰委员会"（McMillan Commission），从事改造首都的规划设计工作。这一委员会旨在恢复 18 世纪法国建筑师朗方（Pierre Charles L'Enfant，1754～1825）设计的"联邦城"（Federal City）方案（Peets，1933），通过设计街道、公园、纪念碑和象征国家形象的公共建筑等元素改造首都景观，使之与美国当时正在上升的国际政治、文化地位相匹配（Hines，1991）。

在进步主义思潮推重专家意见的影响下，除麦克米兰担任委员会主席外，其他四名成员均为亲身参与过芝加哥博览会设计的建筑家和雕塑家，而以伯海姆负责统筹工作、奥姆斯泰德（后由其儿子小奥姆斯泰德替代）负责公园体系设计。四名专家共同到欧洲进行调研，综合考虑了朗方的巴洛克式方案与现实需求，决定仿效巴黎改造的先例采纳了放射状大街和圆形广场作为城市结构的骨架，同时以国会大厦为轴线的统率和东端点，以华盛顿纪念碑为轴线西端点并向西继续延长兴建林肯纪念堂，白宫和拟建的杰斐逊纪念堂则分列华盛顿纪念碑的北、南部，形成与主轴垂直的南北向次轴线。按照美国第三任总统杰斐逊设计的弗吉尼亚大学学术村（Academical Village）模式，主轴由位于中心的宽阔草坪绿地——"国家广场"（National Mall）（Liu，2014）以及两侧夹峙广场的政府办公楼和各种文化设施构成[9]。为了迁就已建成的华盛顿纪念碑，主轴从国会大厦开始向西南略为倾斜，效果与巴黎的香榭丽舍大道的效果趣旨类似（图21、图22）。

图21　麦克米兰委员会的最终方案鸟瞰图（1902年）
资料来源：Moore，1902。

当时，华盛顿最大的火车站位于规划图中国家广场的中部。为了实施规划，伯海姆成功劝说铁道公司迁移其车站并让渡所占土地，再在联邦政府补贴下，由伯海姆设计、建起新的联合车站（Union Station）（图23）。这一车站是整个规划中规模最大的工程，至今仍是华盛顿城市形象的标志之一。此外，奥姆斯泰德为华盛顿及其周边地区制定了河流和公园设计方案，涵盖了居住区绿地、城市公园和远郊森林公园，在一个远超华盛顿市域的宽阔范围内形成了区域公园系统。与伯海姆等人的城市广场和单体建筑设计不同，这一景观设计遵从地势条件，视野开阔但没有强烈的轴线和固定形式，也是该规划的重要特征之一（Peterson，1991；Caemmerer，1944/1945）。

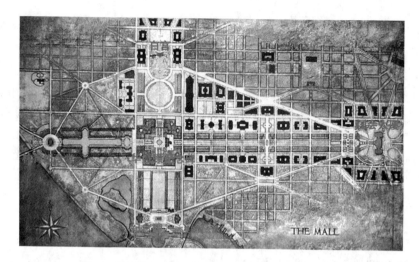

图 22　国会山及"国家广场"轴线详细规划（1902 年）

图 23　伯海姆设计的华盛顿特区联合车站（1909 年）

资料来源：CED Library，UC Berkeley。

　　1902 年完成的华盛顿规划是城市美化运动最早实施、也是极引人注目的实践，为此后美国及至外国的城市改造在设计思想和技术标准等方面树立了模板。不难看到，华盛顿改造的重点是道路、广场、纪念碑和公共建筑等方面，实施的内容则完全集中在政府所有的土地上，用以提振美国的民族主义和爱国主义精神。但是，这一运动从根本上未触及私人产权的土地开发问题，也没有包括普通大众的住房供给，对支撑城市改造的经济措施和配套立法亦均付阙如，等等。从这些角度说城市美化甚至比巴黎改造的涉及面还要狭窄。因此，在对上述问题和浩大投资等的批评下，城市美化运动在美国迅即趋于沉匿，代之而起的是着眼于提高经济性和效率的城市实用运动（city practical）（Foglesong，2014）。

但是，与欧洲通过公共卫生运动和城市规划立法等措施不同，城市美化运动推动了美国的城市规划学科成立，并使大批规划技术人才以专家身份进入政府从事管理等工作。同时，城市美化的规划方法及其背后的思想观念跨越大洋，对英国和欧陆国家产生了一定影响，推动了城市规划学科的发展。例如，利物浦学派的领袖人物，包括城市设计系的首任系主任阿谢德（Stanley Ashead）及其继任者阿伯克隆比，均利用《城市规划评论》积极宣传美国城市美化运动，并且在教学和规划实践中以之为范例设计城市中心区，其重要性与侧重于郊区的田园城市设计思想相埒（刘亦师，2021b）。

4 从城市改造到城市规划：20世纪前半叶的伦敦历版规划及其启示

英国是田园城市思想的诞生地，并由此掀起席卷全球的田园城市运动，一举将城市规划思想和实践的中心从欧洲大陆转移至英国。19、20世纪之交，英国的规划思想和规划活动是当时人们关注的焦点所在，如田园城市协会的成立（1899年）、莱彻沃斯（Letchworth）田园城市竞赛及其兴建、伦敦市郊汉普斯泰德（Hampstead）田园住区的规划（1909年）、城市规划专业设立（1909年）、城市规划立法（1909年）等等，它们成为城市规划学科建立和全球性城市规划运动开展的重要标志。

英国城市规划的创建和发展均与田园城市思想及其实践密不可分，而1909年以降有关伦敦的各种规划提案，同样反映出主其事者对田园城市思想的应用、反思和批判等不同立场。在这一过程中，城市规划专业的边界逐渐清晰，规划家们对田园城市思想及其构成内容的认识不断加深，城市规划的研究对象和内涵也逐渐得以廓清，遂至形成一系列研究范式、设计手法和技术标准，影响至今触处可感（刘亦师，2019b）。

前文提及1910年英国皇家建筑师学会曾在伦敦召开城市规划会议，其时正是田园城市思想占据主流的鼎盛时期。在该次会议上，英国规划家克罗（Arthur Crow）以疏散人口和营建良好的居住环境为出发点，提出"健康十城"（Ten Health City）方案（图24）。该方案依据霍华德（Ebenezer Howard）的田园城市及社会城市（social city）结构模型和管理理论，在伦敦主城外围布置了十座新城，将人口分散到这些新城中，同时在主导风向上预留大片绿地，以便新鲜空气在市郊和主城区间畅通无阻。该方案与19世纪不少理想城市构想一样试图以几何构图对城市空间加以重构，没有涉及住房、道路、绿化等系统性问题，对工业布局和人口分布也无具体规定。

同样在1909年，田园城市运动的主将——恩翁（Raymond Unwin）将田园城市设计理论汇编成书（Unwin，1909）（图25），有力推动了田园城市运动的传播。他主张将田园城市运动的重点放在当时急需而正在大量兴建的住宅区设计上，进而提出良好的居住环境势必通过田园城市式的低密度规划（"每英亩不超过12户住房"）（Unwin，1912）和工艺美术运动式的精良设计才能实现。20世纪20年代，恩翁受聘进入英国政府，担任卫生部的建筑与城镇规划技术主管，在此职位上促成政府对按照田园城市原则新建的住宅区进行补贴，对此后一段时期英国的住房政策和建设活动施加了巨大影响。

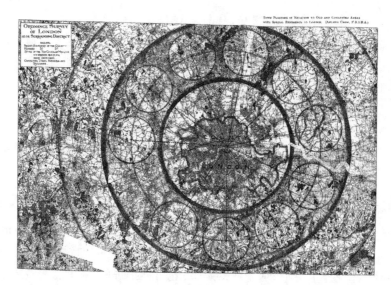

图 24　英国规划家克罗所作围绕伦敦的"健康十城"
资料来源: Crow, 1911: 410。

图 25　恩翁的著作《城镇规划的实施》扉页, 此书建立起田园城市设计的理论, 也是早期城市规划的经典著作之一
资料来源: Unwin, 1909。

应注意到，恩翁本人对田园城市思想和城市规划内涵的认识也在不断全面和深化。1929年，恩翁受卫生部委托对伦敦老城核心区半径40千米范围进行统筹规划，卫生部下设的大伦敦区域规划委员会（GLRPC）出于提升居住环境和促进健康的目的，要求在该区域内设置尽量多的绿地以满足人们的休憩需求。恩翁将绿地系统作为建成区的底景，在建成区中增添了多处公园和开放空间，并尽量形成连片绿地，但其分布仍较为零散。此后，恩翁在1933年的改进方案中，在环绕建成区周边布置了一道若断若续的绿化隔离环带，并采用楔形绿地将外围绿化与内部的公园等连接起来，形成直插内城的绿化带，伦敦内城周边的绿化系统初现雏形。

随着田园城市运动的开展，在大城市周边沿交通线对郊区的过度开发已引起人们警觉和反感。早年毕业于利物浦大学城市设计系的爱德华兹（Trystan Edwards）在20世纪10年代就批评过田园城市的"开放式"设计思想及其导致的郊区蔓延现象[①]，但他对田园城市思想中有关城市疏散和区域发展等内容非常赞成。20世纪30年代初，他根据田园城市运动中产生的"卫星城"理论发展出他自己的"百座新城"规划方案，即沿交通干线疏散布置工业，将人口吸引到人烟稀少或已衰败的周边地区，再围绕工业布置相互联系的新城。这一方案成为"二战"后英国政府实施"新城"运动的思想来源之一（Shasore，2018）。

同时，立场更为激进的现代主义也对田园城市规划体现的怀旧和浪漫情绪加以猛烈抨击。20世纪30年代一批英国建筑师和社会活动家组成现代主义建筑研究小组（Modern Architecture Research Group）。1937年，该小组一些成员在汲取田园城市思想关于区域规划的观点后，以带形城市为主要理论对伦敦及其周边地区提出新的规划方案。其用蜿蜒贯穿伦敦城区的泰晤士河为主轴，沿此铺设主要的铁道干线并与围绕市区的郊区环形铁道连为一体，另配合楔形绿地形成16条居住带，在功能主义城市规划中融入了带形城市的元素，成为与田园城市截然不同的城市形态。该方案虽过于激进未能付诸实施，但其对泰晤士河及绿地系统的处理启发了之后的规划方案。

第二次世界大战爆发后，伦敦屡次遭到德国轰炸，市区大部成为废墟。因此，在战争期间英国政府就开始着手擘画战后的伦敦重建。1940年尚在战局正酣时，英国政府公布了关于伦敦地区工业布局和人口疏散的《巴罗报告》，提出采取战时的集权式规划、立足于区域规划的设计思想对英国的城镇体系重新布局（Ward，2004），此后又陆续对规划用地的征购和补贴加以规定（Robinson，1943），从立法上突破了土地私有制度的限制，使更大范围内的统筹规划成为可能。

在此背景下，英国皇家建筑学会于1941年组建重建委员会（Reconstruction Committee），研究伦敦战后的规划。该委员会既包括现代主义建筑研究小组成员，也包括赞成田园城市设计原则的建筑师和规划师，如后来与阿伯克隆比合作的弗萧（John Forshaw）等人。该方案于1943年完成，提出以四道环形道路和若干放射状大道的路网结构，在建成区周边布置充裕的绿地和开放空间，面积较现有规模几乎大一倍，用以解决人民在战时经历的粮食和蔬菜自给问题（Thomas，1964）。为达成此目标，重建委员会敦促政府加大对土地的征购，但在战时难以进行。

1943年，伦敦郡议会（London County Council）也开始对其所管辖的伦敦市区和郊区（即以伦敦市市区中心半径）进行规划，任命郡议会的首席建筑师弗萧和当时声望最高的规划家阿伯克隆比合作制定新方案，并要求根据在战争已摧毁了大半城市的基础上进行富有远见的擘画。这一方案受刚公布的皇家建筑学会伦敦规划方案影响颇大，尤其参考了其路网结构和绿地系统，但提供了更为阔大的绿地。同时，由于兼顾工业和人口的疏散，伦敦郡区域内的人口减少，使得人均绿地面积从战前的每千人3英亩（约12 141平方米）增至7英亩（约28 328平方米）（Oliveira，2017）。同时，阿伯克隆比在方案中更重视绿地空间的联系和系统性，利用园林大道和铁路等交通线路将此前零星布局的公园和其他绿地与外围环带和开放空间构成整体，并以之为不同建成区的边界分别进行具体的工业区或居住区等设计。

由于伦敦郡仅占伦敦市域的一部分，伦敦市要求在1943年规划的基础上将其扩充到全伦敦市域规划中，此即大伦敦规划方案（The Greater London Plan），同样由阿伯克隆比主持其事。这一方案同样采用四道环形道路结构，但范围更大：最内道仍为老城区，基本保留原貌；在此之外是半径约20千米的环路，包括主要的建设区域和一些公园；再外围是主要由开放绿地和农田构成第三道环带；最外围是半径约80千米的远郊农村，拟新建的8座卫星城就分布在这一区域内（Oliveira，2015）。这一方案规定伦敦的未来人口总规模不超过1938年战争爆发前的1 000万人，同时约100万人将从主城疏散到新建的卫星城中。其绿化面积较1943年规划方案更大，达到每千人10英亩（约40 468平方米）（Oliveira，2017），足以实现各社区的自给自足并形成完善公园绿地体系。

完成于1944年的大伦敦规划方案体现了规划思想上的长足进步，在历史城区保护、区域规划、绿化系统、道路系统、工业布局、人口疏散、住宅供给等方面，均做了详尽的调查和细致的分析，其方案不再仅有图示作用，而具有很强的实施性。同时，在具体设计上融合了绿化环带和楔形绿带等相结合的手法，体现了对规划观念的深刻理解和设计思想与手法的综合应用。因此，1944年的大伦敦规划方案深远影响了战后的英国城市规划发展，对包括我国在内的世界各国的城市规划实践也起到示范作用。将之与奥斯曼的巴黎改造和城市美化运动的一些方案进行比较，不难看到现代城市规划对象和范围的扩张及其综合性的加强，从一个侧面反映出这一学科的发展历程。

5 余论

20世纪上半叶是新生的现代城市规划富有朝气、百舸争流的关键发展期。这一时期不但出现了城市美化那种类似奥斯曼模式的城市改造理论和实践，也出现了内涵更丰富的田园城市、带形城市、功能主义城市等各种学说。除上文提到的华盛顿、柏林、伦敦规划方案外，现代主义城市规划在欧美兴起，首先应用于适合工业化生产和标准化设计的住宅区规划中，而后推及城市范畴，如德国现代主义建筑师对工业化住宅的各种探索以及柯布西耶在20世纪20年代以巴黎为对象所做的数轮规划方案（"光辉城市"等）和50年代初所做的印度昌迪加尔城市规划方案，皆为著名案例。

此外，20世纪30年代由于法西斯主义盛行，在希特勒的授意下，1937年柏林的新规划又回到古典主义原则，除修建贯通全城的宏大中轴道路外，沿轴线还布置了简约古典主义风格的大会堂、总理府、总参谋部等衙署建筑（图 26），但整个规划不脱奥斯曼式改造模式，对丰富城市规划思想而言无足可观。

图 26　纳粹德国时期的柏林规划（1939 年）

资料来源：Hall，2004：231。

　　西方各国的首都城市是规划家们钟爱的对象，这一时期涌现出的一系列规划方案是现代城市规划思想的"试验田"。这些方案一经提出，不论是否实施都产生了巨大影响。不难看到，规划家们通过大量实践和理论研究不断加深了对规划观念的理解，使其真正独立于传统的建筑学和城市改造而成为独立学科。在这一过程中，城市规划的空间范围从街区、城市走向更广大的区域，其处理的对象也更加丰富和全面，与经济、立法、社会保障、公共卫生供给等密切关联，同时设计思想和技术标准也随之发展成熟（表 1）。城市规划因此顺理成章地被纳入政府职能部门，成为推行国家政策、统筹社会发展的重要工具之一。

表1 19、20世纪西方主要国家首都城市规划实践与城市规划学科的形成和发展

时间	规划史大事件	涉及之重要人物	规划观念之成熟	设计思想及方法之演进	技术标准之发展
1848	英国通过第一部《公共卫生法》	查德威克	公共卫生及相关设施进入城市规划视野	卫生调查方法；通风、光照成为设计要素	发明蛋形下水道设计；现代卫浴设施普及
1852~1870	拿破仑三世任命奥斯曼进行巴黎改造	奥斯曼、阿方德等	将道路、公园、道路、公寓等统筹考虑，以之强固统治、促进商业，创造巴黎改造模式	重整道路体系；广场设计与林荫大道之连成体系；绿地公园之设置；给排水系统等	林荫大道截面设计；广场设计；公园设计及下水道设计等逐渐定型
1858~1890	维也纳拆城筑路（第一期）	西特、瓦格纳等	取法巴黎改造模式	环城大路之开辟及围合式城市中心区设计	西特城市设计理论之源从
1862	柏林城市扩张规划	霍布鲁西特、施蒂本等	城市之有序扩张，深刻影响英国田园城市思想及实践	扩张区域与紧邻之建成区关系设计方法理论化	道路截面、广场、道路交通系统等设计深化
19世纪50~80年代	美国城市公园绿地体系发展成熟	奥姆斯泰德	公园绿地系统成为城市规划的重要组成	中央公园设计、园林路之创造及其连贯公园构成绿地体系	城市公园设计、园林路截面设计等
1874	伦敦泰晤士河岸改造工程竣工	巴扎格特	道路、驳岸等改造成为城市规划系统的一部分	连同地上建筑、地下设施与城市环境美化统筹考虑	进一步完善城市给排水系统
1875	英国通过新《公共卫生法》		住宅区改造纳入视野	实施"法定住宅"	给排水系统现代化；日照及通风最小间距
1893	芝加哥博览会开幕	伯海姆、奥姆斯泰德等	营造全新的城市中心区，注意建筑与景观结合，激扬爱国主义	遵循古典主义设计原则（"布扎"）进行规划和建筑设计，力求风格统一和气象宏伟	建筑使用白色抹灰；"布扎"设计成为主流
1898	霍华德提出田园城市思想	霍华德	营建新城、控制城市面积与人口、绿化隔离带、平衡农业与工业发展、城镇体系等内容，随即成为主流思想	恩翁等人将霍华德思想转译为可进行空间操作的规划语言并进而理论化	制定道路设计、住宅设计、绿化系统设计等标准，形成田园城市设计原则，应用于1903年莱彻沃斯及其他建设中

续表

时间	规划史大事件	涉及之重要人物	规划观念之成熟	设计思想及方法之演进	技术标准之发展
1902	华盛顿特区规划（麦克米兰规划）	伯海姆、奥姆斯泰德等	以1893年芝加哥博览会为原型，扩大至城市范围（中心区），由此掀起城市美化运动	重视空间序列、轴线系统、绿化、公共建筑之组合形式等，对住宅和工业布局等关注不足	在更大尺度上进行轴线设计和公园绿化系统设计
1909	利物浦大学成立城市设计系；利物浦大学创办专业刊物TPR；英国通过第一部《城市规划法》；恩翁出版著作	阿伯克隆比、恩翁等	现代城市规划学科成立，以田园城市思想为指导建设新城并通过立法保证其实施	确立田园城市思想的主导地位	在全球实践中完善田园城市设计诸原则
1910	大柏林规划竞赛；RIBA在伦敦举办城市规划大会	简森、埃博思塔特、恩翁等	城市规划的实践具有全球普遍性和关联性	城市院落型住宅之现代化；绿化环和楔形绿地之不同应用	绿化环带、楔形绿地与道路体系之统筹设计
1911	维也纳新区规划	瓦格纳、卢斯等	强调区域关联和交通效率	体现功能主义思想	
20世纪10～30年代	历版伦敦规划	恩翁、阿伯克隆比等	统筹考虑之内容越多，显示出城市规划之综合性本质	绿化和公园从零星到系统、带形城市思想应用之尝试等	工业布局、道路网路与人口疏散相结合，抵制单纯郊区化
20世纪20年代	"光辉城市"、巴黎规划	柯布西耶	功能主义规划	功能分区、绿化系统、道路系统、高层建筑等	现代主义规划原则成熟
1933～1939	纳粹德国之柏林规划	希特勒、施佩尔	基本取法巴黎改造模式	重视城市轴线和公共建筑	
1943～1944	伦敦郡规划及大伦敦规划	阿伯克隆比等	根据《巴罗报告》统筹考虑工业布局与人口疏散；建设新城；形成广域绿化系统；构成城镇体系	规划观念的成熟促使设计思想相应发展，如区域规划设计、绿地系统设计、新城规划设计等	规划指标体系完善

　　20世纪以后世界各地涌现的首都规划是规划史上的有趣的现象，也标志着城市规划真正成为触及广大人民生活、关乎国家形象建构、具有很高关注度和可见度的国际性运动。在思想、技术和学科体

系的建构上，西方主要国家一直起到关键的推动作用。这一格局基本延续至今。考察现代城市规划学科的发展历程，规划学科每次取得重大发展，都与规划家对城市与自然，尤其是与"人"的关联的思考密不可分，遂至扩大其边界、丰富其内涵。

可见，城市规划归根到底是关于"人"的学科，技术始终是辅弱性的。例如，绿化系统的思想源自伦敦和巴黎市郊的城市公园，其所以产生就与政府开始认识到开放空间之于人们健康的密切关联，由此发展出林荫大道的各种设计标准。此后西方规划家不满足于零星散布的城市公园，发明出园林大道和楔形绿地等规划技术，在此基础上最终发展出区域规划和绿化体系的观念及相应的技术标准，在20世纪40年代的历版伦敦规划中人均绿化面积都是最重要的技术经济指标之一。在学术界热烈讨论和重新探索城市规划边界的今天，这一项历史研究也启示我们，城市规划内涵的扩充和话语权的提出，很大程度上基于对现代城市规划观念的再认识，尤其是对"人"与当代城市关系的再思考和创新，而非单纯追求数据分析和技术工具更新。

致谢

本文受国家自然科学基金（51778318）、清华大学研究生教改经费（2021）资助。

注释

① 系名最初为"城市设计系"（Department of Civic Design）。

② 1909年英国接连发生了三个标志着现代城市规划学科成立的事件，除上述二者外，英国颁布了全世界第一部《城市规划法》。

③ 这也是20世纪初英国规划研究的一种传统，即研究欧洲大陆的经验并检讨得失，以用于指导英国自身的建设实践，如20世纪30年代伊丽莎白·登比（Elizabeth Denby）对欧洲各国住宅问题的研究。

④ 如巴黎、柏林、维也纳、布鲁塞尔、柏林等，也包括美国的华盛顿和克利夫兰。

⑤ 《新京都市计划概要草案》（1931年）。转自：刘亦师. 近代长春城市发展历史研究[D]. 北京：清华大学, 2006.

⑥ 奥姆斯泰德曾在1859年访问巴黎并曾与奥斯曼及阿方德会面。

⑦ "bye-law"源出荷兰语，意为"按当地规定建造的住宅"。

⑧ "拆城筑路之动议"，《新闻报》，1929.8.24。

⑨ 包括美国政府部委办公楼和各种美术馆、博物馆（其中包括贝聿铭设计的美国国家美术馆东馆），其建设至20世纪末才全部告竣。

⑩ "开放式"设计（open style design）指的是在郊区较少建筑的开放地带进行的规划和开发，是20世纪20～30年代在规划论著上常见的术语。

参考文献

[1] ABERCROMBIE P. Vienna: parts Ⅰ and Ⅱ [J]. The Town Planning Review, 1910, 1(3): 220-234.

[2] ABERCROMBIE P. Paris: some influences that have shaped its growth[J]. The Town Planning Review, 1911a, 2(2): 113-123.

[3] ABERCROMBIE P. Paris: some influences that have shaped its growth(C)[J]. The Town Planning Review, 1911b, 2(3): 216-224.

[4] ABERCROMBIE P. Vienna as an example of town planning: part III [J]. Detailed Description of the Existing Town: The Town Planning Review, 1911c, 1(4).

[5] ABERCROMBIE P. Paris: some influences that have shaped its growth(D) [J]. The Town Planning Review, 1912, 2(4): 309-320.

[6] ALPHAND A. Les promenades de Paris [M]. Princeton Architectural Press, 1984 (a reprint of 1867).

[7] BENEVOLO L. The origins of modern town planning [M]. LANDRY J (trans.). Cambridge: MIT Press, 1985: 105.

[8] BERNET C. The "Hobrecht Plan" (1862) and Berlin's urban structure[J]. Urban History, 2004, 31(3): 400-419.

[9] BERTRAND-KRAJEWSKI J. Flushing urban sewers until the beginning of the 20th century[C]. 11th International Conference on Urban Drainage, Edinburgh, Scotland, UK, 2008.

[10] BILLINGTON M J. Using the building regulations[M]. New York: Routledge, 2005: 11.

[11] BLAU E, PLATZER M. Shaping the great city: modern architecture in central Europe, 1890-1937 [M]. Munich: Prestel, 1999: 63.

[12] BROICH J. Water and the modern British city: the case of London, 1835-1903[D]. Palo Alto: Stanford University, 2005.

[13] BORSI K. Drawing the region: Hermann Jansen's vision of greater Berlin in 1910[J]. The Journal of Architecture, 2015, 20(1): 47-72.

[14] CAEMMERER P. Charles Moore and the plan of Washington[J]. Records of the Columbia Historical Society, Washington, D. C., 1944: 237-258.

[15] CHADWICK E. Report on the sanitary condition of the labouring population of Great Britain[M]. Edinburgh: Edinburgh University Press, 1965 (1842).

[16] CHAPMAN B. Baron Haussmann and the planning of Paris[J]. The Town Planning Review, 1953, 24(3): 177-192.

[17] CROUCH C. Design culture in Liverpool 1880-1914: the origins of the Liverpool School of Architecture[M]. Liverpool: Liverpool University Press, 2002.

[18] CROW A. Maps of Ten Health City. The RIBA. Town Planning Conference (London, Oct. 10-15, 1910) Transactions. London: RIBA, 1911: 410.

[19] DEHAENE M. Urban lessons for the modern planner: Patrick Abercrombie and the study of urban development[J]. The Town Planning Review, 2004, 75(1): 1-30.

[20] DENBY E. Europe rehoused[M]. London: Allen and Unwin, 1938.

[21] DUNN J. The progressive origins of modern city planning[D]. Kingston: University of Rhode Island, 1978.

[22] FOGLESONG R E. Planning the capitalist city: the colonial era to the 1920s[M]. Princeton: Princeton University Press, 2014.

[23] FRAZER D. The evolution of the British Welfare State[M]. London: MacMillan Press Ltd, 1984.

[24] HALL P. Seven types of capital city. In GORDON D (ed.). Planning twentieth century capital cities[M]. New York: Routledge, 2006.

[25] HALL P. Cities of tomorrow[M]. London: Wiley Blackwell, 2004.

[26] HALLIDAY S. The great stink of London: Sir Joseph Bazalgatte and the cleansing of the Victorian Metropolis[M]. London: Sutton Publishing, 1999.

[27] HINES T. The imperial mall: the city beautiful movement and the Washington Plan of 1901-1902[J]. Studies in the History of Art , 1991, 30: 78-99.

[28] JAMES-CHACHRABORTY K. Paris in the nineteenth century. Architecture since 1400[M]. Minneapolis: University of Minnesota Press, 2015: 273-289.

[29] KARLOWICZ T D H. Burnham's role in the selection of architects for the World's Columbian Exposition[J]. Journal of the Society of Architectural Historians, 1970, 29(3): 247-254.

[30] KOSTOF S. The city shaped[M]. New York: Bulfinch Press, 1991.

[31] KOSTOF S. The city assembled[M]. New York: Thames & Hudson, 1992: 160.

[32] LAGRAND J. Understanding urban progressivism and the city beautiful movement[J]. Pennsylvania History, 2020, 87(1): 11-21.

[33] LAMPUGNANI V. Architecture and city planning in the twentieth century[M]. New York: VNR Company, 1985.

[34] LIU Y. Building guastavino dome in China: a historical survey of the dome of the auditorium at Tsinghua University[J]. Frontiers of Architectural Research, 2014, 3(2): 121-140.

[35] LOPEZ R. Urban planning, architecture, and the quest for better health in the United States[M]. New York: Palgrave Macmillan, 2012.

[36] MACDONALD E S. Enduring complexity: a history of Brooklyn's parkways[D]. Berkeley: Dissertation at UC Berkeley, 1999.

[37] MCNEESE T. The gilded age and progressivism 1891-1913[M]. New York: Chelsea House, 2010.

[38] MOORE C (ed.). The improvement of the park system of the D.C. Washington. Government Printing Office, 1902.

[39] NOLEN J, HUBBARD H V. Parkways and land values [M]. Cambridge: Harvard University Press, 1937: 23.

[40] ÖKESLI D. Hermann Jansen's planning principles and his urban legacy in Adana[J]. METU JFA, 2009(2): 45-67.

[41] OLIVEIRA F. Green wedge urbanism[M]. London: Bloomsbury, 2017.

[42] OLIVEIRA F. Abercrombie's green-wedge vision for London: the County of London Plan 1943 and the Greater London Plan 1944[J]. The Town Planning Review, 2015, 86(5): 495-518.

[43] PACCOUD A. Planning law, power, and practice: Haussmann in Paris (1853-1870) [J]. Planning Perspectives, 2016, 31(3): 341-361.

[44] PEETS E. L'Enfant's Washington[J]. The Town Planning Review, 1933, 15(3): 155-164.

[45] PETERSON J. The city beautiful movement: forgotten origins and lost meanings[J]. Journal of Urban History, 1976(2): 415-434.

[46] PETERSON J. The mall, the McMillan Plan, and the origins of American City Planning[J]. Studies in the History of Art, 1991, 30: 100-115.

[47] PORTER D. The thames embankment: environment, technology, and society in Victorian London[M]. Akron:

University of Akron Press, 1998.

[48] ROBINSON A. The Scott and Uthwatt reports on land utilisation[J]. The Economic Journal , 1943, 53(209): 28-38.

[49] ROSEN G. A history of public health[M]. Baltimore: John Hopkins University Press, 1958.

[50] SHSSORE N E. "A stammering bundle of Welsh idealism": Arthur Trystan Edwards and principles of civic design in interwar Britain[J]. Architectural History, 2018(61): 175-203.

[51] SONNE W. Dwelling in the metropolis: reformed urban blocks 1890-1940 as a model for the sustainable compact city[J]. Progress in Planning, 2009 (72): 53-149.

[52] STÜBBEN J. Der städtebau[M]. Berlin: Vieweg, 1890.

[53] STÜBBEN J. City building [M]. KOSCHINSKY J, TALEN E (trans.). Arizona State University Press, 2014: 36.

[54] SUNDEERLAND D. A monument to defective administration? The London Commissions of Sewers in the early nineteenth century[J]. Urban History, 1999, 26(3): 349-372.

[55] SUTCLIFFE A. Towards the planned city[M]. Oxford: Basil Blackwell Publisher, 1981: 45.

[56] THOMAS D. London's green belt: the evolution of an idea[J]. Ekistics, 1964, 17(100): 177-181.

[57] UNWIN R. Town planning in practice: an introduction to the art of designing cities and suburbs[M]. London: Adelphi Terrace, 1909.

[58] UNWIN R. Nothing gained by overcrowding[M]. New York: Routledge, 2014 (reprint of 1912).

[59] VALE L J. Architecture, power and national identity[M]. New Haven and London: Yale University Press, 1992.

[60] WARD S. Planning and urban change[M]. London: SAGE Publications, 2004.

[61] WIESNER-HANKS et al. (eds.). Discovering the western past: a look at the evidence, volume Ⅱ [M]. Boston: Houghton Mifflin, 2004: 210-246.

[62] 阿尔伯斯. 城市规划理论与实践概论[M]. 吴唯佳译. 北京: 科学出版社, 2000: 26.

[63] 安徽警察厅省道局. 拆城筑路之利益[J]. 道路月刊, 1923, 4(3): 66-72.

[64] 陈树棠. 最新道路建筑法（续）[J]. 道路月刊, 1923, 4(3): 41-44＋46-47.

[65] 李剑鸣. 大转折的年代: 美国进步主义运动研究[M]. 天津: 天津教育出版社, 1992.

[66] 刘亦师. 20 世纪上半叶田园城市运动在"非西方"世界之展开[J]. 城市规划学刊, 2019a(2): 109-118.

[67] 刘亦师. 全球图景中的田园城市运动研究(1899-1945)(上): 田园城市的研究体系及田园城市运动在英国之肇端与发展[J]. 世界建筑, 2019b(11): 112-116.

[68] 刘亦师. 19 世纪中叶英国卫生改革与伦敦市政建设(1838-1875): 兼论西方现代城市规划之起源(上)[J]. 北京规划建设, 2021a(4): 176-181.

[69] 刘亦师. 田园城市思想、实践之反思与批判(1901-1961)[J]. 城市规划学刊, 2021b(2): 110-118.

[欢迎引用]

刘亦师. 西方国家首都建设与现代城市规划(1850～1950)[J]. 城市与区域规划研究, 2021, 13(2): 11-45.

LIU Y S. Capital city construction in western countries and modern city planning (1850-1950) [J]. Journal of Urban and Regional Planning, 2021, 13(2): 11-45.

《西印度群岛法》与西班牙殖民时期美洲总督区首府规划研究

曹　康　李怡洁

Research on the *Laws of Indies* and American Viceroyalty Capital City Planning in the Spanish Colonial Period

CAO Kang[1], LI Yijie[2]
(1. Department of Regional and Urban Planning, Zhejiang University, Hangzhou 310058, China; 2. School of Design Art, Lanzhou University of Technology, Lanzhou 730050, China)

Abstract A series of laws that Spain compiled to regulate its colony of the Hispanic America are known as the *Laws of Indies*. Among them, urban planning ordinances, which were applied to guide the planning and construction of colonial settlements and cities, were formulated through summarizing the planning experiences, learning corelated theories, and following relevant legislation. The interplay between planning practices and ordinances embodies a perfect combination of practice and theory, which is worthy of study. This paper outlines the evolvement of the *Laws of Indies* against the backdrop of Hispanization, elaborates the main contents of two versions of planning ordinances, and associates them with the planning and construction of capital cities of four Hispanic American viceroyalties. It argues that the general character of Hispanic American urban planning is a complicated hybrid of pragmatism and law-abiding, commonality and difference, and order and flexibility.

Keywords Spain; Latin America; colonial city; capital city planning; planning ordinance

摘　要　西班牙在殖民西属美洲过程中编制了一系列法律规范殖民活动，这些法律被简称为《西印度群岛法》。该法包括指导殖民地城市规划与建设的条文，是通过归纳实践经验、借用相关理论、沿袭相关法律等方式拟定。这些条文与殖民地规划实践的相互影响关系是实践与理论的完美结合，值得研究。文章概述《西印度群岛法》的各个版本，梳理城市规划条文的主要内容及其演进，并将其与西属美洲殖民地前后四个总督区首府的城市规划和建设实践相关联，探索西属美洲殖民地城市规划的总体特征，即务实与守法、共性与差异、秩序与灵活的复杂混合。

关键词　西班牙；拉丁美洲；殖民地城市；都城规划；规划条例

作者简介
曹康，浙江大学区域与城市规划系；
李怡洁，兰州理工大学设计艺术学院。

西班牙自 15 世纪末开始殖民美洲地区，至 19 世纪上半叶西属美洲殖民地先后独立，殖民过程延续 300 多年。在此过程中，西班牙制定了一系列法律、法规，一方面指导西班牙殖民者对美洲殖民地区新获土地与财富资源的分配和使用（Mahecha and Ayala，2017），规范殖民者的宗教信仰、定居生活、社会管理与经济发展，另一方面保护殖民地的原住民印第安人。这些法律有数版且名称不一，但因都针对当时被称为西印度群岛地区①的美洲地区而被简称为《西印度群岛法》（*Leyes de las Indias*），在性质上是西属美洲的宪法。所有欧洲殖民宗主国中，只有西班牙王室制定了成体系的法律以全局性指导殖民地的发展。《西印度群岛法》中包含详尽的城市规划条文，旨在规范西属美洲殖民地城市的规划建设。这些建成的殖民地城市具有高度一致的城市形态——路网结构，广场、街区与街道尺度，重要公共建筑的类型及其区位等，如烙印般刻画在现当代的拉美城市空间形态中。不仅如此，西班牙殖民地城市规划实践先行于英国，是工业革命之后以英、德、美等国为核心形成的现代城市规划的重要根源之一。但国内外研究中对这一问题的重视度尚待提高。

既有研究肯定了《西印度群岛法》中规划条文对规划建设实践的影响，尤其是 1573 年版的重要性；探索了条文内容的各种来源（Violich，1944；Reps，1979；莫里斯，2011）。但既有研究也存在一些研究未尽之处。第一，简单认可规划条文对实践存在指导作用，而忽视了先期规划实践对后期规划条文内容的实际影响。其实，自 1492 年哥伦布发现美洲大陆至 1573 年西班牙在殖民地最重要的规划条例颁布，西属美洲殖民地上已建起约 200 座城市（Bell and Ramón，2019），它们不可能反过来受 1573 年版影响。第二，未明确数版《西印度群岛法》之间的关系，尤其是前期条例的形成及其与最重要的 1573 年版之间的传承关系。比较有代表性的观点有，美国的拉美城市规划研究领域开拓学者韦洛利希（Francis Violich）强调了 1523 年版的重要性（Violich，1944）；美国知名城市史学者莱普斯（John W. Reps）认为 1523/1526 年版只是初建了规划模型，1573 年版对所有建于其颁布后的北美西班牙殖民地城市有指导作用；英国知名城市史学者莫里斯认可 1573 年版对实践的"效力"，但也强调了法律只是设定了框架但未被严格执行，实际应用当中存在大量变体（莫里斯，2011）。第三，就条文内容的来源上，在理论上有学者归结为古罗马建筑师维特鲁威的理论（Reps，1979；Mundigo and Crouch，1977；朱明，2017）甚至是古希腊有关于城市形态的思想（Crouch and Mundigo，1977）；在实践上有学者归结为西班牙本土的古罗马军营城市及其在中世纪城堡或设防城市上的传承（Lemoine，2003），发源于法国的巴斯蒂德式城市（Crouch and Mundigo，1977），15 世纪的西班牙本土规划实践，尤其是圣菲城（Santa Fe）（Reps，1979；Lemoine，2003；Verdejo et al.，2007；Melendo and Verdejo，2008；Burke，2021）以及早期殖民地城市建设实践（Reps，1979），如圣多明各（Lemoine，2003；Verdejo et al.，2007）；在法律上学者也探索西班牙本土法律的影响（Dory-Garduno，2013）。尽管莱普斯认为 1573 年版《西印度群岛法》是城市规划在理论与实践上的完美结合，但这些理论猜测都值得系统推敲与梳理。

本文尝试以法律条文拟定与规划实践推进——《西印度群岛法》中的城市规划条文与西属美洲殖民地最高行政中心总督区首府的城市规划——为两条线索，分析两者之间的关联性，归纳西属美洲殖民地城市规划的特点。为清晰论述起见，本文首先概述西属美洲总督区的设置情况；然后研究《西印度群岛法》几个主要版本的变迁、城市规划条文内容的来源及两个主要版本；继之按改建与新建城市，分析四个总督区首府的规划情况；在此基础上通过关联条文中的相关内容与首府规划实践的具体情况，将两条在时间上并行的线索联系起来，辨析实践与条文的相互影响。在研究方法上，本文采取了文献检索、网络数据分析等方法获取相关文献与信息并进行分析，通过时间线图表绘制方法横向剖析各类来源对规划条文的影响，通过地图分析、图底分析等方法对所涉规划案例进行比较。

1　西属美洲总督区划分

总督区是西班牙在其美洲殖民地设立的最高等级行政单位。在长达300多年的美洲殖民活动中，以西班牙哈布斯堡王朝与波旁王朝改朝换代的1700年为界分为两个阶段，几任西班牙国王在西属美洲先后共设立了四个总督区。此外，在总督区之下还设立了多个检审庭庭长辖区，以及数个名义上隶属总督区，但实际上可直接向西班牙王室上报的王国，如新西班牙总督区下的墨西哥王国、新加利西亚王国、新莱昂王国、新巴斯克王国、危地马拉王国；秘鲁总督区下的秘鲁王国、基多王国、新格拉纳达王国等。总督区首府、王国首都以及检审庭庭长辖区的中心所在地，后多成为独立后的拉美诸国的首都。

第一阶段中，哈布斯堡王朝的卡洛斯一世[②]划定了两个总督区。1535年，新西班牙总督区（Virreinato de Nueva Eapana）设立，统辖今墨西哥、中美洲和安的列斯群岛，首府是墨西哥城。1543年，秘鲁总督区（Virreinato del Peru）设立，管辖除今巴西外的所有南美洲地区，首府是利马。

1700年以后的第二阶段，为了加强西班牙对殖民地的统治及强化中央集权（徐世澄、郝名玮，1999），波旁王朝的国王增设了两个总督区。1717年，费利佩五世（1700～1746年在位）将安第斯地区（现在的厄瓜多尔、哥伦比亚、委内瑞拉）的北部从秘鲁总督辖区分离，设立为新格拉纳达总督区[③]，首府为圣菲德波哥大（Santa Fe de Bogota，今波哥大）。18世纪以后，西班牙位于南美洲西海岸的殖民地银矿波托西的白银产量开始下滑，无法再支撑西班牙帝国庞大的开支，位于东海岸的布宜诺斯艾利斯（简称"布城"）逐渐取代西海岸的利马成为南美南部的贸易中心。为了顺应这一趋势，卡洛斯三世（1759～1788年在位）于1776年在已经缩小的秘鲁总督辖区中又划出了拉普拉塔总督区（Virreinato del Río de la Plata），以布城为首府（吉恩、海恩斯，2013）。四个首府城市中，除新西班牙总督区的首府是改建自美洲古代城市以外，其余三个首府都是新建城市。

2　《西印度群岛法》及其城市规划条文内容

西属美洲被殖民的几百年中，西班牙王室及殖民地当局针对殖民地社会、经济、文化的方方面面颁布过数千条法规。这些法规由带有国王名字、年号及印章的王命，以西印度事务委员会的建议为基础、带有接旨者姓名的国王敕旨，以及委员会或殖民地检审庭的决议等各种法令、政令构成（贝瑟尔，1995）。

2.1　《西印度群岛法》版本变迁

几百年殖民过程中西班牙以国王名义颁发过数版涉及殖民地的法律（图1）。由于1573年及1680年的版本影响最大、在研究中也最常涉及，所以《西印度群岛法》通常也指这两版法律。

1513年《布尔戈斯法》　　　　　1542年《西印度群岛新法》的西班牙原版与英语翻译版封面

1573年《发现、新定居点和安抚条例》　　1681年《印度群岛王国法律汇编》封面

图 1　《西印度群岛法》几个主要版本的封面或内页

　　《西印度群岛法》最早的版本可能是由阿拉贡国王⑧费迪南二世于1512~1513年颁布的《布尔戈斯法》（*Leyes de Burgos*）（龚绍方，1992）。其后，西班牙国王卡洛斯一世于1523年颁布了《印度群岛人民法》（*Leyes de Indias para Poblaciones*，简称"1523年版"），又于1524年组建西印度事务委员会作为国王在美洲事务上的顾问。委员会起草了大量以国王敕旨的名义颁布的西属美洲殖民地法律（伯恩斯，1989），使国王意愿体现在法律与制度中，维护国王和王室在殖民地的根本利益（贝瑟尔，1995）。1542年，卡洛斯一世另外委托一个特别政务会拟定了《西印度群岛新法》（*Leyes Nuevas de Indias*）。

　　卡洛斯一世的继任者费利佩二世（1556~1598年在位）统治期间，曾试图汇编本土及殖民地当地政府颁布的所有殖民地法规并出版，消除不同法律条文之间的矛盾点，但因所涉法规过于庞杂而未能成功。不过，费利佩二世还是合并了他与卡洛斯一世颁布的法规（Mundigo and Crouch，1977）并加以拓展，于1573年颁布了一部规范殖民地城市建设的皇家条例——《发现、新定居点和安抚条例》（*El Orden que se ha de Thener en Descubrir y Poblar*，简称"1573年版"）（Rodriguez，2009）。卡洛斯二世⑤统治时期，所有上述法律才最终在 1680 年于马德里被完整汇编，以《印度群岛王国法律汇编》（*Recopilacion de Leyes de los Reynos de las Indias*，简称"1680 年版"）之名于 1681 年正式出版（表 1）。

表 1　《西印度群岛法》几个主要版本的具体情况

年份	颁布者	名称	容量	目的	主要内容
1512～1513	费迪南二世	《布尔戈斯法》	—	调和殖民定居者与当地印第安人之间的关系，尤其是确保印第安人利益不受侵犯（项冶、黄昭凤，2014）；规范两者在殖民地的生活（夏继果，2010）	—
1523	卡洛斯一世	《印度群岛人民法》	—	—	初步的殖民地城市规划与管理原则
1542	卡洛斯一世	《西印度群岛新法》	54 条条文	确保殖民地印第安人是王室的直接臣民，而非隶属于殖民地总督或其他殖民者；维护印第安人的福祉	殖民地的行政架构、当地印第安人的待遇等（贝瑟尔，1995）；将 1535 年恢复的总督辖区制度正式确立下来（贝瑟尔，1997）
1573	费利佩二世	《发现、新定居点和安抚条例》	148 条条文	适用于西班牙殖民的整个南美洲、中美洲、墨西哥和美国西部等地区，指导殖民者选址、建设定居点以及如何在定居点内生活（Caves，2005）	详尽的殖民地城市规划与管理原则
1681	卡洛斯二世	《印度群岛王国法律汇编》	4 卷、9 册、218 节、6 385 条法律条文	汇编之前的所有法律法规	① 教会管理和教育；② 印度群岛议会及其成员；③ 政治和军事管理；④ 新发现、殖民化、市政府；⑤ 省级政府和下级法院；⑥ 本土印第安人；⑦ 刑法；⑧ 公共财政；⑨ 航海和贸易（Mundigo and Crouch，1977）

2.2　两版主要城市规划条文

西班牙不仅是所有欧洲殖民宗主国中唯一一个颁布了系统的殖民地法律的国家，也是最热衷于规划与建设殖民地城市的国家。其原因如下：①西班牙人将城市等同于文明，希望通过城市这一媒介将本土文明模式复制到新占领土上，使原住民服从（西班牙）王室与教会权威（丽莎、斯蒂文，2016）。

将城市与文明相关联源自于古希腊—罗马传统；通过建造城市来推动殖民进程、巩固殖民化成果，也是古希腊与古罗马在殖民地中海世界时的典型做法（Violich，1944）。②由于西班牙具有"神秘主体"这一伊比利亚政治思想核心，城市被视为移植社会、政治与经济秩序⑥的工具；城市的形式是社会哲学的表现形式，建立城镇是使新占领土神圣化的一种礼拜仪式（贝瑟尔，1997）。新建城市的规则几何形态是出于政府对秩序与安定的需要，也表征着正在形成的西班牙帝国的统治意志（贝瑟尔，1997）。③西班牙人的身份认同来源于某一城市，而不像某些欧洲国家可能来源于某一省或国家，因为西班牙是一个城邦体制的国家，城市是地方政治权威的标志（丘达柯夫等，2016）。

《西印度群岛法》诸版中，与殖民地城市规划相关的主要有两个版本（Violich，1944）：①1523年版为初次法典化殖民地城市规划实践，虽然内容不够完善，但之后版本的基本内容都有涉及。其原始文件被保存在西班牙本土的塞维利亚未公开发行，仅抄送给殖民地的圣多明各，所以对实践未造成影响⑦，只对1573年版的条文有影响（Mundigo and Crouch，1977）。②1573年版基本确立了殖民地规划导则，条文内容最完整，对后续实践影响最大。1680年卡洛斯二世版的4卷、9册当中有关城市规划的在第4册，在整合1573年版的基础上涉及了殖民地城市的城镇人口、市政工程、公共道路、客栈、商店、牧场等方面，但总体而言没有对1573年版进行实质性修订。

2.2.1　1523年卡洛斯一世版

1492～1525年，至少有50座城市在已被西班牙殖民的美洲地区得到兴建（Lemoine，2003）。1513年的《布尔戈斯法》明确要求殖民地城市进行棋盘式规划（Mundigo and Crouch，1977；程洪、汪艮兰，2019）。10年后的1523年版将上述早期殖民地定居点规划在选址、中心广场、棋盘式路网与矩形城市外廓等实践的法典化（Mundigo and Crouch，1977；Lemoine，2003）。其规划原则主要有（Lemoine，2003）五点。

（1）城市规模。根据已建定居点的地理区位、土地质量和人口数量，确定新建定居点的合适规模。

（2）城市选址。要预留足够的开放空间（以备城市扩张之需）。（城市扩张）要始终以同样方式进行，防止人口快速增长下的无序扩张。

（3）城市广场。中心广场由四个小地块组成，其位置应遵循城市基本秩序。

（4）街道规划。从主要广场开始，有序划出主要道路。先通过绳子和尺规对地块进行有序测量，然后将地块划分为广场、街道、小块建设用地等，建设用地的划分基准是150瓦拉（约合130.5米）见方的正方形。分隔街区的街道宽度应该相同，统一为12瓦拉（约合10.44米），且道路走向应为南北向和东西向。

（5）公共建筑。教堂等建筑要井然有序地分布。

2.2.2　1573年费利佩二世版

1573年的《发现、新定居点和安抚条例》综合了1513年《布尔戈斯法》、1532年版及1542年《西印度群岛新法》，但增添了很多新的细节。该版包含148条条文，其中有52条与城市规划及建设相关（勒琼、赵纪军，2015），涉及城市选址、城市规模、街道规划、公共空间设计、建筑设计、公共卫生标准等内容。

（1）城市规模。《条例》适用范围为定居点及其周边的城乡地区，其大小为5.25英里见方（71.39平方千米）或28平方英里（72.52平方千米）。设立定居点或城市的人口标准：第一，如果承诺要建造一个新定居点，则户数不能少于12户人家；第二，如果有10名已婚男子都同意建造一个新定居点（但还没选好位置），就要分配土地以及建造定居点的授权给他们；第三，受命管理定居点的人必须确保在定居点建起之后的一个时期内，人口要增加到多于30户人家，且需要配备一名牧师。

（2）城市选址。第一，选址地点应土地肥沃、离水源近，有利于发展农业、畜牧业，获取燃料与木材。第二，必须选择地势高且有利于居民健康、有利于防守的地方。城市需向北风方向敞开，尽量不要靠近潟湖或沼泽地，因为那里是带毒动物以及受污染空气和水的滋生地。第三，不要建在近海之地，因为那里耕地资源有限。除非选址地点旁有可以发展商贸业的良港、城市防御也不成问题，且海洋不能位于城市南部或西部。第四，无论是经由海路还是陆路，该地点都应该具有良好的可达性，应处于水陆交通网节点。第五，所选地点要易于开展营建活动，且周围有足够空间，这样即使城市继续发展也能以同样的模式继续扩张。此外，在此营建不会妨碍到当地印第安人，或者要征得他们的同意才能营建。第六，选址结束后就要进行城市规划，并遵照以下准则。

（3）城市广场。第一，城市规划建设的起点是中心广场。如果是港口城市，广场要临近港口；如果是内陆城市则要位于城区中心。第二，广场的大小依城市人口而定，但要考虑到城市未来人口增长的情况。第三，广场可以是正方形或长方形，如果是长方形，长宽比至少要为1.5∶1，因为在举行节庆活动时要想使用马车，这一比例最合适。广场的大小应当在300×200英尺[①]与800×530英尺之间，最好是600×400英尺。第四，广场的四角应该与罗盘上的四个方位基点相对（图2）。第五，除中心广场外还要相应设置其他小广场，以布置教区教堂或修道院。

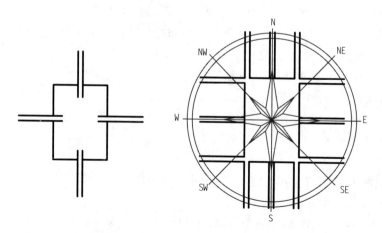

图2　西班牙本土广场（左）与殖民地广场（右）形制对比

资料来源：Crouch and Mundigo, 1977, Fig. 1.

（4）街道规划。中心广场每边的中点应有一条主要街道辐射向周边城区；广场的每个角应有两条街道辐射向周边城区，即至少要有 12 条街道从中心广场通向周围城区。在规划街道时，需要考虑到不妨碍城市的未来扩展，且扩展以后城市原有城区的风貌也不会受影响。关于街道的宽度，在寒冷地区要宽一些，而在热带地区要窄一些。考虑到商业的需要，广场四周与四条主要街道两侧都要设柱廊。

（5）建筑设计。总体原则是，为了提升城市的美观性，建筑物外观应尽可能统一。对于公共建筑，第一，内陆城市中大教堂①应远离中心广场，且与其他建筑也应间隔一定距离，这样在城市的各处都能看到大教堂，港口城市大教堂应选址在从港口能够看得到的地方；第二，大教堂、教区教堂或修道院都要占一整个街区，这样就不会有其他建筑紧邻教堂，除非出于实用或美观目的；第三，议会、市政厅及海关应建在中心广场旁边；第四，城市内要设两家医院，一座用于收治穷人和非传染病患者，设于教堂附设的修道院旁，另一座用于收治传染病人，最好选址在高处，且要确保风不会将被污染的空气吹到主城区。对于住宅建筑：第一，房屋的基础和墙壁都要牢固，要能在城市被入侵时成为城市防御设施的一部分；第二，出于健康或清洁的需要，房子的院子和畜栏要足够大。

（6）城市公共卫生。屠宰场、渔业、制革厂和其他会产生污秽物的产业与建筑物的位置应位于易于处理污秽物的地段，且不会危害到牧场里的牲畜。传染病医院选址方面的规定也适用于这些产业与建筑物。如果是有河流穿越的内陆城市，这些建筑需要设置在河的下游。

2.3 条文内容的来源

总体而言，《西印度群岛法》规划条文的内容来源主要有三类，分别是思想来源——思想家与建筑师的思想及理论，法律来源——经过检验的先行法律法规，以及实践来源——各类规划实践（图 3）。

2.3.1 思想来源

《西印度群岛法》中有关于城市规划的规定至少可追溯到两类思想与理论源头。其一是建筑师的理论，或者说是古希腊、古罗马时期形成的城市形态论（Crouch and Mundigo，1977）。成书于公元前 30 年的古罗马建筑师维特鲁威的《建筑十书》，在 15 世纪时被意大利建筑师阿尔伯蒂重新"发现"（Crouch and Mundigo，1977），并于 1485 年以《建筑十书》（*De Re Aedificatoria*）为书名出版（Kinsbruner，2005），对意大利文艺复兴时的建筑设计思想（Reps，1979）及城市规划理念产生较大影响。1526 年该书以 *Medidas del Romano* 为名被翻译为西班牙文出版，使西班牙人开始了解维特鲁威的思想（Kinsbruner，2005）。维特鲁威在书中关于建设新城时的选址、规划、街道甚至是建筑设计的论述，都影响了 1573 年版（Reps，1979；贝瑟尔，1997；Kinsbruner，2005）。例如，维特鲁威多次强调新建城市选址时要选择一个健康的环境，并详细阐述判断环境是否健康的标准（维特鲁威、罗兰，2012），与 1573 年版的条文类似。不过 1573 年版还提到城市腹地要有充足的资源、原材料供应，这是维特鲁威不曾涉及的。又例如，维特鲁威对集市广场如何设计的说明，包括选址、广场的长宽比（3∶2）、周围要修建城市的主要公共建筑（如巴西利卡、国库、监狱、元老院）等（维特鲁威、罗兰，2012），

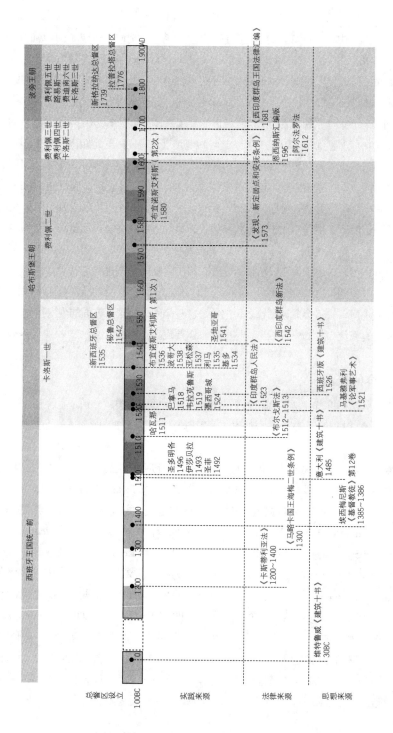

图3 《西印度群岛法》各版及其城市规划条文的内容来源

也与 1573 年版十分相近（Crouch and Mundigo，1977）。所不同的仅是哪些主要公共建筑应该毗邻广场。古罗马的军营城市作为一种规划原理，其研究专著于 1555 年出版，意大利原版被翻译为西班牙语并被出版则是在 1579 年（Reps，1979），很难说影响了最重要的 1573 年版规划条例。但军营城市作为一种实践曾在古罗马殖民整个地中海世界时在西班牙展开，后又通过影响西班牙中世纪的设防城堡与城市，将其传统潜在传承下来（Lemoine，2003；Burke，2021），间接影响了西班牙殖民地的城市规划。

其二是政治家、思想家的设想。西班牙本土理论家、著述甚丰的修士兼作家埃西梅尼斯[⑩]曾经撰写基督教百科全书——《基督教徒》[⑪]。在 1385～1386 年写就的《基督教徒》第 12 卷被誉为西班牙本土最早的理想城市理论（Verdejo et al.，2007），是对一种理想社会及其相应的理想空间形态的描述，在这一点上他与亚里士多德的思路类似。埃西梅尼斯所构想的理想城市具有棋盘式路网，街区尺寸为 1 000 步[⑫]，可能也影响了《西印度群岛法》的相关规定。此外，意大利政治思想家马基雅弗利在其 1521 年出版的《论军事艺术》一书当中记述了现代要塞的规划方法——要塞为矩形，核心要有一个广场，棋盘式路网（Reps，1979）。因为西班牙在北美殖民地建设的三类殖民定居点中有一类是军事型城镇[⑬]，这些内容对规划条文的拟定可能也有影响。

但应明确的是，殖民美洲的西班牙人一方面是务实者，定居点的建设怎么实用怎么来，另一方面也基本不可能受过系统的城市规划与设计训练。这些思想与理论不会直接影响西属美洲殖民地定居点的规划，至多是通过影响规划条例的拟定而对殖民地定居点的建设形成间接影响（贝瑟尔，1997）。

2.3.2 法律与公文来源

《西印度群岛法》的法律基础，或者说是西班牙殖民地所有立法的基础，都来源于 11～13 世纪成文的一系列卡斯蒂利亚法。卡斯蒂利亚是西班牙古代的一个王国，在通过联姻等方式融合了周边王国如阿拉贡王国后，于 15 世纪形成了西班牙王国。西班牙王室殖民美洲初期，卡斯蒂利亚法构成了殖民地的基本私法（布野修司，2009）。之后西班牙王室在公共法领域专门为西印度群岛立法，但卡斯蒂利亚法当中的土地法以及领土管辖权等相关内容已对西属美洲产生深远影响（Dory-Garduno，2013）。卡斯蒂利亚法中涉及城市建设的内容可以追溯到 1300 年马略卡（Mallorca）国王[⑭]海梅二世（Jaime Ⅱ）颁布的一些旨在指导新定居点建设的条例。条例所涉定居点规模为 100 户人家，每家会分得 1 块宅基地、1 块耕地。条例虽不涉及广场和教堂等内容，但是提到了街区尺寸为 100 瓦拉（约 87 米）见方，城市模式要遵循棋盘式网格等（Verdejo et al.，2007；Melendo and Verdejo，2008）。

2.3.3 实践来源

城市规划案例分为欧洲本土案例与殖民地案例两种。其中本土案例对条例的影响又分直接与间接两种情况——《西印度群岛法》中的规划条文可能直接参考了法律成文前的西班牙本土城市规划案例（Reps，1979）；西班牙周边国家的规划案例则通过影响本土案例而间接影响《西印度群岛法》。在殖民地开展的规划案例则与各版规划条例则存在指导与潜在影响的关系。

（1）本土规划实践

公认影响了殖民地规划实践的西班牙本土的圣菲城，其修建时间恰巧与哥伦布发现新大陆同年，目的是为了庆祝西班牙攻陷北非摩尔人在西班牙最后的大本营格拉纳达。圣菲城具有明显的中心广场和棋盘式街道布局（莫里斯，2011）（图4），一方面可能受到了西班牙本土的中世纪设防城市的影响，而它们的建造模式又遵循古罗马军营城市（Lemoine，2003）；另一方面可能受到了文艺复兴时期在法国南部与西班牙修建的巴斯蒂德式城镇（bastides）的影响（Reps，1979；Crouch and Mundigo，1977）。巴斯蒂德式城镇通常是矩形的，以一个露天广场或公共广场为核心，周围是棋盘式路网构成的城市街区。西班牙本土修建的新城丰塞亚（Foncea）、雷亚尔港（Puerto Real）等都是巴斯蒂德式的城市。

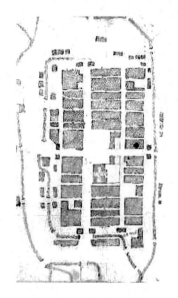

图4　圣菲城最初的规划

资料来源：http://pin.it/4c9PGoQ。

（2）殖民地早期规划实践

1492年年底，哥伦布登陆今日多米尼克共和国和海地所在的岛屿，将其命名为西班牙岛⑩。他在此建起欧洲人在新大陆的第一块定居点纳维达德（La Navidad），开启了美洲城市规划的纪元（Reps，1979），岛屿所在的加勒比海地区也成为西班牙美洲殖民地城市化的始发地（Bell and Ramón，2019）。因纳维达德被印第安人夷平，1493年他又建起第二个定居点拉伊莎贝拉（La Isabela）。1496年，哥伦布的兄弟在该岛上建立殖民定居点圣多明各。但这些在务实风格下修建的早期定居点都没有什么系统规划，更像是葡萄牙在非洲建起的贸易点（贝瑟尔，1997）。

1502年，西班牙殖民者奥万多重建被飓风摧毁的圣多明各，这是西半球第一座永久性的欧洲殖民城镇，也是西班牙在加勒比地区的首府。奥万多曾经去过圣菲城，所以大致能够确定圣多明各的规划仿效了圣菲城（Reps，1979）。经过规划的圣多明各——城市核心为中心广场（朱明，2017），广场周围有主要市政建筑、有棋盘式路网，被城墙环绕（图 5）——大体设立了其后西属美洲殖民城市的规划样板。随着西班牙大规模殖民活动的展开，加勒比群岛地区陆续建立了其他定居点（莫里斯，2011）。这些定居点显示出正交的或棋盘式的城市格局的完备化过程，成为西属美洲城市规范化建设的基础（Rodriguez，2009）。如 1511 年的哈瓦那采用了半网格结构，1518 年的巴拿马城以完整的正交模式规划，1519 年的韦拉克鲁斯（Veracruz）是规整的矩形城市。1523 年的规划条例是对逐步完备的棋盘式规划模式的官方认可和法规体现（Lemoine，2003）。1523 年以后建立起来的较重要的西属美洲城市有基多（1534）、利马（1535）、亚松森（1537）、波哥大（1538）、圣地亚哥（1541）等。这些城市在规划建设上虽未受 1523 年版约束，但它们影响了 1573 年版的内容修订与细化。

图 5　1586 年圣多明各城市平面图

资料来源：Reps，1979，Fig. 2.1。

3　改建的首府城市规划：墨西哥城

1521 年，以科尔特斯为首的西班牙殖民者攻陷了中美洲阿兹特克帝国的都城特诺奇蒂特兰城，并从 1524 年起在该城基础上规划兴建墨西哥城，作为当时西班牙在美洲的所有殖民地——统称为新西班牙——的行政中心。1535 年新西班牙总督区设立后，墨西哥城成为该总督区的首府。"墨西哥"这一名称的来源说法不一，可能由于这座城市的最初缔造者阿兹特克人崇信别称为墨西特里的太阳神，于是以这一别名为自己的国家命名。后来该名称演化为墨西哥，意即墨西特里人居住的地方（焦震衡，2017）。

特诺奇蒂特兰城建于特斯科科湖中的沼泽地。城市的中心区是大广场及最主要的神庙、祭坛、球场（举行宗教仪式用）等宗教建筑，从这里伸出的四条城市大道中有三条是分别通往北、西和南边湖岸的堤道，向东的第四条通向城市的湖泊码头。四条大道将城市分为四个片区，象征着世界的四个方向（图6）。阿兹特克人还修筑了方格网式的运河系统将四个片区分隔为70多个更小的管区，这些运河同时也是将这些管区联系起来的水上公路。特诺奇蒂特兰城在对殖民者的战争中被摧毁，但城市大体结构得到了保留，特别是中心区和四条大道。

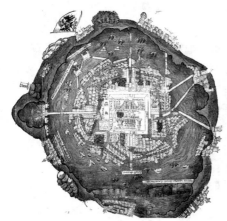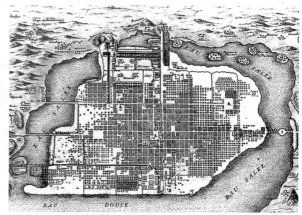

图6 特诺奇蒂特兰城（左）与1715年的墨西哥城平面图（右）对比

资料来源：Mundy，2015，Fig. 1.11（左图）；de Fer，1715，Làm. 125（右图）。

西班牙殖民者之所以选择被征服的帝国之都来建造殖民地的新核心，是因为这座城市本就拥有完善的城市基础设施；在当地人神圣的首都的废墟上建起殖民者的控制中心能够从心理上压制当地人；殖民者相对了解这座城市（程洪、汪民兰，2019）。1524年，西班牙人布拉沃（Alonso García Bravo）为墨西哥城做了棋盘式城市规划（Kinsbruner，2005）（图6）。在之后的改建过程中沼泽与河道被逐渐填平，中心区被改造为矩形广场，但仍然是城市核心。原有的本土宗教建筑被悉数摧毁，广场周围新建了北侧的主教座堂（1563~1565）及东边的总督府（特诺奇蒂特兰城曾经的皇宫所在）；西侧和南侧建起的建筑都设了柱廊。中心广场四角各新增两条干道（Kinsbruner，2005），加上原有的四条，共形成12条主干道，构成大致规整的棋盘式道路系统（朱明，2017）。1534年，墨西哥市政府开始规定建筑要有统一的（美观的）外观。广场、道路、建筑方面的实践经验都被写入了1573年条例（Kinsbruner，2005）。

4 新建的首府城市规划：利马、圣菲德波哥大、布宜诺斯艾利斯

4.1 利马

1533 年，以皮萨罗为首的西班牙人占领了南美洲印加王国的首都库斯科，南美洲的古典文明被摧毁。1543 年秘鲁总督区建立后，以 1535 年皮萨罗新建的利马城作为总督区首府。为了纪念西班牙国王卡洛斯一世和他的母亲，这一新建城市原本名为诸王之城（Ciudad de los Reyes）但未被接受，后来便用当地语言来命名城市（焦震衡，2017）。

与墨西哥城由中美洲古典文明帝国的都城改建而来不同，利马城是选址新建的。由于库斯科城位于安第斯山区，皮萨罗认为若以库斯科作为西班牙人控制南美殖民地的行政中心，则离沿海地带过远——在当时殖民地必须通过海路才能与宗主国形成联系。所以，1535 年，他在里马克河（Rímac River）南岸建立新定居点，也即后来的利马城。定居点在选址上的优势，第一是与河岸有一定距离以避免洪水等自然灾害；第二是周边有淡水和木材资源、有农业腹地、空气不错；第三是不会对当地原住民造成影响（Bell and Ramón，2019）。这些原则其实是过去 40 年间西班牙殖民者在新世界选址建立新定居点的经验总结，也被写入 1573 年条例。但利马城离海岸线有 10 千米，所以又于 1537 年修建了卡亚俄港（Callao）作为利马的港口城市。这种内地—港口的双城模式在西属美洲殖民地其他地区也存在（Crouch and Mundigo，1977），可能仍然与古希腊—罗马传统有关。例如雅典城也有自己的港口城市比雷埃夫斯，甚至两者的距离也与利马及其港口的情况接近。

利马城的初期规划据说是皮萨罗个人所做，由一座中央广场（Plaza Mayor）和 117 个方形街区构成（莫里斯，2011）（图 7）。中央广场临近河岸，是边长为 134 米的正方形。广场是城市规划建设的起点（Bell and Ramón，2019），周围陆续修建起城市的主要建筑，如东边的教堂和主教府、西边的市政厅（cabildo），广场北边是皮萨罗成为首任总督后于 1544 年修建的总督府邸（Palacio de Gobierno）。城区被宽度为 11 米的正交道路分成边长为 125 米的规则的方形街区，每个街区又被细分为四个大小相同的区块。城市建筑的外立面基本采用石块、硬木、黏土等材料，统一房屋建筑和城墙外观（朱明，2019）。中央广场原本是城市唯一的广场，但后来周围更小的广场及附属的教堂被逐渐修建起来，这些小广场也成为城市的副中心（Bell and Ramón，2019）。

16 世纪 60 年代，利马内陆腹地的波托西银矿被发现与开采。波托西银矿开发不仅带动了安第斯山地区的一系列经济活动（刘婷，2004），由于所产白银需先运至利马再装船运回西班牙本土，利马也因此迎来了发展大契机，成为连接美洲与欧洲的商业贸易枢纽。16 世纪 70 年代以后经由太平洋往亚洲的帆船航线被开通后，利马又成为西班牙连通其美洲与亚洲殖民地、亚洲与美洲、大西洋与太平洋的重要贸易中心（朱明，2019）。利马在重要物资集散上与国际贸易上核心地位的建立，使其成为西属美洲早期与墨西哥城比肩的最重要的城市之一。1746 年，利马发生严重地震后城市进行了重建。此时卡洛斯二世版已经汇编完成，重建时一方面遵照了汇编版的规定，一方面也基本上是按城市原貌

进行恢复，成为 18 世纪中叶时按照最初规划实施的典型城市（图 7）。不过由于利马急速扩张，自发形成的郊区已经超出了城区规划范围，呈未经规划的无序蔓延状态（莫里斯，2011）。

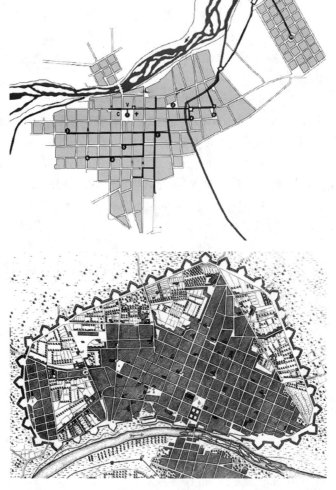

图 7　1613 年（上）和 1775 年（下）利马城市平面图对比（重建前后）

资料来源：Bell and Ramón, 2019, Fig. 4.1。

4.2　圣菲德波哥大

　　1538 年，西班牙殖民者克萨达开始兴建圣菲德波哥大城。城市的名称为西班牙语与当地语词汇的组合，"圣菲"在西班牙语中意即神圣信仰，"波哥大"在原住民语言中大意为田园外的村镇（焦震衡，2017）。1549 年，圣菲德波哥大成为新格拉纳达王国的首都，1739 年王国变为总督区后成为该总督区的首府（图 8）。

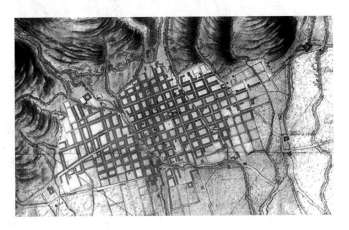

图 8　1791 年圣菲德波哥大城市平面图

资料来源：http://www.ciudadviva.gov.co/mayo08/periodico/4/。

圣菲德波哥大所在地原本属于南美洲的原住民奇布查人（Source，1968）。殖民者新建的城市依旧以中心广场和棋盘式路网及其方格形街区为主体。但圣菲德波哥大在城市住房形态上与其他首府城市不同，是基于西班牙类型学的庭院模式：外墙统一是由泥土材料建造，围绕内部庭院，设置起居室、卧室、仓库等多重空间（López and Sierra，2018）。

4.3　布宜诺斯艾利斯

1536 年，西班牙殖民者门多萨在拉普拉塔河河口西岸开始建设殖民定居点，当时将其命名为圣玛利亚布恩艾雷城（焦震衡，2017），是布城第一次建城。门多萨未对定居点进行系统规划，只是建起了四座教堂和一些棚屋，并以泥土墙进行围护。1541 年，该定居点被另一个殖民者夷为平地。1580 年，西班牙殖民者加雷在拉普拉塔河河口西岸距原定居点 2 千米、高出河水水面 30 米的地方建起了一个永久定居点，是布城第二次建城。第二次建起的布城是所有四座总督区首府中唯一一座遵照《西印度群岛法》城市规划条例——严格来说是 1573 年费利佩二世版——而选址、规划与修建的首府城市。加雷遵照规划条例，将中心广场设置在河岸口附近，占用一个街区区块。他还将城市路网规划为棋盘式，每条路宽度为 11 米，尽管当地的地形地貌条件并不适合这样的路网模式。道路网划出的街区都是边长为 130 米的正方形，这一街区尺寸在城市不断扩张中一直延续至今（加德纳，2019）（图 9）。街道宽度与街区的尺寸在卡洛斯一世版中有明确，但未出现在费利佩二世版中，不过布城的这两个尺度明显与利马城大体一致。每个街区被进一步细分为四个小区块，用以分配给追随加雷来此的最初定居者，

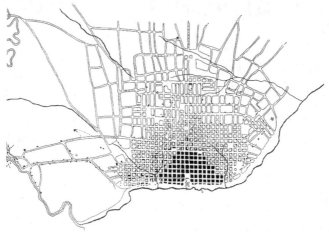

图 9　1608 年（上）和 1806 年（下）布宜诺斯艾利斯城市平面图对比

资料来源：https://tse3-mm.cn.bing.net。

这一点也同利马一样，说明布城在规划建设当中既遵循了规划法规，也沿用了既有殖民地城市中已经约定俗成的建设惯例。在建筑设计上布城也遵守了 1573 年条约，建起的房屋都具有统一的外观及风格。此外，加雷还考虑到了城市的资源供给问题，而留出了农业与牧业用地。

　　1776 年布城成为新设的拉普拉塔总督区首府，开启了城市大发展的时代。18 世纪时南美洲西海岸的波托西银矿的产量已经下降，东海岸的潘帕斯草原的畜牧产业快速发展起来，位于东海岸的布城由于比西海岸的利马在与欧洲通航通商方面更便捷，很快成为国际与国内畜牧业产品贸易的中转地。城市地域出现扩张，市政设施也逐渐发展起来（张昀辰，2019）。

5 《西印度群岛法》与总督区首府规划的关联分析

    16世纪末前西属美洲殖民地城市(尤其是总督区首府)的规划实践可以大致分为四个阶段(表2)。这一过程中,1573年版的规划条例至关重要,对西属美洲殖民时期的城市规划影响也最大。以至于历史学家甚至以条例的颁布为分界线,将1573年以前的时期称为前条例时期(pre-Ordenanzas)(Bell and Ramón,2019)。从上文分析可知,《西印度群岛法》内的规划条文脱胎于规划实践又指导、影响规划实践。其中,欧洲本土城市的影响与早期殖民地定居点的规划探索是规划条例成型的重要来源,《西印度群岛法》成型后其数版演进与殖民地规划实践的推行在时间上交织进行,必然是相互影响的关系——条文是对先期实践的法典化,是后续条例拟定与修编的参考;后续实践对下一版条例的修订产生影响,下一版成型后又对实践形成指导。

表2 西属美洲殖民地城市规划及其特征

时间	城市	城市平面图	特征
1492年及之前 西班牙本土实践	圣菲	1492 	核心:公共广场 街区:棋盘式路网
1492~1523年 殖民地初期实践	圣多明各	1496~1502 	核心:中心广场、周边为市政建筑 街区:棋盘式路网
1523~1573年 总督区首府规划 探索	墨西哥城	1580 	核心:中心广场、周边为教堂、总督府等 街区:棋盘式路网 道路:广场四角各增2条干道 建筑风格:统一外观

续表

时间	城市	城市平面图	特征
1523～1573年 总督区首府规划 探索	利马	1775 	核心：中心广场、周边为教堂、主教府、市政厅、总督府等 街区：棋盘式路网（125×125米） 道路：11米 建筑风格：统一外观——石块、硬木、黏土等
	圣菲德 波哥大	1791 	核心：中心广场 街区：棋盘式路网 建筑风格：统一外观——泥土
1573～1680年 条例影响下的 规划	布宜诺斯 艾利斯	1580 	核心：中心广场、毗邻河口 街区：棋盘式路网（130×130米） 道路：11米 建筑风格：统一外观

西班牙殖民地规划法规与各类规划实践之间的关系也体现在其与西属美洲总督区首府规划实践之间的关系上。本文分析的四个总督区首府当中，墨西哥城、利马与圣菲德波哥大三个城市始建于1523～1573年，其规划实践体现了1523年版总结的先期殖民地规划实践总体原则，部分影响到1573年版的完善与条文细化；布城建于1573年以后，其规划建设则遵循了1573年版条例。从表3可知，在1573年版涉及的六项主要规划原则上，总督区首府在规划时已先行探索了五项；1573年版发布后这些原则也得到了较好的执行。同时，这些原则也是1523年版的规划原则的拓展和细化。

表3 两版《西印度群岛法》规划原则与总督区规划实践的关联

规划原则	1523年版条文	1523～1573年探索实践	1573年版条文	1573影响实践
规模	根据已建的土地、人口确立新建标准		5.25英里见方；至少12户人家	布城
选址	土地	利马	土地肥沃、有资源	布城
	区位	利马	地势高，有利健康与防守	布城
	预留足够空间、有序扩张		易于展开营建及未来有序扩张	布城

续表

规划原则	1523 年版条文	1523～1573 年探索实践	1573 年版条文	1573 影响实践
选址		利马	不在近海之地	
		利马	不妨碍当地人	
广场	主要广场为建设起点，由 4 个地块组成	墨西哥城；利马；圣菲德波哥大	建设起点为中心广场	
		墨西哥城；利马（正方形）	广场为长方形或正方形	布城
		利马	设置其他小广场	
街道	从主要广场开始划分街道	墨西哥城	有 12 条街道从中心广场通向周围城区	
	街区为 130 米见方正方形	利马；圣菲德波哥大	街区为 125 米见方	布城
		利马：街区被细分为 4 块		布城
	道路约 10.4 米宽	利马	街道约 11 米宽	布城
		墨西哥城	主要街道两侧设柱廊	
建筑		墨西哥城；利马	建筑物外观应尽可能统一	布城
	建筑有序布置	墨西哥城；利马	议会、市政厅及海关应建在中心广场旁边	布城
公共卫生			污染物处理；医院位置设置	

6　结论与讨论

作为西属美洲的宪法，《西印度群岛法》一方面影响了拉美地区几百年间建起的数百座殖民地城市，另一方面其修订完善过程也受到了规划实践的影响。法律与实践的交织推进，体现出西属美洲殖民地规划的共性与差异、守法与务实的复杂特征。

一方面，新世界的城市营建实践是当地自然、社会、文化条件与外来文明下的规划设计规则相互交织与作用的结果（Bell and Ramón，2019），其与西班牙本土传统（旧世界）之间呈现出共性与差异性。《西印度群岛法》的规划条文虽然受到了本土规划建设实践的影响，但条文也显示出新世界与旧世界城市的显著区别。例如，西班牙本土的城市很少规划建设规则的棋盘式路网，而条文虽未做要求，但殖民地城市的路网结构都是棋盘式的。这是因为一方面在 1573 年前棋盘式规划已广泛实践；另一方面条文规定城市及城市内部结构的形态要为长方形、长宽尺度也被详细设置，隐含了道路也需要正交设置。又例如，西班牙本土广场通常是封闭形制，只设置市政厅而无其他公共建筑，且与街道基本没有功能联系（Mundigo and Crouch，1977）。而西属美洲殖民地城市的广场连同其周边的主要公共建筑承载了城市最重要的公共职能与活动，至殖民地城市发展中后期才有部分功能被分散到其他公共空间（Kinsbruner，2005）。这样，殖民地城市的广场必然是开放的，广场与街道是有机联系的。此外，不同地区的殖民地实践之间也同样呈现出共性与差异性。西班牙殖民者将殖民地定居点分为要塞、城镇与布道点三类，每一类针对的人群不同、规划重点不同，但又都具有相同的宗教与行政要素。

另一方面，由于城市之于西班牙人的特殊意义及其所代表的对新获领土的占领意义，几百座殖民地城市又都遵循着同样的规划及设计原则，体现着西班牙帝国想要在新世界建立的秩序以及传输的本土意识形态。规划条例详细规定了城市中心广场的设计原则，正是因为附设了行政机构、宗教机构等的中心广场是西班牙政治意志与宗教意志的浓缩。然而，虽然每版法律都一再强调维护本地人（印第安人）的利益，修建居民点时需要避开印第安人的既有城镇或居民点。但实际营建中破坏本土传统文化、新建西班牙城市的例子不在少数，总督区首府墨西哥城就是典型，体现出殖民地实践的守法与务实的矛盾特征。西班牙殖民者要在从北美到南美这一跨越极大地域且涉及各种自然、地形、气候、社会、文化条件的区域当中进行定居点及城市的营建活动，建设风格必定是务实及与当地情况相结合的，不可能完全遵循《西印度群岛法》。从本文的分析中可以看到，首府城市在选址、环境与公共卫生问题的处理上是务实的，虽然也部分借用了源自于欧洲的理论；在城市内部的公共空间的设计、公共建筑的位置、街道模式、建筑风格上又是遵循（外来）秩序的。甚至在不适合遵循这种外来秩序的情况下——如布城本身的地形条件并不适于修建棋盘式路网——原则也没有被打破。

这种共性与差异、守法与务实的复杂混合，正是西属美洲殖民地城市规划的特征，它对工业革命后的欧美国家率先开展的近代城市规划有深远影响。韦洛利希形容殖民时期的城市形态如橡皮图章般在拉美当代城市的空间结构上留下了印迹，它虽然是拉美国家曾被殖民的屈辱历史的写照，但也是一种有价值和有特色的规划遗产（叶亚乐等，2020），并同样影响了现、当代城市规划。

在全球化的当今，中国正在开展国土空间规划创新性探索，同样没有既有的规划法规来指导实践；更有可能的是新的空间规划法从规划实践的积累当中凝练、抽象而形成。拉美300年殖民史中有超过300座城市被规划、新建，大量规划实践下形成了系统的城市规划条例，开辟了规划实践影响规划法规拟定的先河。对这一史实和规划遗产进行历史诠释，可以对中国未来在探索拟定新规划法时提供有益借鉴。

注释

① 法规的正式名称当中没有"西"。为了与西班牙在亚太地区的殖民地"东印度群岛地区"（包括菲律宾群岛、马里亚纳群岛、加罗林群岛、摩鹿加群岛等）相区分，传统上将西属美洲称为"西印度群岛地区"，该名称与当代的西印度群岛在地理范围上是有很大不同的。

② 1516～1556年在位，费迪南二世的外孙。他还于1520年当选为神圣罗马帝国哈布斯堡王朝的皇帝，称号为查理五世，因而开启了西班牙的哈布斯堡王朝。

③ Virreinato de la Nueva Granada。该总督区曾于1724年取消，1739年复设。

④ 构成西班牙王国的伊比利亚半岛上的古王国之一。费迪南二世由于与半岛上另一个国家卡斯蒂利亚王国的女王联姻，实际上成为统一的西班牙的第一个国王。

⑤ 1665～1700 年在位，西班牙哈布斯堡王朝最后一位国王。

⑥ 有学者认为，古希腊与古罗马的城市文明及城市在古罗马建立庞大的殖民帝国时所起到的稳固殖民地的作用（Violich，1944），与西班牙人对城市的理解及其在西班牙建立海外殖民地时通过新建殖民城市想要实现的目的如出一辙（Kinsbruner，2005）。

⑦ 西印度事务委员会的秘书迪亚哥·德·恩西纳斯（Diego de Encinas）花了 20 年时间，于 1596 年汇编成功当时所有的颁布实施的涉殖民地法规，其中不包括 1523 年版，因为该版未实施（Lemoine，2003）。1523 年版更多是结合既有规划实践对 1513 年条例的一个梳理总结。此外，16 世纪时跨洋信息传输的效率仍不高，西班牙王室政令只能借由跨越大西洋的船只携带并传送，政令时效性与执行度都会受影响。但 1523 年版曾被卡洛斯一世汇编入 1542 年《新法》，而该法曾公开发行并传达到殖民地，所以 1542～1573 年建起的殖民地城市受《新法》约束的可能性较大。

⑧ 100 英尺相当于 30.48 米。

⑨ 大教堂其实应为主教座堂，一座城市中通常只有一座。

⑩ 弗朗西斯科·埃西梅尼斯（Francesch de Exiemenis，1349～1412）。他于 1387 年成为阿拉贡国王的牧师之一，同时也成为市政机构的顾问。

⑪ *Lo Crestiá*，埃西梅尼斯计划写 13 卷，但只完成了第 1、2、3 和 12 卷。

⑫ 步，pasos，长度单位，约合 1.393 米。

⑬ 另外两类是以印第安人原定居点发展起来的普韦布洛（Pueblo）和以传教为目的建立起来的定居点。

⑭ 马略卡王国是 13～14 世纪地中海的巴利阿里群岛地区的王国，以马略卡岛为主要核心。1229 年被阿拉贡国王海梅一世占领。

⑮ La Isla Española，英译为伊斯帕尼奥拉岛（Hispaniola）。

参考文献

[1] BELL M G, RAMÓN G. Making urban colonial lima (1535-1650): pipelines and plazas[M]//Engel E A. A companion to early modern Lima. Leiden & Boston: Brill, 2019: 103-126.

[2] BURKE J L. Architecture and urbanism in viceregal Mexico Puebla de los Ángeles, sixteenth to eighteenth centuries[M]. London and New York: Routledge, 2021.

[3] CAVES R W. Encyclopedia of the city[M]. Oxford: Routledge, 2005.

[4] CROUCH D P, MUNDIGO A I. The city planning ordinances of the Laws of the Indies revisited: part Ⅱ: three American cities[J]. Town Planning Review, 1977, 48(4): 397-418.

[5] DE FER N. L'Atlas curieux, ou le monde réprésenté dans des cartes génerales et particuliéres du ciel et de la terre [M]. Paris: chez l'auteur, 1714-1716.

[6] DORY-GARDUNO J E. The forging of castilian law: land disputes before the royal audiencia and the transmission of a legal tradition[D]. Albuquerque: The University of New Mexico, 2013.

[7] KINSBRUNER J. The colonial Spanish-American city: urban life in the age of Atlantic capitalism[M]. Austin: The University of Texas Press, 2005.

[8] LEMOINE R M. The classical model of the Spanish-American colonial city[J]. The Journal of Architecture, 2003, 8(3): 355-368.

[9] LÓPEZ C, SIERRA D F. Bioclimatic conditioners in the colonial architecture of Colombia: the house-yard in Cartagena de Indiasy Bogotá[J]. Estoa, 2018, 7(12): 7-18.

[10] MAHECHA A, AYALA P M. Las leyes de los reinos de las Indias[J]. Diálogos de Saberes: Investigaciones y Ciencias Sociales, 2017(47): 31-49.

[11] MELENDO J M A, VERDEJO J R J. Spanish-American urbanism based on the Laws of the Indies: a comparative solar access study of eight cities: conference on passive and Low energy architecture, Dublin, 2008[C].

[12] MUNDIGO A I, CROUCH D P. The city planning ordinances of the laws of the Indies revisited: part I: their philosophy and implications[J]. Town Planning Review, 1977, 48(3): 247-268.

[13] MUNDY B E. The death of Aztec Tenochtitlan, the life of Mexico City[M]. Austin: University of Texas Press, 2015.

[14] REPS J W. Cities of the American west: a history of frontier urban planning[M]. Princeton: Princeton University Press, 1979.

[15] RODRIGUEZ R B. The Law of Indies as a foundation of urban design in the Americas: leadership in architectural research, between academia and the profession, San Antonio, 2009[C].

[16] SOURCE I S. Colonial urban development in hispanic America: the case of Santa Fe De Bogota[J]. Bulletin of the Society for Latin American Studies, 1968(10): 20-23.

[17] VERDEJO J R J, LAINEZ J M C, MELENDO J M A. Considerations concerning measurements relating to the urban design of the Spanish-American city[J]. Journal of Asian Architecture and Building Engineering, 2007, 6(1): 9-16.

[18] VIOLICH F. Cities of Latin America: housing and planning to the south[M]. New York: Reinhold Publishing Corporation, 1944.

[19] 贝瑟尔. 剑桥拉丁美洲史(第一卷)[M]. 中国社科院拉美所组, 译. 北京: 经济管理出版社, 1995.

[20] 贝瑟尔. 剑桥拉丁美洲史(第二卷)[M]. 中国社科院拉美所组, 译. 北京: 经济管理出版社, 1997.

[21] 伯恩斯. 简明拉丁美洲史[M]. 王宁坤, 译. 长沙: 湖南教育出版社, 1989.

[22] 布野修司. 亚洲城市建筑史[M]. 胡慧琴, 沈瑶, 译. 北京: 中国建筑工业出版社, 2009.

[23] 程洪, 汪艮兰. 西班牙殖民者对墨西哥城市政建设的规划及影响[J]. 江汉大学学报(社会科学版), 2019, 36(1): 54-64.

[24] 龚绍方. 论16世纪西班牙有关美洲印第安人生存权的立法与现实[J]. 河南大学学报(社会科学版), 1992(4): 78-85.

[25] 吉恩, 海恩斯. 拉丁美洲史(1900年以前)[M]. 孙洪波, 王晓红, 郑新广, 等, 译. 上海: 东方出版中心, 2013.

[26] 加德纳. 布宜诺斯艾利斯传[M]. 赵宏, 译. 北京: 中译出版社, 2019.

[27] 焦震衡. 拉丁美洲地名考察[M]. 北京: 社会科学文献出版社, 2017.

[28] 勒琼, 赵纪军. 拉丁美洲"文明之城"的秩序愿景[J]. 新建筑, 2015(6): 4-13.

[29] 丽莎, 斯蒂文. 美国城市史[M]. 申思, 译. 北京: 电子工业出版社, 2016.

[30] 刘婷. 试析殖民时期大秘鲁"白银经济圈"的形成及其影响[J]. 世界历史, 2004(5): 83-91.

[31] 莫里斯. 城市形态史——工业革命以前(下册)[M]. 成一农, 王雪梅, 王耀, 等, 译. 北京: 商务印书馆, 2011.

[32] 丘达柯夫, 史密斯, 鲍德温. 美国城市社会的演变[M]. 熊茜超, 郭旻天, 译. 第 7 版. 上海: 上海社会科学院出版社, 2016.

[33] 维特鲁威. 罗兰, 英译. 建筑十书[M]. 陈平, 中译. 北京: 北京大学出版社, 2012.

[34] 夏继果. 理解全球史[J]. 史学理论研究, 2010(1): 43-52.

[35] 项冶, 黄昭凤. 15-18 世纪西班牙美洲殖民统治的特点及影响[J]. 琼州学院学报, 2014, 21(6): 96-102.

[36] 徐世澄, 郝名玮. 拉丁美洲文明[M]. 北京: 社会科学文献出版社, 1999.

[37] 叶亚乐, 李百浩, 武廷海. 国际上规划遗产的不同概念和相应实践[J]. 国际城市规划, 2020: 1-10.

[38] 张昀辰. 阿根廷早期城市化, 1880-1930[D]. 天津: 南开大学, 2019.

[39] 朱明. 近代早期西班牙帝国的殖民城市——以那不勒斯、利马、马尼拉为例[J]. 世界历史, 2019(2): 62-76.

[40] 朱明. 米兰—马德里—墨西哥城——西班牙帝国的全球城市网络[J]. 世界历史, 2017(3): 29-42.

[欢迎引用]

曹康, 李怡洁. 《西印度群岛法》与西班牙殖民时期美洲总督区首府规划研究[J]. 城市与区域规划研究, 2021, 13(2): 46-69.

CAO K, LI Y J. Research on the *Laws of Indies* and American viceroyalty capital city planning in the Spanish Colonial Period [J]. Journal of Urban and Regional Planning, 2021, 13(2): 46-69.

苏州传统城市治理的空间结构及其近代化研究

傅舒兰

Research on Spatial Form of Traditional Urban Governance and Its Modernization in Suzhou

FU Shulan

(College of Civil Engineering and Architecture, Zhejiang University, Hangzhou 310058, China)

Abstract Based mainly on local chronicles and historical maps, this paper analyzes the spatial structure of traditional urban governance in Suzhou and its modernization reform. The analysis demonstrates that the traditional urban space with a blurred boundary and highly complex land use is a complex organism formed under the influence of multi-channel urban governance methods, which can be interpreted through summarizing different urban governance methods. The paper concludes two characteristics of the spatial structure of traditional urban governance in Suzhou. One is the governance structure itself. There was a combination between external and internal governance space, and between administration and self-governance. Outwardly there was a spatial scope for governance in line with the three levels of provincial, prefectural, and county administration, and inwardly self-governance was formed through the township. The governance organization was combined with rituals, which were an important channel between official administration and local self-governance. The other is spatial characteristics. In terms of spatial division, the spatial scope, as a governance object, had a sense of boundary, yet no precise division. In terms of spatial aggregation, it was featured by Xumen and Changmen as south and north landmarks respectively,

摘 要 文章以地方志与历史地图为主要材料,对苏州城市传统治理的空间结构及其近代化变革进行分析,分析实证了具有边界模糊不清、用地高度复合等特征的传统城市空间,是多途径城市治理手段影响下形成的复杂有机体,可以通过梳理城市治理不同的方式方法进行特征解读。苏州传统城市治理的空间结构有两点特征。特征之一是治理结构本身,存在治理范畴的对外与对内、行政与自治的结合:向外通过省、府、县三级行政机构治理对应空间范畴,向内则以乡里为单元形成自治,治理的组织均与信仰祭祀结合开展,信仰祭祀是衔接官方行政与地方自治的重要通道。特征之二是空间形态:空间划分上,作为治理对象的空间范畴,具有边界意识,但不做精确划分;空间聚集上,存在对外以胥门、阊门为南北地标,对内以玄妙观为中心的特征。循此语境考察苏州城市的近代化变革,主要体现为区划显现与中心重塑的特征。巡警分区、市民公社、观前、北局和王废基等相关考察,实证了城市区划、用地分区、城市中心等现代治理手段对传统城市近代化过程的作用和影响。总结以上所得可以进一步深化我们对于城市治理的认知。尽管各个时期的特征不同,空间区划(无论是行政分区,还是用地功能分区)始终是贯彻城市治理意图的最为基础且有效的治理手段。同时,苏州案例揭示出中国传统城市多途并举的治理特征,对当前大城市多样性带来的治理难题,具有现实参考的意义。

关键词 苏州;传统城市;近代化;城市治理;空间形态

作者简介
傅舒兰,浙江大学建筑工程学院。

and Xuanmiaoguan as the urban center. With regard to modernization, this paper focuses on the emergence of division (patrol division and civic commune) and the reshaping of the urban center (Guanqian, Beiju, and Wangfeiji), confirming the introduction of modern governance means of administrative division, land use zoning and urban center, as well as their impacts on the modernization process of traditional cities. The above analysis on the characteristics and the historical process can deepen our understanding on urban governance. Firstly, spatial division, be it the administrative division or landuse zoning of sites, is the most basic and effective means of implementing urban governance intentions, though the characteristics vary from period to period. Secondly, the paper reveals the multi-channel urban governance methods of traditional Chinese cities, which are a practical reference for large cities challenged by governance problems due to their diversity.

Keywords Suzhou; traditional city; modernization; urban governance; spatial form

调整城市边界、管理区划、用地分区、中心位置等手段，是今天各国从空间角度介入城市治理最为基础的方式。但是，这些看似理所当然的手段，在中国古代城市中并不完全通用，甚至苏州这样发展较为充分、人口规模与城市复杂度都达到了较高水平的传统大城市也是如此。模糊不清的边界、高度复合的用地功能、没有专设的城市公共设施以及市政管理机构等，给这类城市空间的研究提出了方法论的挑战。目前多数研究大多止步于有关城内诸如水网、路网和标志性建构物等显性可见要素，或建筑与环境要素在较大空间尺度上的轴线对位关系等形态特征的描述和分析（陈泳，2006；Xu，2000）。如何理解中国传统城市的空间结构，揭示这些空间结构与城市社会治理方式的关联，将中国古代城市研究从空间形态层面深入到空间社会层面，这是今天中国城市研究需要面对的一个挑战。

历史学与社会学领域对晚清近代苏州城市的研究已经显示（Peter，2006；张海林，1999），该城曾存在由治理带来的内部空间结构，它们在近代化过程中得到了重塑与显现。只是由于缺乏明确的边界，也没有明确的功能分类，这种空间结构并非一目了然，也难以简单地通过类型学的空间图式分析来表现。如何拆解和分析传统大城市的治理结构，提炼归纳空间特征？本文拟在方法论层面进行探索。另外，本文对早期近代化过程的关注，除可厘清苏州在引入新的治理方式和空间建设手段背景下的变与不变，也可促进我们对现存历史大城市空间治理传统的认知，贡献于中国古代城市史的研究。

本文分为两个部分。第一部分，着重考察苏州近代化以前与城市治理结构相关的空间特征。方法上，首先以地方官"据以为政治之资"[1]的地方志为主要材料，抽出其中反映治理逻辑的要素，进而将其空间位置或落点绘制于矫正核对后的历史地图，分析其内容层次、相互关系、结构特征与历史变迁。时间上，选择了战乱前繁荣稳定的清朝中叶[2]。既有乾隆年间修编的《苏州府志（1748）》《长洲县志》和《元和县志》等地方志提供丰富的文字佐证，也有较为翔实的地图记录，如1745年的《姑苏城图》（张英霖，2004）。对于未尽详细的部分，还有文人笔记等材料补充[3]，以及清代基层权力和社会治理相关研究成果参考（刘洋，2016；王刚，2014）。第二部分，着重考察苏州近代化过程中因城市治理结构的改变所导致的空间格局变化[4]，包括随着新出现的治理方式或制度而产生的空间单元及其结构，以及受新的空间建设工具或方法之影响而形成的新空间要素及其结构特征。

1　清中叶苏州的治理层级与空间范畴

乾隆《苏州府志》开篇即书："苏州古称剧郡，今更为天下最，巡抚军门蕃臬两司皆驻焉。财赋政务之繁，既数倍他郡。其山川清淑，人文萃聚，衣冠林立，民物殷盛，商旅辐辏，皆甲于江左。"短短数言，却凝练地概括了苏州的特征。第一，苏州的行政级别。虽然名称苏州府，但苏州比一般设府治统管下属州县的府城级别要高。因为苏州驻派了包括巡抚、军门、布政使（蕃司）、按察使（臬司）等中央直隶官员和特设机构，管辖整个江苏省包括行政、治安、户税、刑法等事务，可以说接近于当今意义的省会城市[5]。第二，苏州赋税和政务之繁重，远超其他地方。因为无论从自然风景、人文历史，还是从物产商业来看，苏州都要比南京[6]发达。

这样一来首先可以推进研究对象的空间界定与辨析。从苏州城内设行政机构及其对应治理管辖区域来看，起码存在三个不同层级、对应由大到小三个空间范畴，依次为：省级机构辐射主管的苏南地区；府级机构辐射主管的九邑[7]；附郭三县（吴县、长洲县、元和县）的县级机构辐射主管的城内外县域。三个空间范畴，在府志卷首有图形描绘，在"疆域"篇中有文字界定，但均不对应"苏州城"——这一由城墙围绕、历史地图通常描绘的空间范畴（图1）。包含城墙这个空间界定要素的是更下一级的治理单元"乡都"[8]。城内有九乡，乡界常常跨县[9]。至此大致可以明确本文所指空间结构的内涵：四个治理层级，两个所指方向。所指之一是苏州城通过内设治理机关，辐射治理更广域的空间范畴及其结构层次与相互关系（政区）；所指之二是苏州城——这一以城墙为大致边界（包含城门向外延伸的部分区域）的空间对象，本身的治理维系（城区）。

《苏州府志》目录体现了当时行政官员对苏州府城的认知结构。乾隆《苏州府志》有图1卷（10幅）、志80卷，是依疆域建置、城池坊巷、山川水利、户口赋税、物产、公署学校、军制、乡都、津梁、坛庙寺观、古迹、宅第园林、冢墓、人物、艺文等展开。比较宋朝范成大《吴郡志》与明洪武《苏州府志》，不同时代在先后顺序上有所调整，但包含的内容是稳定的：疆域建置、水利桥梁、城乡坊市、户口赋税、公署学校、军制兵卫、祠庙寺观、宅第园林、古迹冢墓、人物集文。同时具备空间定位与行政治理两种特性、作为下文主要考察对象的是：疆域建置、城乡坊市、公署学校、军制兵卫、祠庙寺观。其中疆域建置与城乡坊市结合起来，大概呈现的是不同尺度空间区划、联系行政和治理分区的问题。公署学校、军制兵卫是相对功能明确的行政机构，通过层级区分与定位可以明确行政治理的空间特征。剩余较为困难，需要仔细辨析的部分是祠庙寺观，因为这些建筑不仅因为供奉关系

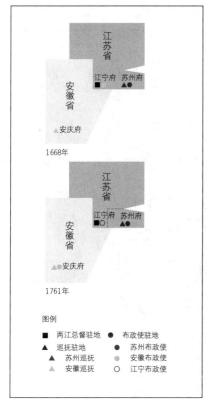

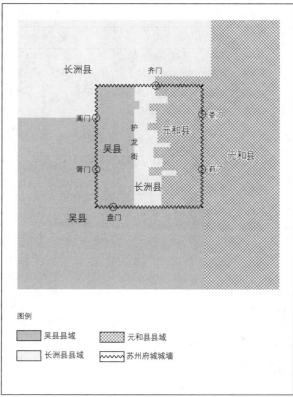

a. 江苏与安徽两省中央直隶官员（机构）驻地　　　　b. 苏州府城及附郭三县县域

图1　省府县管辖关系示意

对应不同层级官署和私人行会，承担祭祀或宗教的职能，通常还提供集会、义局、学堂等其他城市公共服务。

1.1　苏州三级行政的空间结构

　　本节主要考察苏州城内构成国家机器的各级机构设置、管辖内容、空间布局特征。首先考察各级机构设置。遵循王权天授这一基本的统治逻辑，各级各类行政管理机构（官衙）的权力确立，也与相应的祭祀活动联系在一起，对应各级各类的祭祀空间（坛庙）[10]。整理乾隆《苏州府志》中省、府、县（附郭三县的吴县、长洲县、元和县）三级的相关内容，即卷十三、十四、十五"公署"，卷十六、十七"学校"，卷十八"军制"，以及卷二十一、二十二"坛庙"（表1），可以观察这些机构的管辖内容与内外结构。

表 1　省、府、县三级行政机构列表

		省级（中央直属）	府级	县级	其他	卷
公署		巡抚都御史台、承宣布政使司（理间厅、永盈库大使厅）、提刑按察使司（经历厅、司狱司）、粮储守道*、织造总局（行宫）、北局、户部分司、钱局、火药局、军器局、近山林	府治	吴县治		卷十三、卷十四
				长洲县治		
				元和县治		
	仪礼	万寿亭、皇恩厅、皇亭*、观稼亭、接官亭、佐杂官厅	恩之亭**（卷十四诏记）			
专项	驿递	姑苏水马驿	府急递铺	吴县急递铺三*		卷十五
				长洲县急递铺八*		
				元和县急递铺七*		
	仓储			吴县和丰仓、常平仓、社仓六*		
				长洲县西仓**、常平仓、社仓四*		
				元和县东仓*、常平仓、社仓七*		
	善堂	养济院（吴县、长洲县与元和县*，原录卷十三）			普济堂、老妇普济堂、育婴堂、锡类堂*、广仁堂*、积功堂	
	学校	督学试院（原录卷十三）*	府学、名宦祠、紫阳书院	吴县学		卷十六、卷十七
				长洲县学、祖师庙、崇圣祠		
				元和县学（附长洲县学）		
	军制	巡抚江苏等处地方军门：左营、右营、苏州城守营、是营防守吴县长洲元和昆山新阳五县地方*（吴县汛二十三、长洲县汛十八、元和县汛十八）、苏州卫				卷十八

续表

	省级（中央直属）	府级	县级	其他	卷
坛庙	万寿宫（原录卷十三）	府社稷坛、风云雷雨境内山川城隍神坛、先农坛、郡厉坛、文庙、崇圣祠、关帝庙、府城隍庙、火神庙、刘猛将军庙、旗纛庙、龙神庙、名宦祠、乡贤祠	吴县：社稷坛、风云雷雨境内山川城隍坛、先农坛；邑厉坛、文庙、崇圣祠、城隍庙、关帝庙、节妇祠、夏禹庙、至德庙、其余祀典 41 处 长洲县：社稷坛、风云雷雨境内山川城隍坛、先农坛、厉坛、城隍庙、关帝庙、节妇祠、医王庙、天妃宫附 10 所会馆 [11]、灵济庙*、其余祀典 41 处 元和县：社稷坛 、先农坛、厉坛、城隍庙、关帝庙、阙里分祠、其余祀典 47 处		卷二十一、卷二十二

注：*地图标示范围外；**废置或地点不详。

卷十三与卷十四，分别记录了地方府县与省级中央两个层面的治理机构。大部分是维持日常运作的机构，也有日常中并无特殊功用的仪礼性建筑"亭"。从日常治理机构的管辖内容来看，可以分为按类别设置专门性机构与综合性机构两种。省一级的大多依照管辖内容设置专门性机构，且不占用同一空间领域。如布政使司、按察使司均有独立地点，不附属于巡抚都御史台。相对的，府、县两级则较多设置综合性机构。如府治和县治，治内容纳不同厅来处理管辖领域内不同事务。

卷十五记录的是驿递、仓储与善堂。驿递与粮仓功能明确且层级清晰。驿递贯通省、府、县三级，是勾连上下治理机构的通道。粮仓只在县级设置，有县仓、常平仓、社仓三种类型，是应对饥荒的保障设施。善堂则似乎不在三级体系，要么由省直设置于各县，起名为养济院，属于卷十三的内容；要么是综合各级捐助，服务对象范畴明确，但治理级别不甚明了 [12]。

卷十六与卷十七的学校，相对独立于其他治理机构，且自成体系。无论是府学与县学，主体都包含了庙、祠、宅、田等，从宣教信仰、活动空间、经济来源等各方面构成一个可自运转的系统，同时也不排除前朝体制遗留下来的书院、义学、社学等存在。

卷十八的军制也是功能独立的一个内容。由于军制是确保政权稳固的基础，因此在机构设置上虽然分门别类有左营、右营、苏州城守营、各县营汛等，但在方志中列为"巡抚江苏等处地方军门""江南提督标下"两类，由省级最高长官管理。驻扎府城的军营（左营、右营、苏州城守营）主要为驻苏州的江苏巡抚管辖，城外营汛有巡抚和驻扎南京的江南提督管领的区别，另外还有明制基础上留存的苏州卫。

卷二十一与卷二十二的坛庙，则相对复杂。除了录在卷十四的万寿宫外，其他内容从府、县两级展开。对比名称与共祀的内容，可以说府县官祀坛庙起码存在一套定制，由社稷坛、风云雷雨境内山川城隍坛、先农坛、厉坛、文庙、崇圣祠、城隍庙、关帝庙组成。但其中文庙与崇圣祠的部分，又隶属于学校。这一特点也反映在其他录入祀典的名宦祠与乡贤祠，往往"并见学校（即具体内容参见学校中同一词条）"，同时详细内容中又常常有亦称某某书院的表述。这一点提示，坛庙兴许并不只是作为单体存在，而是与其他机构勾连起来达成治理目的，可作进一步考证。

比对 1745 年的《姑苏城图》，重绘包含以上机构空间位置的示意图，可以发现城内机构众多、分布广泛，且没有特别明显的空间聚集或者几何对位关系。比照沟通路径（城门、水道）、领域界分（县界）、土地利用（一般用地、田园地）等城市建成环境要素，可以总结出空间分布特征与规律。

（1）治理机构的空间分布。第一，西侧阊门与胥门是联系高级别治理机构的主要进出口径。门外沿塘河布置了仪礼接待的亭馆。从亭馆设置与治理机构的关系来看，胥门更为重要。胥门侧设置了观稼亭、万寿亭、佐杂官厅、姑苏水马驿等；胥门内河道近距离连接高级别的治理机构，如提刑按察使司、府治、巡抚都御史台；承宣布政使司、织造总局、府学虽需转折，亦在胥门直通河道边。第二，治理机构的空间布局全面西偏。除了织造、驻军、万寿宫等，省级机构均在府城西侧吴县界内，且大部分位于卧龙街（吴县分界）、阊门、胥门、西侧城墙界定的区域内；府城中部的长洲县内，主要布置了驻军相关的机构；府城东侧的元和县内只有两所省级机构（万寿宫与织造总局），没有府级机构的设置。第三，重要省级机构如布政使司与按察使司，根据主管业务在外分设厅司。布政使司有理问厅和永盈库大使厅、按察使司有经历厅与司狱司。分设厅司的空间定位与主管司，没有特别明显的布局关系。

（2）坛庙的空间分布。第一，无论是府级还是县级，学校与文庙以及名宦祠、乡贤祠总是并列出现或分布于同一空间领域中。这种空间布局的特征显然是明朝将科举与学校两者统一，实行"科举必由学校"制度的目的呈现。学校庙宇通过空间并设、利用文化"道统"形成士绅族群意识，进而辐射游离专制的乡村社会（吴铮强，2021）。第二，许多府级坛庙的空间定位是明代"移至今所"[13]，源于子城废黜[14]。同时，也往往通过清代敕修"附郭三县统祭于此"。这种祭祀空间的一体化，强化府县两级的上下从属关系。另外，坛庙作为重要的地标，即便许多县级坛庙"今废统祭"，依然标示于地图。先农坛便是一个很好的例子。第三，位于长洲县郡北中路桥的天妃宫，又设于城外吴县境内十所会馆的情况。这一情况印证了罗威廉在汉口城市社会研究（罗威廉，2016）中的阐述，"宗教信仰是经济组织构建的一个非常有意义的手段，所有文化背景下的行会都会利用这一事实。"某一个群体通过对某一特定神的崇奉，进行自我界定，并通过宗教活动强化信仰与自我宣示。同时，这一情况也提示出城内庙宇，可以通过同一信仰的联系，辐射城外管辖区域，这与第一点学校庙宇类似。第四，进而考察府志中没有涉及坛庙的省级机构，实际上这些机构亦有对应供奉的庙堂。若查阅《吴门表隐》相应部分，可见"巡抚都城隍庙、布政财帛司庙、按察纠察司庙、粮巡道城隍庙、巡抚都土地庙、府土地庙、总捕土地庙、督粮土地庙、管粮土地庙、小财帛理闾神庙"等与府县城隍庙属于同一体系，且对应巡抚、布政司、按察司等相应衙门的庙宇。这些在地图上明确标示、却因府志着重编撰府县内容而未录入，实际上也是苏州城行政管理空间布局的重要组成部分之一。

综上所述，苏州三级行政治理的空间结构表现出两点特征。一是各级行政管理机构的布局没有明确的中心、对位或者分区关系，与相应管辖区域的联系也非完全依赖空间的接近或交通的便利。试想中县级机构通过交通辐射管辖区域的特征并不存在，反而是省级机构因与上级（北京）和同级（南京）统治机构的密切往来，而呈现出明显的空间特征——偏向区域交通便利的苏州城西一侧[15]，聚集在卧龙街（吴县分界）、阊门、胥门、西侧城墙界定的区域内，并通过胥门与阊门向外辐射。二是以往作为独立类型进行考察的坛庙，实际上往往与各级治理机构及其他涉及管理的场所，有对应的供奉关系，需分级别、按对应机构和场所类别进行考察；同时，坛庙还可通过与对应机构的空间并设，或者上级坛庙在同一空间统祭下级的方式强化治理，是构成三级行政的重要组成部分，也是勾连上下级、辐射管辖区域的重要通道。

1.2　苏州城治理的空间结构

虽然苏州城内省、府、县三级行政治理的空间范畴，均不对应苏州城（以城墙为大致边界）的空间范畴，但并不意味着城内没有治理。这从定时开闭城门的常识便可知晓。由于地志中没有专门的章节描述这一空间范畴的治理，情况就变得比较模糊，需要通过更为细致的梳理和解读，一窥究竟。

1.2.1　志录内容

《苏州府志》内近似地理单元的表述，有以下三种：其一，卷一形势的"苏州府（附郭三县同）"条目，主要说明府城与周边区域地形的关联；其二，卷三城池（坊巷附）的"府城"古吴郡城，吴县、长洲县（元和县）的"坊巷"，卷五水的"府城内河与吴长洲元和三县合治城外运河"，主要说明建城史与坊巷水系的空间布局；其三，卷十九"乡都市镇村附"，主要记录都、图、区、保、市、镇、村。从内容来看，第三点应是县以下治理单元的表述，但层次复杂，需作展开分析。

第十九卷开篇"乡以统里，其联之则有都图区保，国中野外并如也"，点明主题"乡里"。整理府志内容，可得"乡里—图"（城内与附郭）、"乡—都（区）—图—村"（县）、"乡—保—村"（县）三种结构，附"市""镇"有驻防税课等。撇开与苏州城这个空间范畴不相关的部分，仅考察附郭三县城内部分，可以看到实际治理区域的最小单位是"图"，图名取"元、亨、利、贞、仁、文、地"及城门"盘、阊、葑"等字。乡里"管"图，往往跨县（表2）。另外，从三县所录市的内容来看，研究范围内的市，有三处，均集中在吴县：一在城中观前街南北，为"吴市"；一在阊门外钓桥西渡僧桥，为"月城"，并延南北濠、上下塘向外延伸；一在阊门西七里地，名"枫桥"。

表2　苏州城内的乡里名与图名

乡里	图	县
丽娃乡南宫里	南元一图二图	吴县
	南利一图二图三图	
	南贞一图二图三图四图五图	
永定乡安仁里	南亨一图	吴县
	北元一图二图	
	北亨一图	
	北贞五图	
凤凰乡集祥里	北贞一图二图三图四图	吴县
	北元三图	
	北利一图二图	
人云乡庆云里	北亨二图三图	
	北利三图四图	
	利二图	长洲县
	利三图四图	元和县
乐安上乡仁寿里	文一图	长洲县
	元一图	
	地三图	元和县
上元乡全吴里	文二图	长洲县
	仁二图	
	地二图四图	元和县
东吴上乡颜安里	地一图	长洲县
	仁一图三图	元和县
乐安下乡仁寿里	元二图	长洲县
	亨三图	
	亨四图	元和县
凤池乡澄胥里	亨一图二图	长洲县
	利一图	元和县
道义乡守节里	贞二图	长洲县
	贞一图三图	元和县

总结之，《苏州府志》对于以城墙为大致边界的研究范围，从城池坊巷（建筑空间）、主要水系（交通）、城内治理层级（分区）、市（商贸经营）四个方面展开记录。前两者已有不少学者研究，但后两者的组织与空间结构特征仍不太清楚，需结合其他文本佐证与地图信息予以推进。

1.2.2　乡里自治

由于乾隆《苏州府志》中仅载"乡里—图"的名称，因此需要通过其他材料判断相应的空间领域与结构关系。民国《吴县志》"乡镇"部分，详细记录了各个"图"的所在，如南元一图在"毛家卫"、南元二图在"苏州卫前　苏州府前"；另有三枚历史地图《姑苏城图》（1872~1881）、《苏州城图》（1880）、《苏城全图》（1906）亦有"图"的标示。核对以上文字表述与图名绘制，联系天然的分界线街道、水道、城墙等，可以明确各"图"分界，进而确定所属乡里的空间领域。

乡里自治空间显示出三条明显特征。第一，"乡里"与县界的重合度很低，常常跨县，如城北大云乡庆云里横跨三县。"图"与县界的重合度很高，长洲元和分县后产生的县界几乎沿着图界折转展开。苏州城内存在"乡里管图"的空间区划，但乡里本身与三级行政管辖没有直接从属关系。第二，报恩北寺向南纵深展开的卧龙街，是乡里、图、县三条界线叠合度最高的所在。不仅是三级行政的空间特征中，围合省级机构集中地区的边界，还是划分城内管理最为显著的空间界线。第三，乡里领域出现"飞地"的情况很多，作为个体的空间单元没有明显的中心，同时各乡之间没有明确的空间对位或从属关系。

探究空间特征形成的原因，需进一步明确乡里组织结构以及与省、府、县三级行政结构之间的关系。但目前针对城内乡里的研究并不多见，因此本文回到聚落形成（聚居）的一般原理，作一梳理。

从聚落形成来看，宜居的自然地理条件往往是其中较为决定性的要素，比如朝鲜城市中常见聚落的地名表示——某某"洞"[16]，就是对围绕溪流形成聚落的描绘。但是，苏州城水道纵横，本身不太可能出现以水聚集的情况，而且从地志与历史地图来看，城内河道基本无名[17]，地理定位主要靠桥名与街巷名，因此可以排除苏州城内乡里以自然地理条件为主的组织方式，继而从古代地方社会组织的另一可能性——民间信仰入手，寻找相应线索。从即有研究来看，郑振满、陈春声（2003）主编的《民间信仰与社会空间》较早关注到里社祭祀与社区组织的直接关联；魏乐博与范丽珠主编的《江南地区的宗教与公共生活》[18]进一步探讨了庙界与地方社会组织的展开；刘永华（2020）在明清时期的里社坛与乡厉坛中提到明中叶社坛逐渐脱离里甲体系、转变为供奉人格化的社神（土地公土地婆）的祠庙并象征社会群体自我意识的兴起。虽然这些研究大都基于目前村镇范畴的实例展开，但均提示出通过祭祀形成集体认同，进而组织形成聚落的可能性。

顺沿这种可能，对地志以外的苏州地方文士笔录《清嘉录》《吴门表隐》[19]作一考察，可以明确苏州城内确有以乡里为单位祭祀土毂神的传统。苏州城内十乡不仅在各自境内的土地庙内祭祀供奉不同土毂神[20]，还在重要节日举办相应的游神活动，包括春中各乡境内居民敬献"钱粮"升神至穹窿山上真观"解天饷"[21]，三月三各乡村升神朝岳帝北乡尤胜的"野菜会"[22]，土地清明日"山塘看会"旧例升郡县城隍及十乡土毂神等至虎丘郡厉坛祭祀[23]等。因此，可以将乡里的内部组织放到以下的框架来理解：通过祭祀供奉不同土毂神的土地庙（城隍庙）[24]进行自我界定和强化内部联系的自治单元。

将相应的土地庙及游神升坛的坛庙标注于地图，可以进一步观察空间组织上的特征。总体来看，对内依然没有显著的空间从属[25]、对位[26]或几何中心[27]等特征，也不是同一乡里只有一处土地庙[28]的对应结构。但如果从乡里土地庙的对外联系来看，可以发现三点特征。第一，存在新设分县利用原有乡里土地庙，县乡共祀土地神的情况。如元和县城隍庙即凤池乡土地庙，供奉的是凤池土地张明，揭示了城隍与地方土地神实属同一系统，城隍往往是通过行政认可的地方土地神。第二，乡里土地庙与隶属三级行政系统的城隍庙，虽然同属土地神系列，但在空间上看不出明确从属关系。第三，乡里土地庙的权威性与对外从属，不是通过可见的空间布局，而是通过升坛游神等活动完成。散布城内十乡的土地庙[29]，通过游神线路被组织起来，从属并到达两处宗教意义上的上级神庙（东岳、玉皇）；同时，作为民间信仰的土地神，也通过被纳入告祭无祀鬼神的国家仪典（厉坛），达成民间信仰的政治认可、自治单元与行政系统的连接。这些活动指向三处重要空间——穹窿山上真观、虎丘厉坛、玄妙观东岳殿。玄妙观位于城内，其他两处需要向西出城。

以上这些特征，除了揭示乡里作为自治单元的特性，也揭示出隐藏在"乡里管图"这一空间区划下，以民间信仰祭祀为核心，通过游神获得政治认可与行政系统连接的组织结构。同时，由于乡里承载了持续稳定甚至跨朝代的地方认同，适当划分瓦解有利于中央行政，苏州城内乡里境界被县界划分的空间特征也就不难理解了。另外，乡里这一组织结构，除了进一步印证卧龙街作为城内分界、城西作为苏州城与上级权力机构联系的通道等特征外，还指出了玄妙观作为苏州城中心的重要特征。

1.2.3 生产商贸的组织

虽然《苏州府志》中较为注重记录市镇的驻防与税收等治理机构，但是不可否认城内外的市，是传统城市中商贸生产的集散地。由此节点出发，进一步观察苏州城商贸生产的结构组织与空间特征。

首先，考察传统城市的物资生产对象及其相应的产业特征。乾隆《苏州府志》的"物产"卷，共分二十一属。按照作物的生产方式依次有农田作物五属、果木园作物五属、药属之园培一属及野生五属、织作器用饮撰五属。农田与果木园的生产空间相对容易确定，即地图标示的"田地"与"园地"。野生则取之于遍布江河湖海山林之间。较难确定的是织作器用饮撰这一类由手工业生产的物品。因为专事生产的空间分化，发生在工业化革命以后。以纱缎业为例，传统的运作过程是由纱缎包买商控制个体机户或机匠的方式展开，明确的生产空间（苏纶纱厂、苏经丝厂）形成于1898年之后。城市经济运作往往由家族控制，同一家族除了手工业、大部分还兼营城外大宗田产以及典当钱业。当然针对这种复杂的情况，已有施坚雅、韦伯等提出相应的基础概念，只是个案实证并不多。目前较有启发性的是罗威廉在施坚雅体系下对汉口商业社会组织的研究。这一研究实证以行会（会馆公所）作为着手点考察城市贸易组织的有效性。因此，除了以上可以明确标示的田、园地空间，本节也将苏州城的行会设定为空间考察的内容。

依照一般认识（马敏、朱英，1993），将苏州城的行会归纳为同业（共同职业类型）与同乡（共同地理来源）两类。同业往往名为"宫庙"或"公所"，大多与本地的手工业生产相关；同乡则多为"会馆"，大多与特种外来物产的贸易相关。这些场所往往并设庙堂，金箔同业金组师庙，小木匠工有鲁班庙，伶人有喜神庙，琢玉同业有玉祖庙，福建一带的同乡会馆有天妃宫，山东山西的会馆建关帝殿等，印证了罗威廉在汉口城市研究中的阐述："宗教信仰是经济组织构建的一个非常有意义的手段，所有文化背景下的行会都会利用。"除了并设庙堂，还有在重要宫观庙宇中供奉同业神的情况，比如玄妙观内的机房殿、轩辕宫、五路财神庙，就供奉了苏州形成苏州经济核心的机业、纱缎业、钱业典业等同业神。行会的相关信息，因重农轻商，很少录入古代方志。随近代行政机构和城市公共设施建设，民国《吴县志》才收录了相应内容，可见"公署"卷。

进一步考察生产用地（田园塘池）、市、公所会馆（供奉庙堂）[30] 的空间特征及其组织关系，可有以下三点认识：第一，也是最为明显的特征，城内大量生产用地，主要分布于城南、城北、城东天赐庄以及荒废的子城和苏州卫一带；第二，同乡会馆大部分位于城外，且随着阊门外月城市的线性布局展开；第三，乾隆年间同业公所的数量远少于会馆，要么结合业种特征分布在城外[31]或城内偏远的位置，要么分布于玄妙观周围，观前一带的吴市。归纳之，苏州城的农业生产有明显的用地分离（田园塘池），手工业没有，主要通过相应的行会组织生产，行会围绕玄妙观聚集（吴市）。苏州城的对外贸易主要通过同乡会馆组织，大部分会馆聚集于城西阊门外（月城市）。

1.3　总体特征

总结以上分析，可以归纳苏州传统城市治理空间结构的主要特征。

一是治理结构本身。存在治理范畴的对外与对内，治理手段的行政与自治的结合。以省、府、县三级为主的行政治理，向外辐射，根据机构职能对应治理相应级别的空间范畴；向内则以苏州城墙围合的空间为主体，以乡里为单元组织自治。无论是省、府、县，还是以自治为主的城内乡里，治理的组织均与信仰祭祀结合开展，信仰祭祀也是衔接官方行政与地方自治的重要通道。

二是空间特征。先看空间上的划分，无论是省、府、县，还是以自治为主的城内乡里，均由对应的空间范畴作为治理对象。但是这些空间范畴，往往只有包含若干重要地名的文字表述，或者绘制大略地理环境要素的境域图。因此，苏州城内除了本身一以贯之变化不大且重合多种边界的卧龙街以外，没有特别明确的边界。可以说，虽有边界意识，但空间上不作精确划分。

三是空间上的聚集。结合文中涉及行政、自治、生产贸易等组织呈现的空间特征，可以发现：由于省级行政机构结合胥门阊门交通在城西吴县聚集、对外贸易在阊门外月城市聚集，苏州对外治理在空间上呈现出在吴县境内以胥门、阊门为南北地标的聚集方式；由于城内乡里组织、行会组织均以玄妙观为中心聚集，因此苏州向内治理有明显的空间中心指向，即玄妙观。

2 苏州的近代化过程及其特征

理解苏州城的近代化，大致可以从晚清立宪推行地方自治开始，经历 1911 年中华民国建立、1927 年南京政权建立、短暂建市又撤市并县（1928 年 11 月～1930 年 5 月）几个时间节点，之后进入较有规模的城市近代化建设时期，直到 1937 年战争开始后停滞，同时也伴随了区域辐射范围内近邻市镇的衰退和上海的崛起。地方自治的推行，意味着中央权力收缩和控制减弱，为此在很长一段时间，苏州的地方势力处于一种增长抬头的趋势。上海的崛起，则意味着苏州的区域经济重要性下降，再加上太平天国运动期间商绅大量移居上海，通过经济与地方上层社会的交往，上海对苏州的辐射力和影响力也趋于显著。

这一系列的变化调整，直接反映为苏州行政级别的降格，从抚驻地（省级）降为一般县城。这一行政降级，直接瓦解了苏州对外治理的三级行政结构。反映到空间上，即城内西偏于吴县境内、南北以胥门阊门为地标的行政机构聚集区的消失。而剩余城外以阊门月城市辐射区域的商贸聚集，也因频繁的战事，而受到了多次毁灭性的打击。这种对外辐射的削弱，导致了传统苏州对外对内结合的治理结构瓦解，也导致了城市治理本身的内向性凸显。最明显的体现为民国《吴县志》图卷第一张《苏市附郭图》中，第一次明确标识了以城墙为边界划分的"苏州城区"。从作者前序对苏州城市近代化建设的研究（傅舒兰、孙国卿，2019）来看，苏州从清末开始通过建筑、马路、铁路、城墙等空间要素的建设，逐渐改变其苏州城区空间结构。其中对外交通的结构，因南面租界通商场建设、北面火车站线建设等，先于城内发生改变。城内则是在 1927 年南京政权成立以后，通过筹备市政、推行工务计划等，逐步完成了道路近代化改造，形成了以观前一带为城市中心区的道路网架。

行政上对外三级的瓦解与对内城区的确立，势必导致新的治理区划出现；同时一系列空间近代化改造，形成的观前一带城市中心区，也与传统城市中心近代化重塑的议题相关。以上无论是城内区划（空间划分）还是中心重塑（空间聚集），都与本文关注的城市治理近代化有关。新出现的治理方式或制度，会产生相应的空间单元及其组织结构；新引入的空间建设工具或方法，会影响空间形态及其特征显现。下文分别从区划与中心两个方面展开。

2.1 城区与区划

2.1.1 城内行政分区的出现——巡警分区

考察 1895 年以后的城市地图，出现了以往历史地图中不太见到的标示内容，通过划线明确警察辖区及其分界。较早的 1908 年的《苏州巡警分区全图》直接用"巡警分区"在图名上予以提示，随后各个时期的城市地图中都包含了巡警分区的内容。从《苏州古城地图集》中收录地图来看就有五枚不同时期的地图绘制了巡警分区，包括 1914 年《新测苏州城厢明细全图》、1921 年《最新苏州城厢明细全图》、1931 年《苏州新地图》、1938 年《最新苏州地图》以及 1943 年《最新苏州游览地图》。虽然每张地图上的巡警分区都不太一样，从 1908 年分东、西、南、北、中加上阊胥门外、葑娄门外共七路，到 1914 年与 1921 年减为东、西、南、北加上昌胥盘外共五区，到 1931 年再减少为第一、第二、第三共三个辖区，然后到 1943 年又增加一个辖区而成为第一、第二、第三、第四共四个辖区。

如果考虑到近代政权更迭的频繁，包括苏州短暂建市又撤市并县等事实，那么，这种频繁的巡警分区调整就很容易理解了。但也有疑问，即巡警分区完全是清末引入近代警察制度后，凭空而生的城市空间划分方式吗？

1903 年，苏州城区开办警务，实际上是缉拿盗匪的全苏州保甲改警察、七路总巡局改七路警察分局的更名过程（张直甫、胡觉民，1990）。1906 年才将 700 名城防绿营兵改编为警察，派驻各分局所辖地区的主要街道。苏州"保甲"在城厢内分七路总巡的内容，在清代历版苏州府志中没有记载。只有例如 1900 年 7 月 5 日《申报》题为"巡察加严"的新闻印证[32]。新闻中关于七路总巡位置的描述，与 1908 年《苏州巡警分区全图》所标巡警"分局"的位置一致。但具体辖区如何划分？信息是缺失的。因此还需回到保甲制度本身来看。

既有研究显示清代保甲始于恢复明代的里甲制度。"里甲"是明代的民间准行政组织，与编造《黄册》的赋役制度结合，严格按照人户与土地编赋役。到了清代，赋税与编审户丁分离，赋税转为按地亩征收，以户丁为基础组织的"保甲"转为稽察盗贼、催征钱粮等职能（王晓琳、吴吉远，2000）。这种职能上的转变，意味着此后连接近代警察制度的合理性；而空间上"与地亩分离"的特征，则意味着清代保甲的各路总巡，未必有非常清晰的空间界线划分。可以说，保甲基于编户，管理对象是人丁而非地亩，直到近代设立巡警制度后，才有了明确的分区。

明代里甲向清代保甲转换中，与"里"（地亩）的分离，还使我们进一步联系到前一章节中关注的城内自治单元"乡里"[33]。清代的乡里名称，始于明代，很可能沿袭了明代基于里甲制的区划[34]。但由于清代保甲与地亩分离，乡里不再作为行政组织的单元受到重视。用包伟民 "中国近古乡都制度的继承与演化"（包伟民，2016）一文的观点，就是乡里体系大多经历了多轮地域化过程，从联户组织蜕化成地域或聚落名。这也是近代巡警虽系保甲改名，但巡警分区在空间上却与乡里单元的区划毫无关联可言的原因。

总的来说，近代巡警分区并不是凭空出现，而是通过将土地这层因素再次加入、强化清末保甲的基础上形成的。当然从空间上与乡里界线的显著区分，也可以察觉到革新政治者重建地缘结构的企图。

2.1.2 自治单元的重组——市民公社（1909～1928 年）

除了巡警分区之外，近代苏州城内还出现了另一种随着清末推行自治出现的空间管理单元划分，即市民公社。学界对于市民公社是苏州商会介入早期城市近代化、即苏州开办近代市政的重要一环，早有共识。从清末苏州城内公所数量剧增这一事实可以印证。但是对于市民公社的研究，多为关注机构创办始末或具体从事工作的内容与范畴，如道路桥梁建设、治安消防、公共卫生等事业，不太关注各个公社的空间管辖范围及其结构特征，而这一点与本文拟讨论的内容直接相关。故在既有研究与整理出版的《苏州市民公社档案资料选编》基础上，作一梳理[35]。

　　选编中收录了从 1909 年起办到 1921 年共 12 处公社 [36] 的组织章程。公社章程通常在起头第一条"定名"中包含管辖范围的描述，或者在"定名"后另设一栏"区域"作具体描述，部分还附区域图。无论从文字描述，还是区域图的绘制来看，都体现出一个特征：早期市民公社管辖以街道为主，并通常使用桥名与相应的街道路口名来明确起止。比如 1909 年观前大街市民公社"观前大街，东至醋坊桥，西至察院场口"的范围，1910 年道养市民公社也明确是涵盖了道前街与养育巷两条，再复杂一点像 1910 年僧渡桥四隅市民公社也是以僧渡桥为中心向上塘下塘、山塘桥、越城、南濠四个方向的街巷延伸，并有区域草图印证。随后的发展过程中逐渐出现了由于道路围合形成片区的情况，但比较明确从文字与图面两方面将管辖范围划定片区是 1919 年以后。如郡珠申市民公社使用了郡庙前、明珠寺前、申衙前"一带"，并在其后比较详细描述了三个片区的起止划分。类似非常清晰明确为片区的还有 1921 年城中市民公社，其区域详图中除了非常详尽标明街巷和桥名，还将片区涂上了底色。比对 1921 年城市地图，绘制 12 处公社的管辖街道与区域示意，可以发现三点主要特征。第一，与前期各个层面的空间划分比较，街巷取代河流成为限定空间的主要元素与管辖的主要对象。第二，市民公社之间的界线区分是模糊的。原因之一自然是市民公社发展到后期才出现较为明确的管辖片区。某些早期成立的市民公社如观前市民公社、道养市民公社章程只确定了管辖道路的起止点，管辖边界不太确实，往往需要比对相邻的城中市民公社。同时，即便存在明确的区域边界表述，但相邻两个公社往往存在相互重叠、有争议的区域。如城中市民公社与郡申市民公社的边界表述，两者均覆盖了吴苑西桥—谷树桥—乐桥—周太保桥界定的地块。第三，无论是考虑市民公社的民间自治性质、比较传统组织生活空间结构（乡里），还是考虑实际管辖职能、比较同一时期的行政管理区划（巡警分区），都没有显示出空间上特别的关联性。传统上划分城内空间最重要的元素——南北向的卧龙街，在市民公社的区划上也没有特别体现。

　　综上可以进一步讨论这些空间特征形成的原因。市民公社中凸显的空间元素——"街巷"，可与城市空间近代化改造或举办市政往往先从革新马路开始的事实联系。管理单元缺乏明确的空间边界，这一点显然来自城市空间治理的传统。虽然前一部分研究中，我们依照志文图示可以大致确定县界与乡里界线，但这些界线往往没有图面上确实的划线。因此，可以认为市民公社虽然是近代新兴的城市空间自治单元，但延续了模糊边界认知的城市治理传统。比较之下，巡警分区虽然只是沿袭清末保甲制的产物，但因其在地图上明确的空间划分，反而是城市空间治理与认知发生近代化变革的重要反映。至于市民公社在空间上与乡里和巡警分区没有显著关联，除了管辖主要对象不同（街巷不是构成另外二者的空间要素）之外，还有组织主体和形式的区别。市民公社的主体，是政权更迭时期以商会为核心的地方势力，以近代社团入会选举的方式组织，不仅区别于设置巡警的行政公权力主体，也不同于历史行政遗留的旧乡里以土地信仰结缘的形式。

2.2 中心重塑——近代城市中心区的形成

如果再从中心的角度切入观察，可以大致认为近代延续了城内空间聚集于观前街一带的传统，体现为通过道路更新、近代化功能转换、新式建筑建设等方式，在强化旧中心的基础上生产和塑造近代化城市空间与意象的特征[37]。这些涉及实体空间建设、功能转换和意象塑造的方面，不能完全通过大尺度的城市地图表现，因此，需要下降到街区尺度，进行更为细致的考察。从实际建设展开的空间区域来看，下文主要选取了护龙街、因果巷、临顿路、甫桥西街、十梓街围合的区域，即大致包含观前、北局、王废基三个地区（图2）。时间跨度为清末自治到1938年，对应两个主要时间节点——1911年、1927年，考察区域内用地性质和新改建情况，重点关注近代化空间的形成，包括功能与设施（图3）[38]。

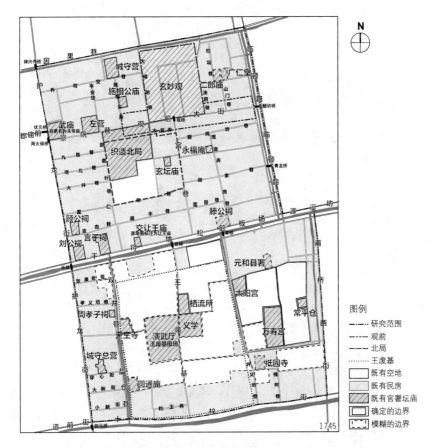

图2 研究范围（观前、北局、王废基）示意

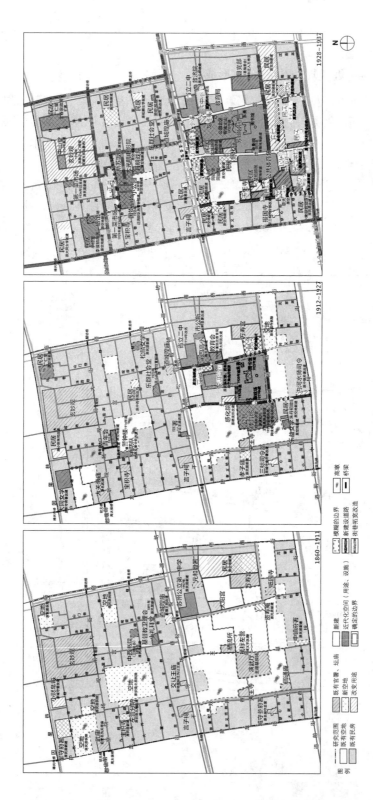

图 3　研究范围内近代化建设发展示意

仅从图面分析来看，研究区域中总体建设量（新建、改变用途）显著上升，其中呈现近代化特征的部分也明显增多。1911 年前主要是局部新建近代化设施，包括草桥的公立中学校、宫巷的基督教会小礼拜堂和中西学院。1911 年后，近代化范围和建设规模扩大，新建更多学校（大同女学、松麟女学、乐益女学、第四高小）、教会设施（青年会）、城市公共设施（消防队、火警钟楼、警署、图书馆、公园、体育场、市公所、教育局）。大规模建设集中在王废基一带：苏州公园与公共体育场两项大体量工程、草桥南省立二中扩建以及五卅路与公园路的开辟。1927 年后，建设呈现出现代城市规划的框架特征。一是马路的新建与街巷拓宽，明显有沟通区域干道、形成网络组织的意图；二是北局一带的空间重组，迁出菜场、消防队等设施，以小公园为中心布置建设国货商场、青年会、饭店、电影院等设施，形成了接近现代城市商业中心的空间构成；三是大量的住宅建设，使得区域内建设用地和居住密度的上升。特别是公共设施较为完备的王废基区域，形成了接近现代城市住宅区的空间构成。

综上可以大致勾勒一条从零星点状的建筑更新开始，到较有规模的大型城市公共设施建设，进而结构性展开街区近代化更新的发展流线。从时序来看，王废基及其附近草桥南片一带开展较早，北局其次，观前一带较晚且没有显著的空间重构。从结果来看，原本观前一带的传统城市中心附近，形成了两个功能有所区别的新聚集区——王废基和北局，总体上形成了由南到北三片街区（王废基、北局、观前）组成的序列中心区。

2.2.1 王废基

1907 年在草桥南创办苏州公立第一中学（1914 年改名省立二中），开启了这个地区以推行公共教育为目的的城市设施建设。《江苏省立第二中学校杂志》1917 年第一期 "本校十年之概况" 记录了学校创办背景。1905 年蔡俊镛（云笙）等 "以紫正两书院[39]常年款息呈请大吏改办学校" 的提议得到允许，苏城 "绅士公议设师范讲习所、高等小学各一所"。1906 年秋教育会公举蔡俊镛任公立中学校校长，规画 "校内一切"。学校建设由彭福孙（颂田）总负责，王同愈（胜之）、吴本善（纳士）、蒋炳章（季和）负责勘定地点，其中王同愈还在后期筹措经费上发挥了主要作用[40]。从这些主导人士的背景，不难看出教育会或教育设施建设实质上就是清末自治后发展壮大的地方势力——苏州商会主导的[41]。由于建设经费大多依赖民间筹措，大多数学校都在书院原址[42]或者借用庙宇兴办[43]，除了教会学校，城内少有公立一中这样择地新建校舍的案例。

区域内再次展开较大规模的建设，要到 10 年之后。1918 年开辟公共体育场，1921 年开工陆续推进图书馆和苏州公园建设。公共体育场与创办新学洗刷文弱之风，推进健体强国的时代大背景有关[44]。1916 年《时报》一则 "筹设公共体育场"[45]的新闻显示，吴县公共体育场的建设，源于江浙教育会附设体育传习所为各地培训学员，最初选择因果巷以北的薛家园。但实际上 "就王废基演武厅教场各地改建"，于 1918 年 4 月建成开幕，负责的是县教育会会长兼体育场场长的潘振霄，改建包含了现在意义上体操、田径、球类等运动设施，还有一些游戏用具[46]。1923 年还进行过一次较为全面的设施扩充改善，时任场长的蒋炳章（季和）雇匠加建改良了包括跑圈、网球场、篮球场、天桥等设施[47]。以上事实显示公共体育场的建设与管理与教育会紧密相关。公共体育场在开放后也成为教育会、各学校乃至社会各界举行集会和游行的重要公共场所。

苏州公园的建设，也与教育会直接相关。1920 年 11 月《时报》一则"设立公园之先声"新闻显示，旅沪富商贝润生在王废基附近找地，委托吴县教育会经办苏州公园的建设。随后，教育会会同苏州市公益事务所测量用地数十亩，委托匠人先行建筑围墙，呈请官厅公告区域内土地所有者商洽清偿地价[48]。由于地块内原有墓地迁葬等异议阻扰，公园只在 1921 年 10 月开工建设由奚萼铭捐款的苏州图书馆[49]。《时报》一则"公园图书馆筹备会议"的文章，对当时的情形做了较为详细的记录。1922 年 12 月，图书馆建筑已近竣工，委托彭汪二君征集图书。土地权属问题还未完全解决，还在与周边住户、墓地桑园地主、青年会商洽收买。公园规划亟待展开，乡盛文推荐东南农科园艺系主任葛敬中来苏，暂行建设了碎石路一条以便通行，并商定建设三尺五寸高（上加铁栏杆一尺五寸）的园墙[50]。园墙于 1924 年 7 月竣工，青红二色夹砌、上架铁栏[51]。1925 年，又建成河"东斋"[52]。

苏州公园的整体建设迟迟未能推进，直到 1926 年新筹得一万元款。为赶在 1927 年 7 月竣工开放，紧急组织筹备委员会，推进园内道路和植被建设等[53]。零星报道显示，1927 年 5 月筹备委员会全面接手公园建设，拆移房屋、购买树木、确定喷水池图样由颜栋成设计[54]。短短两个月内完成了园内道路和电灯等基础设施建设[55]。其他营业场所以招商承租土地建设方式推进，如电影院（影戏场）、吃食店等[56]。苏州公园还促进了周边城市公共设施的提升，1926～1927 年，相继兴建了两条城市道路（五卅路、公园路）[57]，改造了接续的街道桥梁（正门前街道、草桥、言桥）[58]。但是公园开幕前后，私营电影院反而成为新闻报道关注的焦点[59]，公共基础设施缺失也成为被反复诟病的话题[60]。私人场馆逐利经营导致的不良风气，未尽健全的公共设施，使得公园反对者日增。1927 年，县长王引才撤换"苏州公园筹备会"主任徐孟藏，改由市政委员会监督整顿公园事务[61]。苏州公园建设也随之告一段落。

总结 1928 年前王废基区域近代化的特征，是由教育会主办、依赖民间捐资，建设开办学校、图书馆、体育馆、公园等公共教育性质的城市设施。其中除了学校可以通过转用原有书院专款、招收学生收取学费来获得较为稳定的财源，其他场馆（体育馆、图书馆、公园）的建设资金基本依靠捐募，为此存在建设缓慢、后期反为私人经营性质的娱乐消费场馆（电影院、吃食店）取代的情况。这一事实，不仅反映了 1928 年前商会为主体的地方势力在苏州近代化过程中所起的主导作用，也反映了其因关注私利所导致的局限性。

1927 年苏州筹备建市，局面开始扭转，苏州开始从较为系统全面的角度考虑城市规划建设。1927 年 6 月王引才（纳善）[62]出任吴县县长并负责筹备苏州市政事宜，1927 年 7 月省令柳士英接任苏州市工程师后，着手《工务计划》的制定与实施。根据 1928 年 8 月刊行的《苏州市政筹备半年汇刊》记载，《工务计划》首先划定了市域边界，其次制定了分旧城厢、新市区（以阊门为中心的城外西北部）、扩张区逐次展开整理改造的逻辑顺序，再对第一期旧城厢的道路系统规划、河道清理、公园系统、菜市场布局、建筑规范等提出了具体设想。《工务计划》中道路系统规划的部分占比很大，包括道路分级、建设标准、主次干道规划布局、建设分期、各城门套城拆除，后续建设也基本延续这个思路展开，直到 1933 年前后。

此外，《工务计划》还包括了在王废基一带划定"市中心区"设想（图4）。从1928年7月拟定的《本市建设纲要》[63]显示，柳士英考虑利用王废基空地系统规划"市中心区"，布置行政机关。1928年11月苏州建市后，邀请中央大学建筑科刘辅泰、卢奉璋、刘士能制定《市中心计划（1931）》。可从《苏州明报》1931年元旦的大篇幅报道"改造新苏州之市中心设计图说——苏人不可不读：一篇极有价值之作品"，复原当时的市中心区规划（图5）。区内由环状与放射状道路组织，中心高台建

图4　苏州工务计划的道路规划图

资料来源：苏州市政筹备处，1928。

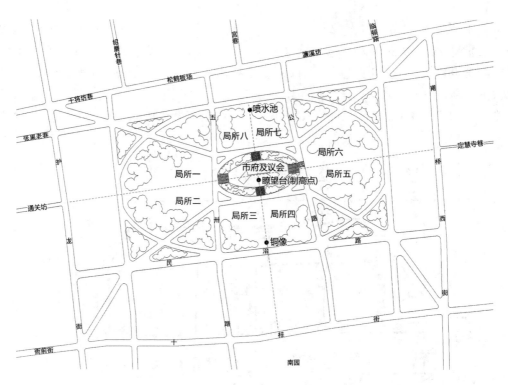

图 5　新苏州市中心规划设计方案复原示意

设的市政府议会，外围配套救火会、邮政局、电报局、市医院等机构。这种空间形态显然受到了田园城市的影响，传递新政府"使市中心公园化、行政区域民众化，艺术都市而建设于真正自治精神之上"，革新政治、建设苏州田园城市[64]的理念。但是，《市中心计划》无视当时基地内已经建设成形的公共体育场与苏州公园，这种脱离现实推倒重来的设计缺乏实施的土壤。

　　事实上，除了1928年县党部搬入万寿宫[65]，该区域内没有新建其他行政设施。王废基非但没有成为行政中心，反而新建了大量的民居。这些民居的建设，以整理出让原有空地的方式为主，既有传统宅院，也有包含里弄、花园洋房等新的近代住宅建筑类型。空间上主要分布在五卅路以西，一直延伸到锦帆路，民治路以南向十梓街延伸。其中新式住宅，如同德里、同益里、金城新村、信孚里等，还形成了沿新开的五卅路一字排开的聚集特征。同时，公园路东侧也形成了以教育类设施为主聚集的空间特征。从最终形成的空间结构来看（图6），到研究截止的1937年前后，王废基已经显示出与现代城市住宅区类似的结构：有较为明显的功能分区，在住宅区内配套相应的教育设施、绿地与公共活动设施。从当时住宅建设为私人投资、市场主导的情况来看，该区域内之所以有大量住宅建设，除了1928年政权趋于稳定的大背景，1928年前逐次完成的学校、体育场和公园等近代化城市公共设施建设，也是空间上吸引居住聚集的决定性因素。

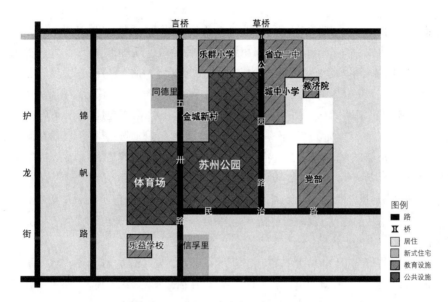

图6　王废基一带空间结构与功能分区示意

　　总的来说，王废基区域的空间近代化过程，反映了清末与民国早期苏州以商会为代表的地方势力抬头，并在城市早期近代化中发挥了主导作用的特征[66]。商会依托教育会、公园筹备委员会等机构，逐步推进各项公共设施建设。1928年局势稳定后，完善的公共设施使王废基区域吸引了大量居住者聚集，从而形成了具备现代城市住宅区结构的近代化街区。而1931年政府基于行政理想大力推出的政治中心区规划，未能见诸实施，也反映出过于理想化、不考虑前序建设与政府财力的规划，在现实城市中并无生根落地的土壤。

2.2.2　观前与北局

　　相较之下，传统城市中心的观前街一带，建设不多且时间滞后。1927年后才有道路拓宽和中山堂等建设，没有发生空间结构性的调整。反而是北局一带，从青年会选址建设开始，逐步完成了以小公园为中心，周围布置商场、青年会、戏院等的近代化空间塑造（图3）。

　　倘若回顾前文中市民公社的部分，便可察觉观前大街是最早成立（1909年）市民公社的所在，标志着苏州城市近代自治单元的出现。这种从城市最重要的商业街开启城市近代化的方式，在东亚国家十分普遍。日本是在东京银座商业街，1872年一场大火全部烧尽后进行了全面西式红砖房的"炼瓦街"建设；朝鲜是在钟路一带，1895年颁布"道路修治与假家基址官许"开始拓宽和改造南大门到钟路一带商业街。但是，观前街一带虽然较早出现城市近代化意识的觉醒，却没有像银座或者钟路一样成为城内最早进行近代化改造的街区，反而在空间改造上相对滞后，也没有发生结构性调整。为什么会这样？这与相邻的北局又有什么关系？下文围绕以上问题推进讨论。

　　由于阊门外的贸易聚集和日租界的建设，苏州最早的近代化建设并没有发生在城内，而是伴随城门反复开辟，城外西面形成了联系盘门（日租界）、胥门、阊门、城北苏州火车站的道路网，并在阊门外石路一带进行了较为细密的街区建设。日租界一带的示范效应、串联传统与近代区域交通枢纽（阊门和城北火车站）的意图以及城外原本松散的空间布局和相对单一的土地权属，都是促生近代化改造的原因。此外，阊门外更高的贸易聚集程度，也是其相比观前更早进入近代化的原因。但是阊门一带位于城外，容易遭受战祸冲击。1911～1927 年没有更多建设，1928 年后更是转而从城内中心区域推进近代化建设。本节所谓的"中心重塑"正是基于这个转折的成立，同时也解释了时间相对滞后的原因。

从实际建设的展开来看，也有类似的特征。1927 年前大多是零星建筑的单体，包括宫巷东侧的小礼拜堂 [67] 与中西书院 [68]，地块外缘的 2 所学校（大同女学、松麟女学），1 处警署，1 片住宅（广仁里）。只有 1914 年北局空地建设的火警钟楼（后迁入消防队）和 1921 年基督教苏州青年会，较为接近观前街一带。北局火警钟楼的建设，反映出观前一带密集建筑的防火需求。基督教苏州青年会的选址和建设，则开启了北局一带的近代化。

中国的基督教青年会（YMCA）主要受北美协会的影响，发展出学校青年会与城市青年会两种组织形式。苏州的学校青年会出现较早，于 1908 年 [69] 就在福音医院、东吴大学、萃英中学等教会学校成立。而影响更广泛的城市青年会（苏州青年会）则开办较迟，1919 年夏才开始筹办，具体由苏州青年会秘书巴克蒙（W. W. Brockman）负责 [70]。最早打算选在王废基附近，即在城市中心又能闹中取静 [71]。1920 年 5 月，青年会借西百花巷总商会场所开会，推选了市董蒋炳章负责筹募经费 [72]。筹集到 7 月末初具眉目，青年会受上海英美烟公司的资助（一万五千银圆），也有苏州旅沪同乡会（五千银圆）与地方官员（朱镇守使一千银圆）、民间团体（劝学所一千二百银圆）等赞助，购入北局内基地 5 亩有余建设会所 [73]。会所建造由青年会聘用的总工程师鄡盾生主持，1920 年 12 月开工 [74]，1921 年 12 月落成 [75]。从相关报道来看，当时青年会还购买了附近的明月楼茶馆改青年会茶室，在观前大街上建筑了大门与进出道路 [76]。青年会落成开幕，地方官员与绅商学各界悉数到场，成为轰动全城的公共事件 [77]。此后该地更是成为苏州名人演讲 [78]、接触新潮事务 [79] 与传播新知思想 [80] 的重要场所。从设计图纸 [81] 左下角的总平面来看，当时主出入口朝南开启的方向上，除了东西向马路，还规划了小公园。当然，1923 年的新闻 [82] 显示北局小公园的建设并不顺利，随后也少见新闻报道。可能与 1923～1924 年公共体育场和苏州公园的建设成为焦点有关。

北局小公园的建设，再行提上日程是 1927 年筹备市政之后 [83]。与此同时，整理玄妙观建设国货商场也成为市政建设的一项重要议题。

组织国货商场是清末上海总商会发起抵制美货运动后出现的一种潮流。在苏州是以苏总商会 1925 年 7 月 7 日议决"组织苏州国货商场及抵制英日货办法两案"的方式提出，最初设想在观前与阊门中市各设一处 [84]。后因经费因素、商场宜选宽敞地块建设等考虑 [85]，逐渐锁定选址玄妙观并设筹备处于观内方丈 [86]。1925 年 8 月 7 日商议定案，由苏州市公益事务所与商会共同筹办 [87]，拟于来年 1 月 2 月之间建成 [88]。但后续没有报道，再有 1926 年 7 月上海国货旅行团到访因借"青年会内设立国货商场" [89] 等情况来看，苏州商会筹建国货商场一事，应是遭遇搁浅，直到 1928 年才获得转机。1928 年 5 月国民党要员钱大均来苏考察市政，公开表态"改革苏州元妙观"[90]。同年 6 月，市政处工程师柳士英将"筹备国货商场拟就玄妙观改建新市场招股筹设"纳入苏州市建设纲要。

实际建设的推进，是在 1928 年年底。苏州设市并成立工务局，全面开展道路整治。在第一期第二段干路完成后，开始整理观前[91]。从 1929 年 9 月公布的整理计划来看，柳士英并未依照前述钱大钧"改革苏州元妙观"中将庙宇一概拆让、模仿欧美进行重建的思路，而是在保护古迹、振兴商场的主要思路下，提出了整修山门和三清殿、观内空地建设五层新式楼房开设国货商场、弥罗宝阁废址辟为市民公园的方案[92]。但上报省厅后因经费开支不足的问题，调整缩减为"恢复原有外形、建筑临时市场、铺草坪栽树木、开隔观内道路扩充商业区域"的实施方案[93]。从其中临时商场是拆除露台前茶棚建设，公园是开拓三清殿后空地进行的具体操作[94]来看，前期设想建设的国货商场与市民公园均未得批准实施，只对正山门两侧的沿街商铺进行了整顿和规范。与此同时，北局的小公园与菜市场，也作为工务局整理计划的一部分实施，于年底前竣工[95]。

观前的简单修整，只能应付一时。"自平门开辟，护龙街北段工程，告一段落后，城外之热闹，已转移入城，现在景德路亦已完成，商业当渐次振兴，观前察院场，地冲首要，一如上海之大新街，而观前之热闹，则一如南京路，盖交通与商业，有莫大关系。"[96]为此在 1930 年 2 月末，市府工务局再次发布拓宽观前道路的公开倡议[97]，并于 24 日在玄妙观方丈召集利害相关的团体与市民代表开会，拟团结力量在今年三四月中完成观前街的道路拓宽工程，并进而在玄妙观前门建筑大市场[98]将商民迁入。但长达 2～3 个月的工期中商户迁至何处营业、玄妙观土地为庙产等问题，使得进展并不理想，只在会后设立了筹备委员会"从长计议"[99]。这一僵持不下的状况，直到 1930 年 5 月市县合并，县建设局接管工作后，才得以突破。建设局于 6 月 5 日出台《拓宽街道之规定与路线》[100]，随后快速推进道路拓宽。首当其冲的就是观前大街，在 6 月 5 日公告"7 月拆进 9 月底完工"[101]的期限后，6 月 16 日即已核准开工[102]，工程涉及拆除观前东西脚门及其附近房屋商铺与开辟青年路一带的临时商场[103]。

从 7～8 月的新闻来看，房屋商铺的拆除由屋主自行推进，虽然拆屋中出现了坍塌伤人事故[104]，也在到期时进行了强拆[105]，但进行还算顺利，到 8 月初各商铺均迁空，移至景德路营业[106]。从迁至景德路这一信息来看，计划中安置商铺的"青年路一带临时商场"并未建设，当时商场建设的设想已经从"玄妙观前门"进一步精确到"拆除玄妙观照壁三门改建商场"的方案。方案设想将照壁三门拆除，在玄妙观的正山门东西两侧，建筑三层[107]楼宫殿式店屋门面各 7 间，拆除建设均由所有者玄妙观方丈出资[108]。但这一方案依然"难产"。首先遭遇了由江苏古物保管委员会发起的因保存古迹而反对拆除照壁三门的运动。8 月中旬照壁动工拆除时，这一反对意见直达中央，不仅行政院下发勒令停工彻查，还导致经手主办的县建设局局长辞职[109]。当然省建设厅为推进道路工程，仍主张拆除，但将方案调整为，移建吉祥如意二门到玄妙观东西两侧，其余照壁拆除，改建商店，9 月公布修订方案[110]。

到了 10 月，观前道路基本竣工[111]，商店建设仍未推进。国货救济会为代表的保商派向工商部提交主张改建商场应组设国货商场的意见[112]，进一步增加了执行的复杂度。考虑原计划推进困难，11 月中央曾下发"依照原式样让进移建"的行政院令[113]。但 1931 年 1 月，县党部直接以"拆前既有纷争、拆后又多异议"为由致函建设局暂缓发给任何团体私人建筑执照[114]。玄妙观方丈颜沧波将照壁一带土地押租给商店代表许询如等建筑商店的私约浮出水面。这一略显投机却也符合传统规则的契约，违反了《庵观寺院条例》第八条不准出租变卖寺院不动产的规定，也不符合行政院关于观前开设国货商店的命令[115]，是导致照壁拆除后商店一直无法建设的主要原因。而观前道路业已贯通，行政当局的兴趣也转向贯通其他城区道路、东西中市、王废基一带计划中的新市中心等。为此，在正山门两侧建设国货商场的提案，就此搁置。

当然产权纠纷浮出水面，也使当局认识到清理庙产的重要性，1931年2月组织玄妙观款产委员会进行整理[116]。虽然随后一年中也有数次重提，但正山门两侧建设商店的事情，终究不了了之。到1932年，国货商场筹备委员会也曾考虑过更换选址到正山门以北、三清殿露台前的开敞地带[117]，但依然没有进展，直到1933年3月县政府决定迁移消防队，在北局兴建国货商场。至此，1925年就提议推进的玄妙观国货商场建设，在经历了预算不足、古物保护、产权纠纷等诸多阻挠后，最终以迁建北局的结果落幕。而北局一带，随着国货商场的落成，完成了以小公园为中心，聚集商场、电影院、戏院、饭店等娱乐消费设施为特色的近代化空间塑造。

相对于北局的新气象，玄妙观到1933年6月弥罗宝阁旧址上开工建设中山堂[118]时，仍然处于商铺聚集"杂乱无章"的旧秩序[119]。而此时趋于稳固的政权，不再顾及玄妙观方丈颜沧波的反对，不仅直指其违反《监督寺庙条例》将庙产在地方官署登记、每半年上报收支并公布等条款；还拟在中山堂建成后，将之前导致国货商场无法建设的正山门建屋押租1万元，收归中山堂筹备委员会做日常经费[120]。比较戏剧化的是，此前在协调产权纠纷中毫无建树的整理元妙观委员会，也再次开会议决通过在玄妙观东西角门内新建两条沟通中山堂的道路[121]。另有玄妙观钉子户被拔在前，随后8月开始的宫巷和干将坊拓宽工程，就不见阻碍得以展开。

从以上分析来看，北局最早修建警钟楼、进驻消防队、建设青年会会所开始，到1928年后完成小公园与第一菜市场建设，以及1933年迁移消防队建设国货商场，该片区的空间近代化是城市公共设施不断聚集和调整的一个过程，最终形成了以小公园为中心环绕国货商场、青年会、饭店、电影院等，从空间布局与内容设想上都十分接近现代城市的商业中心的近代空间。与此同时，观前一带则因其重要的中心地位，总是成为各股势力交锋且僵持不下的困难地带，因此在空间建设中不是选择最为保守的局部改良，就是拖延不办，从而没有出现结构性的变革。即便后期在玄妙观内兴建了象征新政权最终获得交锋胜利的中山堂建筑，也只是带来了局部的支路开辟。但是，倘若仔细观察北局近代空间的形成，会发现其始终是在与临近的观前——这一传统城市中心的互动中展开。如最早修建钟楼与消防队，就是为了就近服务观前一带；青年会会所之所以选择北局也是因其可就近联系观前，方便宣传活动；而国货商场最终落地北局，也是直接由观前地区迟迟无法推进建设所导致。

因此，需将北局与观前的近代化，视为一个整体进行考量。北局实际上是吸收了传统城市中心难以消化容纳的新兴消费设施而形成的，实质上是观前一带商业聚集的空间延伸。将观前与北局视为一体，就不难理解观前一带传统上的城市中心并未被取代，而是通过向西南延伸扩张、纳入北局这个新兴近代化空间的形式，完成了其城市商业中心地位的固化。与此同时，玄妙观内中山堂的建成，也是通过空间上的叠加，将与新政权合法性直接联系的祭祀内容注入传统上连接城市各个主要层面（政治、经济、生活）的信仰体系（中心寺庙），强化了观前的城市中心地位。当然，在王废基未能依照规划建成新政治中心区的背景下，中山堂在玄妙观内选址落成，也实质上宣告了观前依然作为政治中心节点的存在，而王废基一带显然已经生产出了一个近代城市生活的新中心。

3 结论

通过研究可得基本结论——苏州传统城市治理有着对外行政、对内自治的结构性特征。对外以省、府、县三级辐射相应空间范畴，对内则以乡里为单元组织自治。信仰祭祀是贯穿与衔接治理各层级结构的重要元素。这一结构性特征体现在空间上，是省、府、县、城内乡里四种带有模糊且没有精确划分的边界，以及对外在吴县境内以胥门、阊门为南北地标、对内指向玄妙观的两处空间聚集。

对应以上传统城市治理的特征，考察近代化的过程。从治理本身来看，受苏州行政降级与战争频发的影响，传统城市治理中对外行政的部分逐渐消解，城市治理转为以内向管理和建设城区为主，内向即有行政又有自治的新结构。行政城区中出现了因近代警察制度引入产生的区划"巡警分区"，呈现出边界清晰的近代化特征。城内自治则因商会兴起形成了新的自治单元"市民公社"，呈现出围绕近代化改造首要对象的街道（马路）形成，但又延续传统城市边界缺乏精确界定的空间特征。同时，随着城市空间近代化建设与规划的推进，传统城市中心也得以重塑并显现为城市中心区。除了空间上的治理边界与城内区划不断得到明确之外，城市中心区内也出现了近代意义上的用地功能分离（商业、生活等城市功能分区）。

综上梳理论文的研究路径，从苏州传统城市治理的结构分析出发，围绕其空间特征进一步考察近代化过程，实际上最终回到了城市空间治理的基本母题——区划与中心。空间上相应产生的近代化特征——明确边界与功能类型，正好回应开篇提及传统城市难以简单通过类型学的空间图式分析来揭示这一问题。通过本文基于苏州案例的实践，可以认为结合地方志与历史地图两种材料，是可以对传统大城市的治理结构进行拆解和分析的，也能提炼归纳出相应空间特征，进而勾勒出多途并举的传统城市治理体系。

同时，对应考察近代治理结构的变化，也能更好理解城市近代化空间建设实践的促因，实证近代城市治理和空间建设规划手段引入对中国传统城市产生的影响。从苏州案例来看，随着新阶层的出现以及近代技术手段的引进，特别是近代市政与城市规划的引入，苏州城市也发生了与之相应的空间结构调整与重塑。在这个过程中，产生了较为明确的城市区划、用地分区、城市中心区等概念。由此联想到当前社会转型和发展诉求下的城市治理，数字化所带来的新型治理方式，必然导致相应的城市空间特征变化。但从传统的经验来看，城市治理体系本质上还是建立在相应人类社群的基础上，包含多种社会阶层的大城市，要维系其稳定，依然需要建立与之相适应的、多形态、多途径的城市治理手段。

致谢

疫情居家期间开始写作本文，后几易其稿。感谢写作过程中给予关键性启发的魏斌、赖德霖、朱光亚、田银生、李百浩、武廷海等诸位先生，同时也感谢孙国卿、张怀予、金盼盼、潘丁琳等辅助绘图的学生，特别感谢本文匿名评阅人的意见与建议。另，因出版规定，刊印时删除了佐证 1.1、1.2、2.1 三个小节的七幅分析图。

注释

1　"俾守土者有所依据以为政治之资。"（清）雅尔哈善，傅椿，修.（清）习隽，王峻，纂. 苏州府志（乾隆）序四. 清乾隆十三年 1748. 宋志出现以前，更早还有以记、图经等称谓的类似文本。

2　参考前志有宋范成大《吴郡志》、明初卢熊《苏州府志》、明正德王鏊《姑苏志》、康熙《苏州府志》。

3　由于研究重点考察城市治理分区等结构性问题，并未涉及苏州研究中比较重要的一种材料绘图，如《盛世滋生图》等。

4　因资料原因，论文没有涉及太平天国运动时期。

5　沿袭清初江南省设置和两江总督施政的需要，康熙七年（1668）时，安徽布政使寄治江宁府，因而形成了江苏巡抚、江苏布政使驻苏州府，安徽巡抚驻安庆，而安徽布政使和督管安徽、江苏、江西的两江总督同驻江苏省江宁府（南京）的局面。至乾隆二十五年（1760），安徽布政使被迁回安徽省城安庆，原江宁府则增设江宁布政使一名。由此，江苏省境内同时存在两个驻布政使城市——南京与苏州。南京布政使主管苏北地区，苏州布政使主管苏南地区。虽然也有将苏州与南京描绘为江苏省两个省会的说法，但更为准确的是因为地理和经济上苏州对于管辖苏南地区的重要性，在苏州派驻了相关直辖中央的、也可以等同于目前的省级来看待的一些职能机构。

6　从地理意义上来看，"江左"大致包括今南京、安徽南部、江西东北部的区域。但此文语境是以苏州府为主要比较对象，因此可以理解为南京。

7　吴县、长洲县、元和县、昆山县、新阳县、常熟县、昭文县、吴江县、震泽县。

8　"乡以统里，其联之则有都图区保，国中野外井如。"

9　吴县有丽娃乡、永定乡、凤凰乡、大云乡；长洲县有乐安上乡、东吴上乡、乐安下乡、凤池乡、大云乡、道义乡；元和县有乐安上乡、上元乡、东吴乡、乐安下乡、凤池乡、大云乡、道义乡。

10　坛庙这个话题要深入探讨会非常复杂。本文围绕治理这个主体，主要选取了斯波义信在梳理清代礼仪规定基础上，依照祭祀主体分为国家和民间两大类的思路。对应要考察的乾隆《苏州府志》，将坛庙记录中的"祀典"部分，视为国家祭祀体系，也就是与本文空间治理相关；旧祠与土俗所祀，视为民间祭祀。见参考文献（斯波义信，2013）。

11　宁国会馆不详。

12　治理级别不甚明确这一点，在卷六、卷七所描述的"水利"治理中也体现出来，且水利到清朝没有固定的治理机构，清朝的记录中巡抚、总督、知县均有请邹督浚。

13　府社稷坛、风云雷雨境内山川城隍神坛、府城隍庙等。

14　子城为宋平江府时期府治所在，也是各治理机构聚集之地。元末，明太祖朱元璋的主要对手、自称吴王的张士诚曾把王府设在子城。明朝建立，任何企图重建子城的举动，都会惹上"兴既灭之王基"的嫌疑。明洪武五年，苏州知府魏观就是因为决定在子城兴建府署，而被朱元璋腰斩于南京。即使到了清代，子城所在一带依然荒废，得名"王废基"。

15　联系京杭运河与太湖的一侧。

16　关于洞的具体论述，可见后列文章中云仙九曲与《葛川洞记》的部分。傅舒兰. 同源文化遗产的地方特性及其价值认知——朝鲜时期园林的用石意指及其仙境构建[J]. 自然与文化遗产研究, 2020, 5(4): 37-52.

17　虽然也有《苏郡城河三横四直图说（清嘉庆二年）》对城内河道用编号，第一、第二、第三横河，第一、第二、第三、第四直河的描述方法，《苏州府志（清乾隆）》除了三横四直外，还另收录了府学四环河、吴县治前河，但在一般城市地图均未作标写。

18　见参考文献（魏乐博, 2015）。其中淘金、高万桑的"道教与苏州地方社会"一文通过道士口述城内庙界时触及城内的"乡"，与本文讨论直接相关，但也有未予区别看待庙界与乡里境界的概念，对城内划分十乡的结构及其空间定位也未作关注和确实考证等问题。

19　两册均为清道光年间成书，时间上大幅度迟于乾隆《苏州府志》，但是考虑到地方习俗的沿袭性，因此依然将其作为辅佐讨论展开的材料，予以分析运用。

20　见参考文献（顾震涛, 1999）。

21　解天饷。见参考文献（顾禄, 2008）75 页。

22　野菜会。见参考文献（顾禄, 2008）75 页。

23　山塘看会。见参考文献（顾禄, 2008）84 页。

24　二月二日为土地公公诞辰。见参考文献（顾禄, 2008）68 页。

25　大部分土地庙空间上位于对应乡里，但也有特例，如上元乡土地的羊王庙位于东吴上乡。

26　"图"的命名使用了带有方位特性的"元、亨、利、贞"，但实际上没有体现。

27　虽然也有不少土地庙位于几何中心，但亦有不少偏居一隅的情况，如道义饷守节里的眼目司秒、东吴上乡颜安里的赤阑相王庙等。

28　大云乡庆云里（3 处）、上元乡全吴里（2 处）。

29　当然在这里，仍留有考察的余地，即很可能由于各乡祭祀土地庙的形成早晚、祭祀土毂神本身的神力差异，而存在乡与乡之间的地位竞争和强弱之分。但这个问题与本文结构性的讨论距离较远，故只作注释说明。

30　由于参考的《吴县志》从年代上与乾隆相差很远，绘图时对时间加以区分，选取乾隆及其以前建成的部分。

31　花业、冶炼业在城外，菜业位于偏远的园地等。

32　"苏州采访友人云大宪自闻北方义和拳匪之乱防务一律戒严，江苏巡抚鹿滋帅尤恐省垣地广人稠七路总巡颇难周至，爰与蕃臬两司会同商议电致两江督宪刘岘帅，添派总巡七员，分巡十七员，复于各总巡局添雇巡勇各十二名，本月初五日札委各员分任守卫巡逻之责，计中路委陈通刺熊，西路委刘通刺文澍，阊胥两门外委吴直刺式晸，东路委李大令辅燡，南路委陈大令昌基，北路委大令浦，娄齐葑三门外委钟大令鸿钧，各员奉札之下已于初六日谢委到差矣。"

33　刘永华提出相比于汉唐两代，两坛制度与里甲制的配合，将神道设教与户籍赋役制度相结合的做法，是明代乡村统治策略的创新之处。见参考文献（刘永华, 2019）。

34　根据宋范成大《吴郡志》的记载，宋代划分城内的基本单元还是"坊"。明洪武《苏州府志》中的乡里名，与清代记录一致。

35　从选编"附录（一）苏州市民公社概况表"来看，1909～1928 年公社撤销，前后共成立过 30 个市民公社，后期个别是原有公社重组和分设的结果。从名称来看，基本覆盖了苏州城厢的所有片区，但选编中没有具体章程收录（无法作空间具体定位）的公社占一半以上。

36　观前大街市民公社（1909），渡僧桥四隅市民公社（1910、1913合并桃坞成立了金阊下塘桃坞市民公社），金阊下塘东段市民公社（1910），道养市民公社（1910），阊门外山塘市民公社（1912），金阊市民公社（1912），齐溪市民公社（1912），护北公安市民公社（1918），阊门马路市民公社（1919），郡珠申市民公社（1919），城南市民公社（1920），城中市民公社（1921）。

37　已在前序论文中予以论证。见参考文献（傅舒兰、孙国卿，2019）。

38　由于缺乏该时期包含建筑信息的基础地形图，考察只能通过对照原图标示名称、查找相应文字描述转换为大致空间区块绘制的方式进行。

39　指文庙北的紫阳书院、沧浪亭北的正谊书院。

40　包括请将平江书院附课经费划拨学务公所（准拨学务公所经费苏州[N]. 申报，1906-4-10.），以及将自购苏路公司股票捐赠劝学所办学（捐助学务经费类志（苏州）[N]. 申报，1909-4-9.）等。

41　这几位包括苏州商会的发起人，也是主导1905年废除科举后创办"长元吴学务公所（1906年改名学务总汇处）"，1907年成立的长元吴教育会的主要人士。相关内容参见马敏《传统与近代的二重变奏——晚清苏州商会个案研究》48页与109页。1907年王同愈还是江苏教育会的副会长。

42　江苏巡抚端于1903奏设中学堂于沧浪亭正谊书院旧址，1904改紫阳书院为江苏师范学堂。见参考文献（张海林，1999）。

43　"苏垣长元吴学务公所绅董王同愈等，公议在苏州城内添设半日学堂四处，一在石塔头恤孤局，一在天妃宫桥天后宫，一在贡院钱双塔寺，一再学士街财帛司庙内。"（苏垣增添半日学堂苏州[N]. 申报，1906-8-9.）

44　"窃维世界愈文明，社会事业愈复杂，不有体力强健之人民，曷足以胜重任而占优势。我国自兴办学校以来，尝曰尚武，已惟社会体育，尚未施行。江苏夙称文弱强身卫国此举尤为救时之要图。"（筹设公共体育场之通饬[N]. 申报，1915-9-24.）

45　"吾吴素称文物之邦，体育一道本不甚讲究，去年江浙省教育会附设体育传习所，吴县选送学员冯胡二人，现已毕业回苏，成绩甚佳，闻已勘定地点（在薛家园）设立公共体育场一，俟县署核准即行兴工，想执政诸公热忱任事，当必竭力提倡，而三吴文弱之风或可从此一洗矣。"

46　公共体育场开幕[N]. 申报，1918-5-17.

47　体育场之设备[N]. 时报，1923-3-17.

48　设立公园之先声[N]. 时报，1920-11-12.

49　请示保护建筑公园[N]. 新闻报，1922-10-28.

50　公园图书馆筹备会议[N]. 时报，1922-12-27.

51　城内王废基之苏州公园正积极进行四周之围墙[N]. 时报，1924-12-7.

52　苏州公园东斋落成[N]. 时报，1925-7-17.

53　苏州公园开放预记[N]. 上海画报，1927(250)：3.

54　公园筹备会昨开常会[N]. 苏州明报，1927-5-13.

55　建筑公园筹备会议[N]. 时报，1927-5-1.

56　兴建声中之苏州公园[N]. 时报，1927-7-8.

57　五卅路昨日开工建筑[N]. 苏州明报，1926-1-12.

58　交通局兴筑公园道路[N]. 苏州明报，1927-6-27.

59 如：哲盦. 小报告：十七军长曹万顺一昨至苏州公园电影院观剧[G]. 上海画报, 1927(270)：2；苏州公园电影院消息[N]. 新闻报本埠附刊, 1927-7-7；新眉. 兴建声中之苏州公园[N]. 时报, 1927-7-8；公园设立电影场之波折[N]. 福尔摩斯, 1927-7-24；漱六山房. 苏州公园之沿革[N]. 晶报, 1927-7-27；等等。

60 "唯其所建亭轩工料粗劣不堪入目，柱无臂粗、墙可拳倾且无石基，明年梅雨，不倾圮者几稀。唯委员会以经费难得，如不急速建筑用去，或将提充他用，且须赶于阴历七月十七日决定开放游览，故但求速成一定规模，如精良改造则留以有待也。"（黑波. 苏州公园开放预记[G]. 上海画报. 1927(250)：3.）

61 王引才将整顿苏州公园[N]. 福尔摩斯, 1927-8-12.

62 上海嘉定南翔人，前清廪生，历任南洋中学师范教员、上海教育会会长、上海工程局议董、上海市议会议员、副议长、议长等职。

63 地方通信 苏州[N]. 申报, 1928-7-29.

64 苏州田园城市的建设[N]. 苏州明报, 1928-11-3.

65 县指委会将迁旧皇宫[N]. 时报, 1928-8-16.

66 其他还有以市民公社为主体修缮街道等事实，但本文在王废基区域不甚明显。

67 1922年后建基督教卫理公会的乐群社会堂。

68 1910年后迁并入博习书院。

69 青年会成立青年会之佳音（苏州）[G]. 通问报：耶稣教家庭新闻, 1908(325)：3.

70 苏州青年会之先声[N]. 时报, 1918-11-2.

71 YMCA Educators Confer in Soochow[N]. The China Press, 1920-3-2.

72 青年会开会募款[N]. 新闻报, 1920-5-15.

73 筹办青年会近讯[N]. 新闻报, 1920-7-21.

74 青年会即日开工[N]. 新闻报, 1920-12-12.

75 苏州青年会新屋落成[N]. 民国日报, 1921-12-12.

76 青年会扩充建筑[N]. 新闻报, 1921-4-23；苏青年会建筑之精细[N]. 民国日报, 1921-8-10.

77 苏州青年会开幕盛况[N]. 时报, 1921-12-25.

78 青年会延请名人演讲[N]. 时报, 1922-2-2；青年会演讲市政[N]. 时报, 1922-5-27.

79 苏州青年会近讯：影戏、篮球、博物会[N]. 时报, 1923-2-20.

80 青年会实施平民教育[N]. 时报, 1923-3-26；青年会筹备平民教育三志[N]. 时报, 1923-4-1.

81 北局青年会平面图[B]. 苏州市档案馆藏 (I23-005-0001-046).

82 "苏州青年会近为开辟小公园起见，特雇江北人数名从事平地，忽发现无数瓦神，长不盈尺，彼等见之遂焚香叩首如捣蒜，以求安宁，见着莫不捧腹。"（小专电[N]. 时报, 1923-6-17.）

83 呈报添辟北局小公园附送图样书单[J]. 苏州市政月刊, 1929, 1(7/8/9)：37-38.

84 地方通信 苏州：发起组织国货商场[N]. 申报, 1925-7-9.

85 地方通信 苏州：国货商场之进行[N]. 申报, 1925-7-20.

86 地方通信 苏州：国货商场筹备会议纪[N]. 申报, 1925-7-31.

87 地方通信 苏州：各界联合会之议案[N]. 申报, 1925-8-10.

88 本埠新闻提倡国货之昨讯，苏人筹办国货商场[N]. 申报, 1925-8-19.

89 地方通信 苏州：国货旅行团来苏任务[N]. 申报, 1926-7-19.

90　自由谈: 钱大钧之改革苏州元妙观谈[N]. 申报, 1928-55-29.

91　地方通信 苏州: 市当局规划开拓观前[N]. 申报, 1929-2-23.

92　设计中之苏州玄妙观[N]. 苏州明报, 1929-8-18.

93　玄妙观整理计划[N]. 苏州明报, 1929-9-11.

94　整理玄妙观: 建造临时商场[N]. 苏州明报, 1929-9-28.

95　北局公园菜场定元旦开幕[N]. 苏州明报, 1929-12-30.

96　开辟新观前之动机[N]. 苏州明报, 1930-2-25.

97　观前街筑路事与市民商榷书[N]. 苏州明报, 1930-2-22.

98　观前建筑大市场[N]. 新闻报, 1930-2-26.

99　会议拓宽观前干路[N]. 新闻报, 1930-2-25.

100　拓宽街道之规定与路线[N]. 苏州明报, 1930-6-5.

101　观前大街限期拓宽[N]. 苏州明报, 1930-6-5.

102　拓宽观前街已核准[N]. 苏州明报, 1930-6-16.

103　拓宽观前将东西脚门拆平开辟两条干路[N]. 苏州明报, 1930-6-18.

104　观前坍屋伤人[N]. 申报, 1930-7-29.

105　强制执行拆除观前商店[N]. 申报, 1930-8-10.

106　拓宽观前街积极进行[N]. 申报, 1930-8-1.

107　方案经县政会会议审查, 议决只准建设平房。内容见: 强制执行拆除观前商店[N]. 申报, 1930-8-10.

108　观前照壁拆后即建屋[N]. 时报, 1930-12-27.

109　玄妙观照壁动工拆除[N]. 苏州明报, 1930-8-12.

110　修正整理玄妙观计划[N]. 苏州明报, 1930-9-11.

111　观前路工已完成[N]. 苏州明报, 1930-10-31.

112　呈请派员解决玄妙观照壁[N]. 苏州明报, 1930-10-6.

113　苏玄妙观商场问题解决[N]. 新闻报, 1930-11-20.

114　观前照壁[N]. 苏州明报, 1931-1-25.

115　玄妙观照壁地位[N]. 苏州明报, 1931-1-27.

116　整理玄妙观款产[N]. 苏州明报, 1931-2-21.

117　元妙观设国货商场[N]. 苏州明报, 1932-1-20.

118　中山堂选址经历了玄妙观 (党部提议) 与苏州公园北部 (高等法院院长等提议) 的争议, 最后以党部意见胜出, 定于弥罗宝阁旧址建设。(中山堂之建址问题[N]. 苏州明报, 1931-5-19.)

119　整理玄妙观[N]. 十日旦报, 1933(39): 5.

120　苏州建中山堂 玄妙观道士不愿[N]. 民报, 1933-8-4.

121　苏州整理玄妙观会议[N]. 新闻报, 1933-11-14.

参考文献

[1]　PETER J. C. Between heaven and modernity, reconstructing Suzhou: 1895-1937[M]. Stanford: Stanford University Press, 2006.

[2] XU Y N. The Chinese city in space and time: the development of urban form in Suzhou[M]. Honolulu: University of Hawaii Press, 2000.

[3] (清)顾禄. 清嘉录(卷三)[M]. 北京: 中华书局, 2008.

[4] (清)顾震涛. 吴门表隐(卷三)[M]. 南京: 江苏古籍出版社, 1999.

[5] (清)雅尔哈善, 傅椿, 修. (清)习隽, 王峻, 纂. 苏州府志(乾隆)序四[M]. 清乾隆十三年(1748).

[6] 包伟民. 新旧叠加: 中国近古乡都制度的继承与演化[J]. 中国经济史研究, 2016(2): 5-15.

[7] 陈泳. 城市空间: 形态、类型与意义——苏州古城结构形态演化研究[M]. 南京: 东南大学出版社, 2006.

[9] 傅舒兰, 孙国卿. 苏州城市空间近代化及其特征研究[J]. 城市发展研究, 2019, 26(11): 87-95.

[8] 傅舒兰. 同源文化遗产的地方特性及其价值认知——朝鲜时期园林的用石意指及其仙境构建[J]. 自然与文化遗产研究, 2020, 5(4): 37-52.

[10] 刘洋. 清代基层权力与社会治理研究[M]. 北京: 科学出版社, 2016.

[11] 刘永华. 帝国缩影[M]. 北京: 北京师范大学出版社, 2020.

[12] 罗威廉. 汉口, 一个中国城市的商业和社会 1796-1889[M]. 江溶, 鲁西奇, 译. 北京: 中国人民大学出版社, 2016.

[13] 马敏, 朱英. 传统与近代的二重变奏: 晚清苏州商会个案研究[M]. 成都: 巴蜀书社, 1993.

[14] 斯波义信. 中国都市史[M]. 北京: 北京大学出版社, 2013.

[15] 苏州市政筹备处. 苏州市政筹备处半年汇刊(1927 年 7 月-12 月)[R]. 1928.

[16] 王刚, 清代前中期江南军事驻防研究(1645-1853)[D]. 南京: 南京大学, 2014.

[17] 王晓琳, 吴吉远. 清代保甲制度探论[J]. 社会科学辑刊, 2000(3): 94-100.

[18] 魏乐博. 江南地区的宗教与公共生活[M]. 上海: 上海人民出版社, 2015.

[19] 吴铮强. 两宋的游民与土豪科举与理学[M]. 上海: 中西书局, 2021.

[20] 张海林. 苏州早期城市现代化研究[M]. 南京: 南京大学出版社, 1999.

[21] 张英霖. 苏州古城地图集[M]. 苏州: 古吴轩出版社, 2004.

[22] 张直甫, 胡觉民, 苏州警察的创始[M]//苏州文史资料 1-5 合辑. 政协苏州市委员会文史资料委员会, 1990.

[23] 郑振满, 陈春声. 民间信仰与社会空间[M]. 福州: 福建人民出版社, 2003.

[欢迎引用]

傅舒兰. 苏州传统城市治理的空间结构及其近代化研究[J]. 城市与区域规划研究, 2021, 13(2): 70-101.

FU S L. Research on spatial form of traditional urban governance and its modernization in Suzhou[J]. Journal of Urban and Regional Planning, 2021, 13(2): 70-101.

恋地主义原真性：人文地理学视角的建筑遗产原真性解释框架

王梦婷　吴必虎　谢冶凤　高　璟

Topophilianist Authenticity: An Explanatory Framework for Authenticity of Architectural Heritage from the Perspective of Human Geography

WANG Mengting[1], WU Bihu[1], XIE Yefeng[1], GAO Jing[2]
(1. The Center for Recreation and Tourism Research, College of Urban and Environmental Sciences, Peking University, Beijing 100871, China; 2. College of Architecture & Urban Planning, Beijing University of Technology, Beijing 100124, China)

Abstract The protection and utilization of architectural heritage is one of the important topics in the theory and practice of world heritage nowadays. With the diversification and localization of the authenticity in the international heritage community, the research and practice of the authenticity of architectural heritage in China still have internalization fallacies and cognitive limitations. Based on the Place Theory of human geography, this paper puts forward an explanatory framework of Topophilianist Authenticity of architectural heritage, as well as the Cultural Sedimentation and Meaning Anchoring double helix model and the People-Place-Architectural Heritage ternary subject relationship model by integrating the theoretical findings of cultural geography and social psychology. It fills the gap in the place perspective and depth of interpretation in relevant academic research, enriches the authenticity theory and interpretation approach, and provides a new theoretical support for the value recognition, revitalization and sustainable development of architectural heritage in China.
Keywords Topophilianist Authenticity; architectural heritage; authenticity; Place Theory; explanatory framework

作者简介
王梦婷、吴必虎（通讯作者）、谢冶凤，北京大学城市与环境学院旅游研究与规划中心；
高璟，北京工业大学建筑与城市规划学院。

摘　要　建筑遗产的保护与利用是当今世界遗产理论和实践的重要议题之一。随着国际遗产界对于原真性内涵多元化与地方化的认识转向，中国建筑遗产原真性的研究与实践仍存在内化谬误与认识局限问题。文章根植人文地理学的地方理论提出建筑遗产的恋地主义原真性解释框架，并融合文化地理学与社会心理学研究的理论成果建构恋地主义原真性产生机制的"文化沉积"与"意义锚定"双螺旋结构模型与"人—地方—建筑遗产"三元主体关系模型，弥补了相关学术研究中的地方视角深度缺失，丰富了原真性内涵构成体系与解释途径，同时为中国建筑遗产的价值认知、活化利用与可持续发展提供新的理论支撑。
关键词　恋地主义原真性；建筑遗产；原真性；地方理论；解释框架

1　引言

建筑遗产作为文化遗产体系中重要的组成部分，是传统风貌和地方特色的呈现，是时间的见证、文化的载体、民族与地区历史的坐标，是人类文明的生动体现和最好见证（刘敏、刘爱利，2015）。建筑遗产活化利用能够延长建筑的寿命，适应现代社会的多样化需求，还肩负着坚定国民文化自信、推动中华文化伟大复兴的历史使命（吴必虎、王梦婷，2018）。2020年，《文物建筑开放导则》《关于加强文物保护利用改革的若干意见》《大遗址利用导则（试行）》等文件的印发，推动建筑遗产活化事业方兴未艾；2021年，《关于在国土空间规划编制和实施中加强历史文化遗产保护管理的指导意见》印发，意见提出"促进历史文化遗产活化利用"，表明我国对历史文化遗产保护与活化的支持与重视，即关于建筑遗产的保护与活化利用指导方法研究是时代的热点。

原真性是文化遗产价值评估与保护方式的重要原则，在原真性视角下的中国建筑遗产保护却一直存在着理解与实践的谬误（阮仪三、李红艳，2008），尽管学界一直十分重视对原真性进行"汉化"与概念调整，关于建筑遗产原真性的话题争论却依旧是学术与实践双领域的热点（祁润钊等，2020）。这源自东西方的遗产特征及其背后的文化观念存在的巨大差异，以及原真性概念对中国建筑遗产的解释力欠缺，需要深入认识中国建筑遗产的历史特征并探索新的理论视角，并进一步指导中国建筑遗产价值评估与保护利用的实践，即关于建筑遗产原真性的学术研究与理论实践是当下的难点。

过去的学术与实践更多关注建筑遗产物质本体，以文物、考古与建筑等学科参与为主；而在中国文化遗产的传承中，更为重视地方感（sense of place）而非建筑本体（汪芳等，2017）。建筑遗产是立足空间、贯穿时间的时空复合体，随着时代推进与社会发展，建筑遗产的外观会发生衰变，使得建筑遗产的年代价值与客观主义原真性受到冲击和挑战；然而，"不可移动"是建筑遗产的自然属性，建筑遗产的地方（place）具有比物质本体更强的稳定性与恒久性，地方作为汇聚意义的载体与价值感知的中心，蕴含着更为丰富的历史文化信息，是认知建筑遗产价值的重要层面与途径。地方作为人文地理学的核心概念之一，在地方理论体系中有充足的理论与实证研究成果可作为建筑遗产人地关系的分析工具，以弥补既有研究视角与方法的不足；而援引地方理论的局限则存在于其复杂的既有概念关系逻辑，需要结合研究框架进行批判式吸收。基于此，本文面对建筑遗产原真性在研究与实践中的热点和难点，汲取人文地理学地方理论以实现对建筑遗产研究的地方视角转向，提出建筑遗产的恋地主义原真性概念框架建构，以期为中国建筑遗产的价值认知与原真性阐释提供新的理论视角。

2 中国建筑遗产的历史特征分析

2.1 中国建筑遗产的物质特征

建筑学家梁思成在著作《中国建筑史》中开篇明义，"建筑之始，产生于实际需要，受制于自然物理"（梁思成，2019）。中国建筑遗产皆产生于华夏大地特殊的地理环境，在千百年来的人地互动作用中逐渐形成并有定式。

中国古代建筑的物质特征首推其"一贯以其独特纯粹之木构系统"（梁思成，2019），相较而言，西方多采用砖石结构体系（李允鉌，2014）。木结构体系是用木料作为房屋的核心构件，从地面起木柱、在木柱上架梁枋，在木柱之间的墙壁，常见材料有土、砖、石等，但是墙壁只起到隔断的作用而不承担房屋的重量。木结构体系有诸多建筑优势，如抗地震、施工快、成本低等（楼庆西，2004）；但面对水患、风沙、雷击、火烧、蚁害以及兵燹等损伤时，多数建筑遗产还是未能耐久。

致使中国目前遗存的建筑遗产数量与绵延数千年的悠久历史不相称的原因，除了建筑遗产的物质特征以外，还有中国古人对待建筑的特殊环境思想。

2.2　中国建筑遗产的环境思想

中国建筑遗产的鲜明特征不仅存在于材质和结构方法，更因为中国建筑凝聚了华夏民族的性格与信仰，特殊的环境思想是促成中国建筑遗产与其他建筑文化产生差异的根本原因，主要可归纳为三个方面。

其一，重视旧址。表面上看木结构是中国古代建筑寿命的天然限制，但是深究原因，在于"修葺原物之风，远不及重建之盛；历代增修拆建，素不重原物之保存，唯珍其旧址及其创建年代而已"（梁思成，2019）。重视建筑遗产所在地方蕴含的精神特质与文化意义而非物质实体，是中国建筑遗产一大重要而易被忽视的思想特征。

其二，礼制部署。中国历代统治者十分重视典章制度的建设，重"礼"的儒学作为历朝齐家治国的重要思想，在典籍《周礼》《仪礼》《礼记》中将城镇空间格局、建筑等级形制等视为礼制最具体甚至最高的体现（李允鉌，2014），森严的建筑等级制度逐渐成为典章制度的重要一环。

其三，崇奉风水。风水对中国建筑遗产的影响颇深，几乎渗透在每一种建筑类型的地理选址、外观设计与内部装修上（宋其加，2009）。皇家通过建筑设计以求得奉天承运、兴国安邦的寓意；百姓借风雨桥、文峰塔、镇潮塔等风水建筑为村镇祈求消灾祸、旺财气、兴文运（余健，2005；余卓群，2010）。

综上，中国传统建筑具有不同于西方石质建筑的独特物质特征，在环境思想上凝聚着华夏民族特有的礼制观念与风水信仰，在古人重视地方意义而非物质实体的人地互动理念中发展至今，经过时间的洗礼逐渐演变为建筑遗产。因此，中国建筑遗产在物质特征与环境观念上与西方存在巨大差异，以西方建筑遗产特征为主导的原真性概念体系在中国传统文化复兴的时代背景下存在诸多不适配的问题，需要展开相应的学术研究来弥补和更新。

3　原真性的概念演变与相关研究

3.1　原真性的内涵演变

原真性概念被考古、哲学、社会等多个学科关注，以遗产和旅游为主要研究领域，国际文化差异与时代发展变迁推动原真性内涵不断发展演变（张朝枝，2008）。

在遗产领域，原真性（authenticity）是衡量遗产价值的标尺，也是保护遗产所需依据的关键（张成渝、谢凝高，2003）。这一概念最早于 1964 年出现在《威尼斯宪章》（*The Venice Charter*），经过多部国际法规文献的发展与重要会议讨论的完善，2005 年《实施世界遗产保护公约的操作指南》（*Operational Guidelines for the Implementation of the World Heritage Convention*，以下简称《操作指南》）做出关于遗产价值评价标准、遗产的原真性与完整性保护理念的重要修订，主要内容沿用至今并为各界广泛使用，但迄今各国对原真性概念的理解仍存差异（张成渝，2008；张朝枝，2008）。2000 年我国参照以《威尼斯宪章》为代表的国际原则，根据中国文物古迹情况制定《中国文物古迹保护准则》，于 2015 年修订并沿袭了《操作指南》对原真性的评价体系与保护理念。

在旅游领域，原真性概念于 1964 年在对商业化大众旅游的人造设施研究讨论中被引入（Boorstin，1964），而后引起多角度、多方面的热烈讨论。旅游学中原真性的研究对象由原真客体（authenticity of toured objects）展开（MacCannell，1973；Eco，1986；Edensor，2000），后拓展为对真我主体（real selves）（Wang，1999；杨振之、胡海霞，2011；潘海颖，2012）、主体对客体的原真性感知（perception of authenticity）（Xie and Wall，2002；Chhabra，2005；卢天玲，2007）、主客体之间原真性的表达与阐释等互动关系等的研究（Cohen，1988；Bruner，1989；闫红霞，2013）。现今关于原真性的主要研究可以划分为四大学派和观点，即客观主义原真性（Objective Authenticity）、建构主义原真性（Constructive Authenticity）、后现代主义原真性（Postmodernist Authenticity）以及存在主义原真性（Existential Authenticity）（王婧、吴承照，2012），还有学者结合案例研究提出定制原真性（customized authenticity）（Wang，2007）、虚拟原真性（virtual authenticity）（陈兴，2010）等理论概念。

经过国内外学者对原真性概念的解读与争论，在理论与实践层面都取得了丰硕的研究成果。在理论层面，原真性概念的多样性已达成共识，各种"主义"共存（陶伟、叶颖，2015），各领域提出了不同的学科视野与衡量指标；在实践层面，更多学者开始将关注重点从遗产客体转移到主体的感知与实践以及主客体两者的互动影响上。因此，基于对东西方建筑遗产历史特征差异的进一步认知，响应中国重视建筑遗产保护利用的时代号召，通过理论研究发掘新的视角，提出新的"主义"，创新丰富原真性概念体系，已成为下一步研究的目标。

3.2 中国建筑遗产原真性的研究进展

原真性是建筑遗产保护修复的核心原则与普适观念，包含原真性在内的西方遗产保护理论与方法成果已经成为世界各国建立自身遗产保护体系的重要参照（陈蔚，2006；薛林平，2017）。原真性概念源自西方，而东西方建筑遗产的本质差异，致使建筑遗产原真性在中西方语境之间存在概念歧义、价值差异与修复矛盾等问题（常青等，2016）。为了更好地理解与应用原真性原则以提升中国建筑遗产保护的质量，并且不失对中国建筑遗产的价值认知与维护方式特殊性的尊重（代鹏飞等，2021），与中国建筑遗产原真性有关的讨论一直是相关学科研究的聚焦点。

在研究内容方面，关于建筑遗产原真性的早期研究主要是在分析"中国建筑遗产保护的特殊性"的基础上引入原真性概念（张松，2006）：从理论角度，梳理与对比国内外建筑遗产保护发展历程与国家制度（卢永毅，2006；林源，2007），探讨原真性原则对我国建筑遗产价值评价、法规制定、保护实践的启示与应用（乔迅翔，2004）；从实践角度，结合一项具体修复工程案例，分析说明全面客观认识原真性对于正确选择保护方法的必要性（张兴国、冷婕，2005）。随着原真性概念的普及与深入，后期研究主题可以分为理论拓展和实践反思两大方向：其一，围绕建筑遗产的分类展开，如研究工业建筑、乡土建筑等类型建筑遗产保护利用及游客原真性感知等问题（林涛、胡佳凌，2013；刘亚美，2013；屠李等，2016）；其二，围绕原真性的概念内化与实践操作展开，如有学者指出原真性原则对于我国建筑遗产的历史重建情况存在悖论（张杰，2007），有学者结合案例研究指出部分建筑遗产保护的原真性原则实践出现流于表面化、静态化、无机化等问题（徐红罡等，2012）。

在研究视角方面，关于建筑遗产原真性的学术研究以建筑、旅游和规划学科为主。在建筑领域，研究成果多结合某项古建筑保护实践与修缮工程案例，从木作、瓦作、粉刷等建筑学工程视角出发，探讨基于原真性原则的建筑遗产保护与修缮方法（石坚韧，2009；邓云琴，2018）。在旅游领域，学者多对建筑遗产的原真性、游客原真性感知的构成指标、影响因素等问题展开实证研究（廖仁静等，2009；田静茹，2016）。在规划领域，有研究结合城市"微更新"、城市记忆等话题对城市原真性进行反思与讨论（李彦伯，2016；汪芳等，2017）。

当前，中国建筑遗产原真性的相关研究在理论应用与实践反思等方面取得较多研究成果，但尚存概念内化谬误、学科视野狭窄与理论接轨不足等问题。

3.3   建筑遗产原真性的多元化与地方化转向

早期关于原真性国际宪章的制定标准和使用范围多以西方石质建筑为主要对象，没有充分考虑东方建筑遗产（中国、日本、韩国等国家）的属性特征。对此，1994 年《关于原真性的奈良文件》（*The Nara Document on Authenticity*）在日本通过，强调原真性的多样性以及地方文化背景环境的重要作用，对国际遗产界产生重大影响。1999 年《木结构遗产保护准则》（*Principles for the Conservation of Wooden Built Heritage*）进一步将遗产保护视野引向东方建筑体系。在后续国际研讨与章程制定中，愈加体现出对建筑遗产地方价值的重视。2003 年《建筑遗产分析、保护和结构修复原则》（*Principles for the Analysis，Conservation and Structural Restoration of Architectural Heritage*）再次强调文化背景（cultural contexts）对建筑遗产价值与原真性评判的重要影响。2005 年《西安宣言》（*Xi'an Declaration on the Conservation of the Setting of Heritage Structures，Sites and Areas*）充分强调了周边环境（setting）对于古迹遗址的重要性和独特性贡献。同年《会安草案——亚洲最佳保护范例》（*Hoi An Protocols for Best Conservation Practice in Asia*）对原真性的构成展开进一步论述，其中强调了"地方"（place）、"地方感"等"位置与环境"（location and setting）要素作为原真性构成内涵的重要意义。随着原真性内涵与指标的丰富扩充，国际文化遗产界逐渐重视对遗产地方价值的评估与保护。而因为中西方建筑遗产与历史文化的本质差异，西方遗产界虽逐步重视建筑遗产的地方价值，但由于对中国建筑遗产的物质特征和环境思想理解不深入、吸收不充分，并且尚未能从地方价值的产生机制角度进行深层学术研究阐释，因而难以得出适合以木结构体系为主、重视原址意义而非建筑物质实体的中国建筑遗产的原真性概念构成指标、价值评估原则与保护利用方法。

近几年我国遗产界在管理实践中逐渐接纳这一理念转变，如 2015 年修订《中国文物古迹保护准则》、2020 年印发《大遗址利用导则（试行）》中分别吸纳原真性构成的"位置和环境"要素、保护利用对象的"文物环境"等相关内容。然而，相关法律条文与阐释文本依旧停留在重视遗产本体物质层面原真性的阶段，如"文物古迹经过修补、修复的部分应当可识别""不得在原址重建"等规定使保护实践陷入与维护客观情况不符、反之又与原真性原则相悖的两难之境。

因此，基于国际遗产界对于原真性内涵的多元化与地方化认识转向及不足（祁润钊等，2020），对于中国建筑遗产原真性研究与实践中尚存的问题，"秉持既接受普世遗产价值准则，又尊重本土遗产价值传统的适应性态度与解析式方法"（常青等，2016），结合中国建筑遗产重视地方精神而非本体物质的历史特征分析，需要展开对中国建筑遗产原真性的深入研究与理论创新，应当从地方视角展开建筑遗产原真性的解释框架研究。

4　概念框架建构

4.1　理论背景：人文地理学的地方理论

随着人文地理学地方理论的研究拓展，地方理论的核心概念已经成为理论建构与知识生产的重要深耕源泉（蔡建明、林静，2016；章锦河等，2018；陈晓亮等，2019）。地方是人文地理学的核心概念之一，最早于 1947 年由怀特（John Wright）首创敬地情结（Geopiety）并阐述地方意义的主观建构（Wright，1947）。20 世纪 60 年代末，欧美掀起人文主义思潮，人文主义地理学者们相继提出恋地情结（Topophilia）（Tuan，1974）、地方性（placeness）（Relph，1976）、人地不可分割性（Pred，1984）、地方依恋（place attachment）（Williams et al.，1992）等理论概念，开启了地理研究的新时代（郭文，2020）。20 世纪 80 年代，社会科学的后现代转向促使地理学家再次审视地方，如地方性、地方感、地方依恋、地方认同（place identity）、地方依赖（place dependence）等概念集成地方理论（Place Theory）体系（图 1），成为对城市历史再生、文化地景活化、城市形态设计等都具有研究和实践意义的重要基础理论（张中华、张沛，2011；周尚意等，2011）。

基于对建筑文化地域性的理解，地方感的构成要素与成因机制可以作为探究建筑遗产人地互动历史过程的有效理论支撑。地方感的分析维度有整体维度、公众维度、社区维度和个体维度等多种方法（郑昌辉，2020），地方依恋、地方依赖、地方认同是地方感的三大常见构成要素（Altman，1992；Jorgensen et al.，2001；朱竑、刘博，2011），三者有不同的内涵侧重：地方依恋指人对特定地方的情

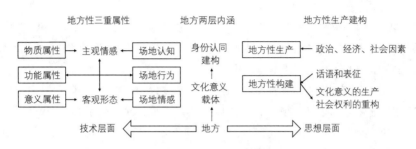

图 1　地方与地方性主要研究内容梳理

资料来源：钱俊希，2013；王泓砚等，2019。

感联系（唐文跃，2007），地方依赖关注地方感中物质与需求的部分（黄向等，2006），地方认同指人对环境的归属感与认同感（庄春萍、张建新，2011）。行为地理学与环境心理学等诸多学科参与了地方感的形成机制研究，主要成因要素包含人地作用（Steele，1981）、时间感知（Jackson，1994）、社会建构（Stokowski，2002）等，总结出具体框架如基于景观感知理论（Landscape Perception Theory）的地方感形成机理模型（盛婷婷、杨钊，2015）、基于环境心理学的地方依恋成因机制模型（图 2）（Scannel et al.，2010）等。

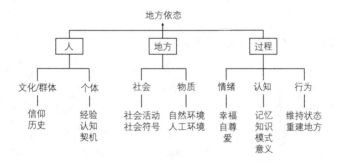

图 2　地方依恋成因机制模型

资料来源：Scannel et al.，2010。

　　建筑文化具有强烈的地域性（胡兆量等，2017），是一种文化地理现象（周尚意等，2004）。人文地理学的地方理论研究成果可以充分弥补当前建筑遗产原真性研究中考古、建筑与旅游学缺失的地方视角，展开对建筑遗产历史演变与价值形成过程的探索，以研究地方对于建筑遗产的重要性、丰富建筑遗产的原真性内涵、更新建筑遗产的价值构成体系。而迄今地方理论体系中地方感相关概念之间的关系在学界尚存分歧（朱竑等，2011），地方感常见分析维度的划分方式各异（郑昌辉，2020），不再赘述；因此，本文对相关理论成果进行批判式吸收，结合建筑遗产所在地方的人地互动特征，吸纳功能性地方依赖和情感性地方依恋两个相关但各具独特含义的核心概念以融入建筑遗产的恋地主义原真性理论建构，分别描述建筑遗产语境下人地互动关系中的情感依附与功能互动关系。

4.2 理论建构：建筑遗产的恋地主义原真性

本文继承与发展段义孚"恋地情结"的人文主义地理学方法和地方视角，根植地方理论的研究成果，聚焦建筑遗产的历史人地互动过程与关系演变，构建凸显建筑遗产地方层面意义与价值的原真性解释框架，提出建筑遗产的恋地主义原真性。

建筑遗产的恋地主义原真性是指：建筑遗产当前与历史上曾经存在的"地方"是建筑遗产不可忽视的组成部分，建筑遗产所在的地方因包含丰富的历史信息而承载了独特的文化意义，地方所具有的原真性，即恋地主义原真性，是建筑遗产原真性的重要内核。建筑遗产的恋地主义原真性概念框架包含人、地方、建筑遗产三元主体，人是恋地情结的主体、地方是客体，人地关系是建筑遗产的价值内核；而建筑遗产作为人与地方发生历史互动作用的场所、功能与情感价值供需的载体，因而是人地关系的线索与媒介、恋地情结的表征。恋地主义原真性的产生机制由人与建筑遗产之间的"文化沉积"现象和人与地方之间的"意义锚定"作用共同构成。

在建筑遗产的"创建阶段"，古人出于安居乐业、缅怀故人、祈福祥瑞等需求，使用堪舆选址等方法，选择最能够满足其功能需求或代表其信仰情感的空间以构建相应的建筑。在这个过程中，空间被人们赋予功能、情感的意义后成为"地方"，人将现实需求或文化意义锚定于特定地方，即初步形成相应功能或情感类型的"意义锚定"，建筑成为承载人对地方的功能需求与文化意义的载体与表征。

在建筑遗产的"维护阶段"，以木结构为主要物质特征的建筑经过时间的打磨、自然或人为因素的损害而逐渐残破，经过人工修葺等维护以保持形态、维持功能，人与建筑所在的地方逐渐形成地方依赖与地方认同，基于建筑不可移动的本质属性以及长时间的人地互动作用，人对地方的"意义锚定"得到加强。在对建筑遗产的使用与维护期间，一茶一饭的平淡日常在这里进行，物是人非的人情冷暖在这里上演，枪炮雷火的天灾人祸在这里累积，甚至朝代演替的历史故事也在这里轮替，在建筑遗产所在地方形成物质遗存和文化沉淀，即"文化沉积"现象。随着时间演进，建筑遗产的文化沉积现象与人地意义锚定作用相辅相成、互为促进；也是在这样的循环发展中，人群代际之间产生认知差异，"建筑"逐渐演变为"建筑遗产"概念，建筑遗产所在地方的物质层积和文化意义也日渐丰富。

恋地主义原真性的产生机制模型形似双螺旋，由人与建筑之间的文化沉积链和人与地方之间的意义锚定链组成，双链经过"人"的代际传递扭合在一起。因为"人—地方—建筑遗产"三元主体之间的"文化沉积"与"意义锚定"相互作用，建筑遗产具有恋地主义原真性的特殊属性。恋地主义原真性的双螺旋模型记录并描述了建筑遗产历史演变过程的人地作用机制，形似人体承载核心遗传信息DNA生物结构中的基本单元"双螺旋结构"，两者都是重要信息的承载形式（图3）。

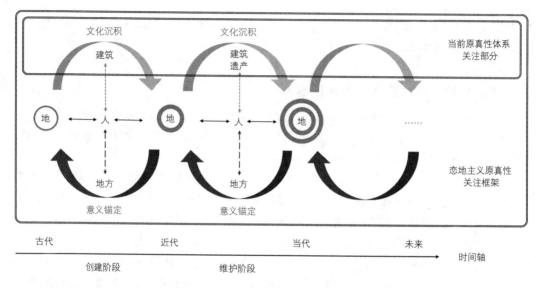

图 3　恋地主义原真性产生机制的双螺旋模型

4.3　理论基础与概念框架解读

4.3.1　"文化沉积" 现象

　　1932 年，瓦德尔（H. A.Wadell）提出沉积学（Sedimentology）；1978 年，弗里德曼（G. M. Friedman）和桑德斯（J. E. Sanders）在著作《沉积学原理》（*Principles of Sedimentology*）中，将沉积学定义为研究沉积物、沉积过程和沉积环境的科学。1996 年，吴必虎运用沉积学和地貌学的思想，结合文化地理学的研究理论和方法，提出"文化沉积学"以研究山地景区的文化沉积物质、沉积过程的时空特征、沉积机制和区域分异现象等（吴必虎，1996）。

　　恋地主义原真性的"文化沉积"现象，即建筑遗产与物质的、视觉的、精神的以及其他文化层面的地方之间所产生的重要联系，这种联系可以是精神信念、历史事件或创造利用下的结果，或是随着时间和传统的影响而日积月累形成的有机变化，如古人对建筑的修缮增建措施、在建筑中发生的历史事迹等。那些宣读圣旨诏书的大殿、寄托儿女情长的园林、抵挡刀枪炮火的古城墙、珍藏史书典籍的阁楼，以及泄洪的水坝、抗震的木塔、祈福的文庙等建筑遗产，都是古人与地方在物质、视觉、精神、文化层面产生互动联系的载体与线索（图 4）。

4.3.2　"意义锚定" 作用

　　锚定效应，又称沉锚效应（Anchoring Effect），是一个社会心理学概念。1974 年，特沃斯基（A. N. Tversky）与卡内曼（D. Kahneman）最早研究发现，人们在进行判断或决策时会偏重先前获得的、引起注意的资讯，这个资讯仿佛一个沉重的锚落入海底，使决策者牢牢围绕该信息做出判断，所达成

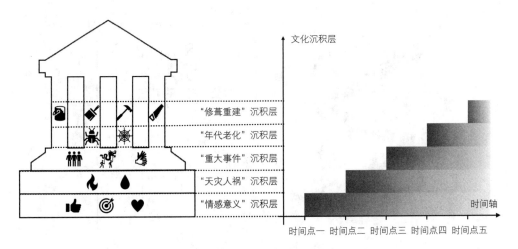

图 4 "文化沉积"现象及剖面

行为效果的心理效应被称为"锚定效应"（李斌等，2010）。锚定效应在众多领域研究中得到验证，是一种"普遍存在、十分活跃、又难以消除"的认知与行为现象（王晓庄、白学军，2009）。

恋地主义原真性的"意义锚定"作用，即在建筑遗产发生"文化沉积"的背景下，人对建筑遗产所在地方产生恋地情结，即原址不可更改、建筑不可迁移的路径依赖作用。"意义锚定"作用是地方对于建筑遗产具有重要价值，成为其原真性重要构成部分的深层原因。需要说明的是：这里用"锚定"概念，不是指人对于地方先入为主的认知偏差或形成地方感稳定不变的特征；而是强调地方的原址至高性，即意义锚定的"意义"内涵可以是丰富的，如包含代际间不断变化的地方感、层层累进的文化意义，但是"锚定"的地方必须是唯一的。

"意义锚定"与"文化沉积"在作用机制上相互促进，在结果呈现上互为印证（图 5）。其一，相互促进是内在机制：人因为地方具有某种功能价值或文化意义而初步产生锚定选择，从而在该地方创建建筑，经过人与不可移动建筑日积月累的互动，也延续了人与地方的互动过程，加深了人对建筑遗产的地方依赖或地方依恋，促进人对地方形成复合的恋地情结，从而再次加深了人对地方的锚定认知。其二，互为印证是外在表现：建筑遗产所具有的"厚重"文化沉积层，是古人对建筑遗产所在地方"深刻"锚定的外在表征，如古人对建筑遗产的多次原址重建是最具代表性与说服力的有力证据。

4.3.3 "人—地方—建筑遗产"三元主体

本文旨在研究建筑遗产的原真性与价值问题，故以建筑遗产为研究主体，从广义的建筑遗产概念对象中剥离出狭义的人、地方和建筑遗产三元主体，借鉴地方理论中关于地方依恋成因机制研究的"人—地方—过程"模型（图 2），对建筑遗产恋地主义原真性的核心概念与三元主体关系进行分析和解读（图 6），以进一步明晰理论框架。

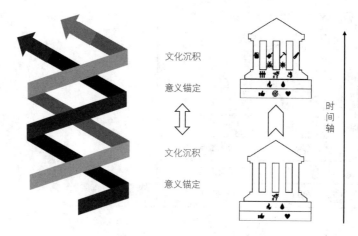

图5 "意义锚定"与"文化沉积"的相互作用

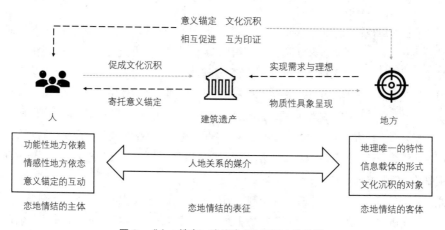

图6 "人—地方—建筑遗产"三元主体关系

在建筑遗产的恋地主义原真性概念框架中，"地方"概念是理论的"所指"，不是无意义的空间实体，而是凝结社会文化意义与人地情感纽带的价值载体与文化实体，建筑遗产所在的地方始终是联结"人—地"关系的重要载体。地方具有三重属性：其一，地理唯一的特性，指建筑遗产所在的地方本身具有经纬度、海拔高度、自然生态环境等唯一的自然地理属性，并且具有历史事件唯一发生地的文化地理属性，即"历史发展的地理机会"（唐晓峰，2005）；其二，信息载体的形式，指建筑遗产的地方承载了大量人文信息，包含着世代相传的历史活动、人地情感与个体或集体认同；其三，文化沉积的对象，指地方作为以上信息载体所包含的物质层积与文化意义，建筑遗产只是这一过程的表征，通过建筑遗产上的年代信息显露，而地方才是真正发生人地互动的对象、文化沉积的场所，是比建筑遗产外在物质形式更为稳定的价值内核。

在建筑遗产的恋地主义原真性概念框架中，"建筑遗产"概念是理论的"能指"，是人地之间功能性地方依赖、情感性地方依恋等互动关系与意义锚定作用的外在表征，承担"人—地"之间的媒介作用。人对于建筑遗产价值认知与原真性感知的形成，是基于人对其空间形式所代表文化意义的理解（周尚意，2004）。地方才是建筑遗产价值与恋地主义原真性的内涵本体，人对地方的"感知、态度与价值观"都在建筑遗产上得到集中体现与外在显现。

5　结论、建议与展望

本文基于中国建筑遗产原真性理论研究瓶颈与实践认知局限，分析中国建筑遗产的历史特征、梳理原真性概念演变和相关研究，跨学科地整合文化地理学的文化沉积理论与社会心理学的锚定效应研究，结合人文地理学的地方理论体系，从地方视角出发构建了建筑遗产的恋地主义原真性框架。恋地主义原真性概念使用"恋地主义"一词，与实证主义（Positivism）、建构主义（Constructivism）、后现代主义（Postmodernism）等术语不等同，并非用以界定研究框架的哲学基础，而是强调针对建筑遗产既有研究范式（paradigm）的突破与创新：基于地理学的人文主义范式，注重对地方层面的恋地情结、地方性与地方感等要素于建筑遗产发生作用的过程探究与机制阐述，强调建筑遗产历史演变过程中的人地互动作用。

恋地主义原真性是基于人文地理学视角的建筑遗产原真性解释框架，其理论创新主要体现在以下三点：其一，本文脱离建筑遗产原真性既有学术研究中文物考古与建筑规划学科较多重视建筑本体、较少关注人地互动的范式束缚，扎根人文地理学的学科立场，强调建筑遗产问题研究的地方视角，并进一步提出建筑遗产恋地主义原真性的"人—地方—建筑遗产"三元主体关系分析框架，为建筑遗产地方问题的研究提供了理论引导；其二，各地各时对原真性概念的理解因文化多样而存在国别差异、因文明演化而产生时代差异，基于对原真性内涵多元化的共识，本文强调并深化了原真性构成中的地方、地方性与地方感等要素，并结合对文化沉积现象与意义锚定作用研究阐述，提出建筑遗产恋地主义原真性的产生机制，丰富并推动了原真性概念内涵体系的时代发展；其三，当前中国建筑遗产是以西方话语主导的原真性指标为原则依据，在实践中存在着诸多认识局限与标准桎梏，本文提出紧扣中国建筑遗产的历史特征、符合原真性内涵的多元化和地方化认识转向的恋地主义原真性概念，为中国建筑遗产的价值评估与保护利用提供理论支撑。

后续还将加强实证研究，对建筑遗产恋地主义原真性概念框架进行验证与应用：如从全域层面对建筑遗产文化沉积现象的地域分异与历时特征进行定量研究，以及结合产生机制模型与三元主体关系框架，从地方层面对建筑遗产的意义锚定作用展开案例研究等。未来该概念框架将为中国发展进程中面对的建筑遗产保护与活化、法律准则与规划项目的编制和实施，提供学理支撑与路径引导；为东方传统建筑遗产对话国际遗产学界所产生的保护利用措施与价值认知差异等问题，丰富原真性构成内涵与评估体系；为大众更好地认知、体验与尊重建筑遗产，提供解说与活化的理论依靠，有助于建筑遗产今后的保护活化与可持续发展。

致谢

本文受国家社会科学基金项目（18BGL155）资助。

参考文献

[1] ALTMAN I, LOW S M. Place attachment[M]. New York: Plennum Press, 1992.

[2] BOORSTIN D J. The image: a guide to pseudo-events in America[M]. New York: Atheneum, 1964: 77-117.

[3] BRUNER E M. Tourism, creativity, and authenticity[J]. Studies in Symbolic Interaction, 1989, 10: 109-140.

[4] CHHABRA D. Defining authenticity and its determinants: toward an authenticity flow model[J]. Journal of Travel Research, 2005, 44(1): 64-73.

[5] COHEN E. Authenticity and commoditization in tourism[J]. Annals of Tourism Research, 1988, 15(3): 371-386.

[6] ECO U. Travels in hyperreality[M]. London: Picador, 1986.

[7] EDENSOR T. Staging tourism: tourists as performers[J]. Annals of Tourism Research, 2000, 27(2): 322-344.

[8] International Council on Monuments and Sites. Historic gardens (The Florence Charter)[S]. ICOMOS, 1982.

[9] International Council on Monuments and Sites. International charter for the conservation and restoration of monuments and sites (The Venice Charter)[S]. ICOMOS, 1964.

[10] International Council on Monuments and Sites. Principles for the analysis, conservation and structural restoration of architectural heritage[S]. ICOMOS, 2003.

[11] International Council on Monuments and Sites. Principles for the conservation of wooden built heritage[S]. ICOMOS, 1999.

[12] International Council on Monuments and Sites. Xi'an declaration on the conservation of the setting of heritage structures, sites and areas[S]. ICOMOS, 2005.

[13] JACKSON J B. A sense of place, a sense of time[M]. New Haven: Yale University Press, 1994.

[14] JORGENSEN B S, STEDMAN R C. Sense of place as an attitude: lakeshore owners attitudes toward their properties[J]. Journal of Environmental Psychology, 2001, 21(3): 233-248.

[15] MACCANNELL D. Staged authenticity: arrangements of social space in tourist settings[J]. American Journal of Sociology, 1973, 79(3): 589-603.

[16] PRED A R. Place as historically contingent process: structuration and the time-geography of becoming places[J]. Annals of Association of the American Geographers, 1984, 74(2): 279-297.

[17] RELPH E. Place and placelessness[M]. London: Pion Limited, 1976.

[18] SCANNELL L, GIFFORD R. Defining place attachment: a tripartite organizing framework[J]. Journal of Environmental Psychology, 2010, 30(1): 1-10.

[19] STEELE F. The sense of place[M]. Boston: CBI Publishing, 1981.

[20] STOKOWSKI P A. Languages of place and discourses of power: constructing new senses of place[J]. Journal of Leisure Research, 2002, 34(4): 368-382.

[21] TUAN Y F. Topophilia: a study of environmental perception, attitudes and values[M]. New York: Columbia University Press, 1974.

[22] United Nations Educational, Scientific and Cultural Organization. Hoi An Protocols for Best Conservation Practice in Asia[S]. UNESCO, 2005.

[23] WANG N. Rethinking authenticity in tourism experience[J]. Annals of Tourism Research, 1999, 26(2): 349-370.

[24] WANG Y. Customized authenticity begins at home[J]. Annals of Tourism Research, 2007, 34(3): 789-804.

[25] WILLIAMS D R, PATTERSON M E, ROGGENBUCK J W. Beyond the commodity metaphor: examining emotional and symbolic attachment to place[J]. Leisure Sciences, 1992(14): 29-46.

[26] WRIGHT J K. Terrae incognitae: the place of the imagination in geography[J]. Annals of the Association of American Geographers, 1947, 37(1): 1-15.

[27] XIE P, WALL G. Visitors' perceptions of authenticity at cultural attractions in Hainan, China[J]. International Journal of Tourism Research, 2002, 4(5): 353-366.

[28] 蔡建明，林静. 中国新愿景下的文化与空间有机融合的地理途径与机遇[J]. 地理研究，2016，35(11): 2001-2014.

[29] 常青，JIANG T Y, CHEN C, 等. 对建筑遗产基本问题的认知[J]. 建筑遗产，2016(1): 44-61.

[30] 陈蔚. 我国建筑遗产保护理论和方法研究[D]. 重庆：重庆大学，2006.

[31] 陈晓亮，蔡晓梅，朱竑. 基于"地方场域"视角的中国旅游研究反思[J]. 地理研究，2019, 38(11): 2578-2594.

[32] 陈兴. "虚拟真实"原则指导下的旅游体验塑造研究——基于人类学视角[J]. 旅游学刊，2010, 25(11): 13-19.

[33] 代鹏飞，刘子瑜，孙泽宇. 中国建筑遗产价值认识的特殊性[J]. 建筑与文化，2021(4): 64-66.

[34] 邓云琴. 原真性原则下文物建筑修复研究[D]. 长春：吉林建筑大学，2018.

[35] 郭文. 西方社会文化地理学新范式的缘由、内涵及意义[J]. 地理研究，2020, 39(3): 508-526.

[36] 国际古迹遗址理事会中国国家委员会. 中国文物古迹保护准则(2015 年修订)[S]. 北京：国际古迹遗址理事会中国国家委员会，2015.

[37] 国家文物局. 大遗址利用导则(试行) [S]. 北京：国家文物局，2020.

[38] 胡兆量，韩茂莉，阿尔斯朗，等. 中国文化地理概述[M]. 4 版. 北京：北京大学出版社，2017: 181-185.

[39] 黄向，保继刚，GEOFFREY W. 场所依赖(place attachment)：一种游憩行为现象的研究框架[J]. 旅游学刊，2006, 21(9): 19-24.

[40] 李斌，徐富明，王伟，等. 锚定效应的种类、影响因素及干预措施[J]. 心理科学进展，2010, 18(1): 34-45.

[41] 李彦伯. 城市"微更新"刍议兼及公共政策、建筑学反思与城市原真性[J]. 时代建筑，2016(4): 6-9.

[42] 李允鉌. 华夏意匠：中国古典建筑设计原理分析[M]. 天津：天津大学出版社，2014.

[43] 梁思成. 中国建筑史[M]. 北京：生活·读书·新知三联书店，2019.

[44] 廖仁静，李倩，张捷，等. 都市历史街区真实性的游憩者感知研究——以南京夫子庙为例[J]. 旅游学刊，2009, 24(1): 55-60.

[45] 林涛，胡佳凌. 工业遗产原真性游客感知的调查研究：上海案例[J]. 人文地理，2013, 28(4): 114-119.

[46] 林源. 中国建筑遗产保护基础理论研究[D]. 西安：西安建筑科技大学，2007.

[47] 刘敏，刘爱利. 基于业态视角的城市建筑遗产再利用——以北京南锣鼓巷历史街区为例[J]. 旅游学刊，2015, 30(4): 115-126.

[48] 刘亚美. 乡土建筑保护理论的梳理和研究[D]. 昆明: 昆明理工大学, 2013.

[49] 楼庆西. 中国古建筑二十讲[M]. 北京: 生活·读书·新知三联书店, 2004.

[50] 卢天玲. 社区居民对九寨沟民族歌舞表演的真实性认知[J]. 旅游学刊, 2007, 22(10): 89-94.

[51] 卢永毅. 历史保护与原真性的困惑[J]. 同济大学学报(社会科学版), 2006, 17(5): 24-29.

[52] 潘海颖. 旅游体验审美精神论[J]. 旅游学刊, 2012, 27(5): 88-93.

[53] 祁润钊, 周铁军, 董文静. 原真性原则在国内文化遗产保护领域的研究评述[J]. 中国园林, 2020, 36(7): 111-116.

[54] 钱俊希. 地方性研究的理论视角及其对旅游研究的启示[J]. 旅游学刊, 2013, 28(3): 5-7.

[55] 乔迅翔. 何谓"原状"?——对于中国建筑遗产保护原则的探讨[J]. 建筑师, 2004(6): 101-103+30.

[56] 阮仪三, 李红艳. 原真性视角下的中国建筑遗产保护[J]. 华中建筑, 2008, 26(4): 144-148.

[57] 盛婷婷, 杨钊. 国外地方感研究进展与启示[J]. 人文地理, 2015, 30(4): 11-17+115.

[58] 石坚韧, 陈佩杭, 娄学军, 等. 基于原真性和最少干预原则的历史建筑修缮技术——基于宁波桂花厅保护与修复实践[J]. 建筑学报, 2009(z2): 89-93.

[59] 宋其加. 解读中国古代建筑[M]. 广州: 华南理工大学出版社, 2009.

[60] 唐文跃. 地方感研究进展及研究框架[J]. 旅游学刊, 2007, 22(11): 70-77.

[61] 唐晓峰. 人文地理随笔[M]. 北京: 生活·读书·新知三联书店, 2005: 106.

[62] 陶伟, 叶颖. 定制化原真性: 广州猎德村改造的过程及效果[J]. 城市规划, 2015, 39(2): 85-92.

[63] 田静茹. 历史风貌建筑的原真性、游客涉入与行为意向间的关系研究[D]. 天津: 天津财经大学, 2016.

[64] 屠李, 赵鹏军, 张超荣. 试论传统村落保护的理论基础[J]. 城市发展研究, 2016, 23(10): 118-124.

[65] 汪芳, 吕舟, 张兵, 等. 迁移中的记忆与乡愁: 城乡记忆的演变机制和空间逻辑[J]. 地理研究, 2017, 36(1): 3-25.

[66] 王泓砚, 谢彦君, 王俊亮. 游客地方感认知图式的表征与结构[J]. 旅游学刊, 2019, 34(10): 32-46.

[67] 王婧, 吴承照. 遗产旅游中的原真性理论研究综述——一个新的整体框架[J]. 华中建筑, 2012, 30(7): 12-15.

[68] 王晓庄, 白学军. 判断与决策中的锚定效应[J]. 心理科学进展, 2009, 17(1): 37-43.

[69] 吴必虎. 中国山地景区文化沉积[D]. 上海: 华东师范大学, 1996: 31.

[70] 吴必虎, 王梦婷. 遗产活化、原址价值与呈现方式[J]. 旅游学刊, 2018, 33(9): 3-5.

[71] 徐红罡, 万小娟, 范晓君. 从"原真性"实践反思中国遗产保护——以宏村为例[J]. 人文地理, 2012, 27(1): 107-112.

[72] 薛林平. 建筑遗产保护概论[M]. 2 版. 北京: 中国建筑工业出版社, 2017.

[73] 闫红霞. 遗产旅游"原真性"体验的路径构建[J]. 河南社会科学, 2013, 21(10): 55-57.

[74] 杨振之, 胡海霞. 关于旅游真实性问题的批判[J]. 旅游学刊, 2011, 26(12): 78-83.

[75] 余健. 堪舆考源[M]. 北京: 中国建筑出版社, 2005.

[76] 余卓群. 建筑与地理环境[M]. 海口: 海南出版社, 2010.

[77] 张朝枝. 原真性理解: 旅游与遗产保护视角的演变与差异[J]. 旅游科学, 2008, 22(1): 1-8+28.

[78] 张成渝. 《实施世界遗产公约操作指南》2005 年修订对中国世界遗产申报的启示[C] //世界遗产保护·杭州论坛暨 2008 国际古迹遗址理事会亚太地区会议, 2008: 19-29.

[79] 张成渝, 谢凝高. "真实性和完整性"原则与世界遗产保护[J]. 北京大学学报(哲学社会科学版), 2003, 40(2):

62-68.

[80] 张杰. 旧城遗产保护制度中"原真性"的谬误与真理[J]. 城市规划, 2007(11): 79-85.

[81] 张松. 建筑遗产保护的若干问题探讨——保护文化遗产相关国际宪章的启示[J]. 城市建筑, 2006(12): 8-12.

[82] 张兴国, 冷婕. 文物古建筑保护原则中"原真性"的认识与实践——以重庆湖广会馆修复工程为例[J]. 重庆建筑大学学报, 2005, 27(2): 1-4.

[83] 张中华, 张沛. 地方理论活化与城市空间再生[J]. 发展研究, 2011(11): 95-99.

[84] 章锦河, 汤国荣, 胡欢, 等. 文化全球化背景下地理学视角的文化间性研究[J]. 地理研究, 2018, 37(10): 2011-2023.

[85] 郑昌辉. 在城镇化背景下重新认识地方感——概念与研究进展综述[J]. 城市发展研究, 2020, 27(5): 116-124.

[86] 周尚意. 英美文化研究与新文化地理学[J]. 地理学报, 2004, 59(z1): 162-166.

[87] 周尚意, 孔翔, 朱竑. 文化地理学[M]. 北京: 高等教育出版社, 2004: 226-250.

[88] 周尚意, 唐顺英, 戴俊骋. "地方"概念对人文地理学各分支意义的辨识[J]. 人文地理, 2011 (6): 10-13+9.

[89] 朱竑, 刘博. 地方感、地方依恋与地方认同等概念的辨析及研究启示[J]. 华南师范大学学报(自然科学版), 2011(1): 1-8.

[90] 庄春萍, 张建新. 地方认同: 环境心理学视角下的分析[J]. 心理科学进展, 2011, 19(9): 1387-1396.

[欢迎引用]

王梦婷, 吴必虎, 谢冶凤, 等. 恋地主义原真性: 人文地理学视角的建筑遗产原真性解释框架[J]. 城市与区域规划研究, 2021, 13(2): 102-117.

WANG M T, WU B H, XIE Y F, et al. Topophilianist authenticity: an explanatory framework for authenticity of architectural heritage from the perspective of human geography[J]. Journal of Urban and Regional Planning, 2021, 13(2): 102-117.

基于中国传统文化的国土空间规划再认识

毛 兵 殷 健

Re-Understanding the Territorial and Spatial Planning from the Perspective of Chinese Traditional Culture

MAO Bing[1], YIN Jian[2]

(1. Shenyang Urban Planning & Design Institute Co., Ltd, Shenyang 110000, China; 2. Territorial and Spatial Planning Office of Shenyang Natural Resources Bureau, Shenyang 110000, China)

Abstract Corresponding to the territorial and spatial planning in the new era, this paper analyzes the issues of development and protection, harmony between man and nature, innovative development, people-oriented, and construction of modern urban-rural landscape in the territorial and spatial planning system from the aspects of the dialectical unity, the unity of man and nature, the unity of time and space, the practice until the best, and the rhythmic vitality through interpreting these core ideas in Chinese traditional culture. In addition, it discusses the implications of Chinese traditional culture on the territorial and spatial planning compilation.

Keywords territorial and spatial planning; Chinese traditional culture

作者简介

毛兵,沈阳市规划设计研究院有限公司;
殷健,沈阳市自然资源局。

摘 要 对应新时代的国土空间规划,文章通过对中国传统文化中核心概念的解读,从辩证统一、天人合一、时空一体、止于至善、气韵生动等方面,论述国土空间规划中发展与保护、人与自然的和谐、创新发展、以人为本以及现代城乡风貌营造等问题,探讨中国传统文化对国土空间规划编制思路的启示。

关键词 国土空间规划;中国传统文化

中国现代规划从以城市为研究主体,到城乡共治,再到全域"多规合一"的国土空间规划,其思想来源也经历了从向西方学习到自省自觉,再到文化自信的发展过程。这种自信建构在我们文化基因和当代社会发展实践巨大成就的契合之上。

习近平总书记说:"在5 000多年的文明发展进程中,中华民族创造了博大精深的灿烂文化,要使中华民族最基本的文化基因与当代文化相适应、与现代社会相协调。"[①]回归概念的本原,是哲学研究的一个基本方法。国土空间规划作为习近平新时代中国特色社会主义思想指导下的国家治理体系和治理能力现代化的重要组成部分,其"中国式现代化"的特征,既"成长"于中国特色社会主义制度自信的环境,也"根植"于中国优秀传统文化的沃土。构建具有"中国特色"的国土空间规划理论体系和技术路线,有必要重新温习中国传统文化的本原概念,以在实践中传承出我们文化基因的力量。

1 理解保护与发展的辩证统一关系

中国传统文化中，基本方法论是朴素辩证法思想，主要包含两方面内容：矛盾双方和谐统一的整体观和矛盾双方相互转化的变易观。老子将这种方法论形容为"玄之又玄，众妙之门"。虽然经过几千年的传承，辩证思维已成为我们文化中既有的习惯，但在实践中，孤立静止地处理具体问题仍较普遍。在国土空间规划中，发展与保护的关系是个主旨性命题，认真思辨其内在联系，是科学合理地利用空间资源的思维钥匙。

1.1 辩证的整体观下发展与保护的统一性

中国先哲们把世界看作一个有机联系的整体。这种整体性被概括为"一"，《周易》："天下之动，贞夫一者也。"《老子》："是以圣人抱一为天下式。"《庄子》："泰初有无，无有无名，一之所起，有一而未形。"《韩非子》："道无双，故曰一。"《淮南子》："一也者，万物之本也，无敌之道也。"董仲舒《举贤良对策一》："一者，万物之所从始也。"王弼注《老子》："万物万形，其归一也；何由致一？由于无也。由无乃一，一可谓无。"整体性的观点，是中国传统文化根深蒂固的，而且是从本体论的角度来认识的。由是而生的看待宇宙世界万物是从全面的、联系的角度来体察。

这种整体性不是一元的、孤立的，而是矛盾双方和谐共存的统一体，在易理中矛盾的双方称为"阴阳"，老子道论中是为"有无"，由是化为万物，天地为乾坤，时运为寒暑，人世有男女，力行有刚柔等等。在此矛盾双方作用的过程中，中国古典哲学最大的特点是寻求双方的和合、平衡。

发展与保护，即可以理解为国土空间利用过程中矛盾的两个方面。国土空间规划以新发展理念为指导思想，将发展与保护这一矛盾统一体的辩证关系作为构建体系的主线，从而铺展出我们生存空间的各领域和谐图卷。新发展理念实现了社会发展理念上的重要变革，即将人类、社会、自然、生产、精神、文明等众多要素有机地和合于其中，改变了过去以经济增量为核心的单一、线性的发展考量，融汇物质文明、精神文明、政治文明、社会文明与生态文明的建构于一体。这样一种意蕴深厚的理念变革与新时代空间资源利用、管理的现实需要及内在诉求高度吻合。

可以从两方面理解新发展理念下发展与保护的整体性关系：一是作为独立概念，其各自的内涵形成了完整系统的体系；二是其相互关系是一种和合而非对立的整体，具体的技术操作就是寻求二者的平衡。

发展是第一要务。生产力是全部社会生活的物质前提，同生产力发展一定阶段相适应的生产关系的总和构成社会经济基础。生产力是推动社会进步的最活跃、最革命的要素，发展的要义就是促进生产力的进步。社会的前进、文明的提高、文化的繁荣以及人的全面发展等，最终都取决于生产力发展的水平。

保护则是构筑人们生存环境要素的手段。这些要素既包括自然环境，也包括人文环境。自然环境提供了人类赖以生存的基本资源和空间，也是陶冶情感的依托；历史文化是前人智慧的结晶，是人类创新和进步的基石，是发展的智力支持。保护这些要素，就是保护发展的基础，如果失去这个基础，发展也无从做起。

发展与保护的辩证统一观，启示我们在划定"三区""三线"等具体技术实施过程中，应建立整体的、系统的理念，将城镇、农业和生态空间看作统一系统，把生产、生活、生态内容有机协调，而不是各自孤立地划定，在保护自然和人文资源的基础上，统筹兼顾，建立新的发展模式。

1.2　发展与保护的相互作用

关于矛盾的两个方面相互转化的变易观，体现了中国先哲们对世界运动规律的认识，对我们更深入理解发展与保护的辩证统一关系会有进一步的启发。

首先，中国先哲们认为世界是运动的。《周易·系辞》云："以动者尚其变"，"变化者，进退之象也"，"生生谓之易"，"天地之大德曰生"。《老子》云："道生一，一生二，二生三，三生万物。""天下万物生于有，有生于无。"董仲舒《春秋繁露》云："天之道，有序而时，有度而节，变而有常。"

在认识运动是恒常之道的同时，中国先哲们也在孜孜以求地探寻事物变化的规律。在这个过程中，他们始终坚持着二元论思想，即将变化看作是矛盾的两个方面的相互作用。《老子》云："反者道之动"，"大曰逝，逝曰远，远曰反"。《周易》云："无往不复，天地际也。"周敦颐在《太极图说》中提出，"太极，动而生阳，动极而静，静而生阴，静极复动，一动一静，互为其根。"古人认为，矛盾的两个方面的运动轨迹是"反"，是向对立面转化，事物否定自身之后，还进行再次否定，即否定之否定，使事物回到本原的状态，"反"到极点是"复"。所以矛盾的两个方面的运动是相互转化、循环往复、无穷无尽的。

由是推断，发展与保护是相互依存、相互促进的矛盾统一体。保护为发展提供推进的条件，发展反过来可以为保护提供更高的思想认识和技术手段。按照否定之否定规律，越保护应该越有利于发展，而越发展也越促进保护。"绿水青山就是金山银山"的科学论断，具有深刻的历史底蕴，创造性地、形象而深刻地阐释了这一辩证思想。

基于此，在国土空间利用过程中，发展就不应是单纯地追求增量空间，而是高质量地利用国土资源，既适度高效地规划增量，更要积极提升存量空间的品质，同时构建农业、生态和城镇均衡发展的空间格局。

2　构建"天人合一"的共生和谐环境

习近平总书记指出："我们要认识到，山水林田湖是一个生命共同体，人的命脉在田，田的命脉在水，水的命脉在山，山的命脉在土，土的命脉在树。用途管制和生态修复必须遵循自然规律，如果种树的只管种树、治水的只管治水、护田的单纯护田，很容易顾此失彼，最终造成生态的系统性破坏。"[②] 习近平总书记站在新时代的高度，科学地将人与自然的关系概括为"生命共同体"，人是整个生态系统的一个环节，自然繁茂则人兴旺，自然受损则人受害，所谓"一荣俱荣，一损俱损"。《庄子·大宗师》有寓言："泉涸，鱼相与处于陆，相呴以湿，相濡以沫，不如相忘于江湖。"人与自然这种鱼水关系，自中国传统文化中传承下来的著名观点就是"天人合一"。

2.1 遵从自然规律，可持续发展

"天人合一"的观念是整体辩证观在人与自然关系上的反映。中国先哲们认为，人和自然是一体的。换言之，人是自然的一部分。《庄子·齐物论》曰："天地与我并生，而万物与我为一。"董仲舒《春秋繁露》曰："天人之际，合而为一"，"以类合之，天人一也"，"人与天地一物也"。程颢《二程语录》曰："天人本无二，不必言合。"

"天人合一"认识论导出的方法论就是人的行为处事要遵从于自然规律。《老子·第二十五章》："人法地，地法天，天法道，道法自然。"《论语·泰伯》："唯天为大，唯尧则之。"《孟子·公孙丑》："若夫成功，则天也。"《春秋繁露·楚庄王》："圣者法天，贤者法圣，此其大数也。"战国时韩非认为，立法的根本原则是"因道全法"，即制定法令也要与自然之道相合："古之全大体者：望天地，观江海，因山谷，日月所照，四时所行，云布风动；不以智累心，不以私累己；寄治乱于法术，托是非于赏罚，属轻重于权衡；不逆天理，不伤情性……守成理，因自然；祸福生乎道法，而不出乎爱恶；荣辱之责在乎己，而不在乎人。"[③]根据山水格局、政治体制和社会关系，中国古代构建了以都城为核心的城市体系，对统一多民族国家的长治久安发挥了重要作用，有效地解决了大国空间治理问题。

国土空间规划作为现代社会治理的重要制度手段，更应积极探寻自然与社会发展规律，将人的生产、生活环境与自然生态空间有机协调，落实"生命共同体"的理念，形成人与自然相互促进、社会与民族共同繁荣的局面。

自然有着人类难以企及的深奥而精妙的结构和组织，但也有着简易而质朴的运行规律。孔子感慨道："天何言哉？四时行焉，百物生焉，天何言哉！"[④]生命的出现，本身就是一个奇迹，循四时之流，守空间之序，即是大道。国土空间是我们存在的基础，生态环境是我们生命的支撑，自然资源是我们发展的依托。天虽不言，道却运行不息。天地孕育万物生灵，人为其中，只有循天道而行，有节守序，才能与自然和谐地永续发展。

首先是有节度地占取自然。生命的特征是有生有灭，循环往复。在这一过程中，生物必然要从自然中获得生命所需的必要空间、物质和能量，但万物之和谐则在于各得其所、各有其位、各守其域、各行其序，相辅相生。当人类贪欲过盛，无节制地向自然索取的时候，自然秩序就会失衡。老子提出

"不争"，"天之道，利而不害。圣人之道，为而不争。"⑤"为而不争"是生存的策略，有所为，有所不为。孔子中庸的理想，也勾勒出适度和谐的行为原则，"君子惠而不费，劳而不怨，欲而不贪，泰而不骄，威而不猛。"⑥国土空间规划坚持生态优先，划定"三线"，构建有序发展的空间格局，将人的生命交织于天地万物共生的循环过程之中，节制有度地使用每一寸国土，使人的生产生活空间控制在可持续发展的限度之内。

其次，探求各类空间的复合共融。"天人合一"理念强调人与自然的内在联系与融合，表现在空间上，就是多元交融。中国古典园林中，功能空间与景观空间交织、物质空间与精神空间共生，内外互渗、虚实相依，描绘的是天地与我浑沦一体的画境。石涛说："混沌里放出光明"⑦，"天人合一"的理念具有模糊整体性特征，可引起对现代城市规划功能分区的反思。现代城市的复杂性和生动性是人类社会进步的反映，是生命美好追求的体现，循自然生长之道，未来的城乡空间应该是功能复合、形态交融。比如，现在的城市边缘地带的环境总是杂乱无序，只因为人们把精力放在了城市内部，忽略了外部的自然天地。国土空间规划把我们的视线由内向变成了开放，让我们关注更广阔的全域空间，那么，城市边缘作为人工环境与自然环境联系的空间，将起到融合人与自然的纽带作用，必将是城市最美的空间。

2.2　自然亦是心灵的寄托之所

自然不仅是人生存的空间载体，更是人精神寄托的终极关怀。"天人合一"理念将中国古人的审美视野始终关照在情感寄予的自然景致之中，形成情景交融的意境之美，一山一水抒怀辽阔心境，一花一木勾起哀婉幽思。

自然不是中国古人的审美客体，而是"物我合一"的情感交融体。《诗经·采薇》中"昔我往矣，杨柳依依；今我来思，雨雪霏霏"，抒发了自然关照心绪的诗意；庄周梦蝴蝶，物我两忘，何来彼此？⑧宋陆九渊直言："吾心即宇宙，宇宙即吾心。"⑨由是理解，自然不仅是山水格局，更是心灵回归的依托；生态不是简单的绿化，而是自然的一颦一笑。我观山水，山水亦观我。"天人合一"理念让我们把眼界放大了，找到了精神的家园。所以，国土空间规划不仅是企划我们身体的存在空间，还是在寻找心灵的寄托之所。

中国传统的艺术创作，重视的是情景合一。情者，人的主观认识；景者，自然环境，主客体合一，天人一也。王国维说，"一切景语皆情语也"⑩，登山则情寄于峰，观海则意抒于波。于是，构筑人居环境，关注的是建筑与自然的和合。《园冶》中说："奇亭巧榭，构分红紫之丛；层阁重楼，迥出云霄之上。隐现无穷之态，招摇不尽之春。槛外行云，镜中流水，洗山色之不去，送鹤声之自来。境仿瀛壶，天然图画，意尽林泉之癖，乐余园圃之间。"中国艺术对自然的描绘不追求逼真的写实，而是重"写意"，强调形与神和，形神兼备。所以，这里的"天然图画"，不是单纯描摹自然，而是经过艺术旨趣的熔铸，表现出的画意之美，是心灵回归的意象，正如陈从周所言，"窗外花树一角，即折枝尺幅；山间古树三五，幽篁一丛，乃模拟枯木竹石图。重姿态，不讲品种，和盆栽一样，能'入画'。"⑪在当代，塑造形式与功能统一、精神与自然交融的新城乡环境，成为我们应担当的重任。

3 时空一体观下的创新追求

总有人拿中国近代的失落来质疑中国传统文化的创造力特质，其实正是在后期文化传承过程中，漠视了中国传统文化内在的本质动力，而机械僵化地延续形式内容，才造成了社会落后和文化凋零。

《大学》有云："汤之《盘铭》曰：'苟日新，日日新，又日新。'《康诰》曰：'作新民。'《诗》曰：'周虽旧邦，其命维新。'是故君子无所不用其极。"追求极致的"维新"，是古人使命般的理想。

传统文化的创造力灵感来自两方面：一是外师造化；二是追述历史。这是对宇宙的时空一体性认识的反映。"宇宙"的概念至迟在庄子时期已出现，《庄子·让王》"余立于宇宙之中……日出而作，日入而息，逍遥于天地之间"，再进一步，《庄子·庚桑楚》做了精微的阐释："有实而无乎处者，宇也；有长而无本剽者，宙也"。《淮南子·齐俗》更明确解释："往古来今谓之宙；四方上下谓之宇。"就是说，"宇"是空间，"宙"是时间，"宇""宙"合称说明在至少两千多年前，古人就认识到我们赖以生存的世界是一个四维度的空间。《周易·传·文言》："夫大人者，与天地合其德，与日月合其明，与四时合其序，与鬼神合其吉凶。先天而天弗为，后天而奉时。" 周易研究的就是时间与空间节律变化的关系。 运动是时空的本质，变化是创造的来源，"天地之大德曰生"⑫，"日新之谓盛德"⑬。生生不息的新气象、新事物在时空流动中不断诞生。"天地变化，圣人效之"⑭，人发挥主观能动性，象天法地，循日月之轮转，变革维新，推动社会不断进步发展。所以，创新认识是时空运动变化的天然结果。

3.1 外师造化，实现国土空间规划创新发展

师造化，是对自然规律认知和空间外化形态敏感的追求。自然本身是一部奥妙无穷又生机盎然的教科书，人类所谓的进步和创造，就是不断积累对自然规律进行领悟和揭示的过程。而自然所孕育的形式美，又是那么神秘而灿烂，给我们无限的灵感启发。所以，古人对自然"巧于因借"，从而创造出"虽由人作，宛自天开"⑮的全新境界。

《管子·乘马》曰："凡立国都，非于大山之下，必于广川之上。高毋近旱，而水用足；下毋近水，而沟防省。因天材，就地利，故城郭不必中规矩，道路不必准绳。"春秋伍子胥筑姑苏城，"使相土尝水，象天法地，造筑大城"⑯；萧何营汉长安的时候，尊自然法则，崇人事"无为"，努力在秦朝遗宫和自然山形水势之间寻找有机的联系。他"因龙首原"而建未央宫，循渭水而营北垣，从而构筑成"非壮丽无以重威"的一代名城。汉长安城市内部空间的随机和城垣的曲折，是对原有自然环

境和人文条件的响应。大自然是一个貌似随机变化，实则潜藏复杂秩序规律的有机系统。遵从自然，就是要把握这随机背后的潜在关系。汉长安的空间魅力，是古人对自然本原认识而引化为创新的表现。

国土空间规划是以自然地理格局来承载经济社会发展战略格局的要求[⑰]。当我们充分尊重了地形地貌的天然形态和生态斑块的有机结构时，我们将在自然中寻到无限的创新灵感，也就可以摆脱生搬硬套、抄袭模仿西方的思路限制，从而创造出新时代中国特色的规划理论和方法。

3.2　保护文化资源，以历史为基点谋划未来

受辩证统一观的影响，中国先哲们认为"新"与"故"是一对矛盾统一体，即故即新，以故为新。所以，古人是基于当下的目标思考来回顾过去的。感悟时间，追述历史，是对记忆的唤醒、对乡愁的抚慰，更重要的是对历史经验的膜拜。所以最终目的是借古喻今，以过去岁月中的典型案例（典故），来寄托理想、树立标杆、寻找路径，从而为实现创造新辉煌的梦想增添历史必然性和可行性。

由此引导到城乡，空间在历时性的动态演化过程中积淀的历史文化信息，为创新发展储备了动能，是最宝贵的不可再生的资本。对历史文化资源的保护，就是为创造力进行投资。构建独立的精神价值体系，是一个区域是否具有持续创新能力的基础。留住记忆，记住乡愁，才能唤起区域自身独特的集体人格精神，才能具有独创性思维和行动，才能形成原创动力。

时空观反映在城乡风貌上，营造出中国传统建筑空间流动性的特色，就像山水画卷一般慢慢铺陈。区别于西方建筑的独立与静止，中国传统建筑强调组群的整体性和节奏感，通过空间序列的组织，创造出虚实相生、开阖有致的丰富变化。在这流动的空间中寄托了古人的情感思绪：一泓池水，倒映心中的明月；一片山石，浮动遐想的白云；近取疏梅，放得下世俗烟尘；留得残荷，可以听取灵魂的寂静。在时空中，古人获得了精神与自然的交流，促成了心灵自由的遨游。

规划，是站在当下，以历史为基点，来谋划未来。这本身就是以时间为轴，以空间为要素开展的创新性工作。新一轮的国土空间规划提供了全新的舞台，回顾历史，能为我们找到文化的本根和创新的源泉。

4　践行止于至善的人本关怀

中国传统文化本质是彻底的人本主义。中国先哲们研究的是"群体的人"，即社会的人和人的社会。古人谈天论道，是为了人能尊重自然、寻道而行，核心是探寻人类社会发展合于天道的必然性和规律性，如孔子论述道："天下有道，则礼乐征伐自天子出"[⑱]。基于辩证观，古人是在普遍联系中把握和规定人的社会属性，其最高宗旨是寻求人际关系的稳定、有序、和谐。

4.1　提高人居环境品质，实现新时代"里仁"之美

孔子的社会理想是"礼"和"仁"。礼是行为规范，仁是道德目标。儒家以人性化的手段来治理

社会。《论语·颜渊》："樊迟问仁，子曰：'爱人'"；《孟子·尽心》："仁也者，人也"；《礼记·中庸》："仁者，人也，亲亲为大"。儒家的仁学思想，明确指出了人与人的社会关系实质是相互敬爱、亲和，因此，"克己复礼为仁"[19]，"孝弟也者，其为仁之本与"[20]。两千年来，以家庭为核心，以孝悌为纽带的社会关系稳固地传承了从国家、地区到邻里的治理意志。

美好环境是增进社会和谐、人民敬爱的空间载体。孔子云："里仁为美，择不处仁，焉得知？"[21]国土空间规划协调自然和人文空间，统筹城市和乡村共同发展，兼顾经济与社会一体繁荣，便是提高人居环境品质的重要工作。习近平总书记指出："无论是城市规划还是城市建设，无论是新城区建设还是老城区改造，都要坚持以人民为中心，聚焦人民群众的需求，合理安排生产、生活、生态空间，走内涵式、集约型、绿色化的高质量发展路子，努力创造宜业、宜居、宜乐、宜游的良好环境，让人民有更多获得感，为人民创造更加幸福的美好生活。"[22]推动城市有机更新，改善农村居住环境，强化生态本底，合理布局城乡功能结构，完善服务设施，提升公共空间的核心价值，即是新时代"里仁"之美。

4.2　以人的需求为导向，提升规划师的自我修为

"城市是人民的城市，人民城市为人民"[23]。国土空间规划只有人民支持和参与，发挥人民群众的主体作用，尊重人民对城乡发展决策的知情权、参与权、表达权、监督权，鼓励人民通过各种方式共同参与城市建设和管理，才能真正实现共治共管、共建共享。

人类发展的历史进程，是生产和生活资料分配制度的优化过程。人本思想的核心在于关注自然资源配置的合理性。不同的生产力水平需要相应的生产关系来支撑，但任何时期，保证百姓的生活与生产需求，是社会稳定的基础，《尚书·五子之歌》："民惟邦本，本固邦宁"，《孟子·梁惠王》："保民而王，莫之能御也"。国土空间规划的资源分配技术路线应是以适应新时代我国生产力发展的要求，解决"人民日益增长的美好生活需要和不平衡不充分的发展之间的矛盾"来构建，改变过去规划编制以物为对象的要素配置方法，强化以满足人的需求为目标的空间资源配置思路，这也对规划编制工作者提出了更高的要求。

《大学》将个人修养和社会关照相递进，"大学之道，在明明德，在亲民，在止于至善"，这也启示了今天规划师的自身修为与社会责任。规划师首先应坚定发展的根本目的在于增进人民福祉的信念，并不断在规划实践过程中陶冶情怀，提高技能，并沉下身子，以"己欲立而立人，己欲达而达人"[24]的仁爱之心，关注社会各阶层的空间需求，均衡利益诉求。国土空间规划是新时代的治理体系的重要组成，是新发展理念、新工作方法、新技术手段的应用探索。在规划编制过程中，"明明德"，就是以一种自我的启蒙态度，深刻领悟，去洗掉那些蒙蔽心灵的功利和虚假的承诺，而把美好的德行开启光大出来。

5 塑造气韵生动的城乡大美

"诗意地栖居"是现代对田园牧歌的向往。效率与功能打造了现代城市的标准化风格，林荫的墨绿色和石径的慢生活成为都市的奢侈品。今天，重新关注人们心灵的栖居，也成为当前城乡建设的重要工作。国土空间规划是应承担塑造新时代的中国韵致城乡风貌的责任。

5.1 传承中国传统空间美学思想

几千年的文化传承以及地域气候、自然地理的锤炼，使中国传统城乡风貌独具魅力。无论江南的小桥流水、中原的殿宇合院，还是都会的大开大合、乡村的委婉细腻，人居空间都充盈着人文的光辉和自然的余韵，为我们提供了传承和弘扬的摹本，更打开了丰厚的空间美学理论的宝藏。

宗白华先生说，中国人是"用心灵的俯仰的眼睛来看空间万象"。我们的空间观不同于西方雕塑式的静态的三维空间认识，而是"节奏化的音乐化的中国人的宇宙感"，是时空一体的四维空间体悟，是心灵与自然共同律动的旋律。北京中轴线铿锵的序列节奏，张扬着都城礼制规范；杭州西湖畔浪漫的平湖秋月，抒发出千年风骚雅韵。徽州的粉墙黛瓦，三晋的叠合大院，中国古村落亦是参差递进，景致无限。独特的审美意识，塑造了传统的城乡空间形式，也凝练了诗性的空间语言。

南朝谢赫在《古画品录》中，将"气韵生动"列为绘画"六法"的第一位，影响了后世的审美认知和艺术创作。中国古典哲学认为，"气"于天地间是生命的原动力，在环境中是场所聚合的精神力量。"韵"则是形式中蕴含的音乐美感，是时间艺术的中国风情。"气韵生动"的美学要旨在于，艺术要有活泼的生命力和富于节奏的音乐感，对于空间，就是要营造虚实相生、动静合律、心灵与自然交融的大美境界。

5.2 道法自然，构建中国特色的现代城乡风貌

自然，是人类灵魂的终极关怀，是艺术创作的永恒主题。"绿树村边合，青山郭外斜"㉕，诗人眼中，生态本底与城乡空间结合便是天然图画；"楼上看山；城头看雪；灯前看花；舟中看霞"㉖，文人心中，自然景致的美是需要人工环境相映衬的。所以，国土空间规划构思环境品质，第一要重视的便是生态环境与城乡人文景观的和谐。中央城市工作会议提出，"城市建设要以自然为美，把好山好水好风光融入城市"，简洁清晰地指明了塑造中国城市风貌特色的基本思路。

中国传统空间营造注重序列流动性的表达，关注人在环境体验过程中的感受。以安徽歙县唐模村村口为例，在一系列空间时序的变化中，将亭、坊、径、桥等人工要素和溪、丘、树、湖等自然要素融合在一起，形成动静有秩、开合相宜的空间序列，仿佛一首优美的乐曲，飘飘然于田野之间。所以中国特色的城市设计，应重视城市空间序列的组织，通过街道整体设计，加强建筑组合的韵律关系，强化开敞空间与线性空间的节奏变化，有机组合自然与人文景观，创造具有地域特征的宜人生活和工作环境。

回顾传统地域特色，是地形地貌、生态特质等环境空间要素和人文习俗融合而生的结果。在塞外，范仲淹眼中是"千嶂里，长烟落日孤城闭"[㉒]的悲壮；在江南，柳永眼中是"烟柳画桥，风帘翠幕，参差十万人家"[㉓]的旖旎。今天，我们更应尊重自然地理气候条件，加强蓝绿资源保护，传承地方历史文化，反映区域审美习俗，有意识地塑造现代城乡地域风貌。

中国传统空间追求意境悠远的回味，实是要触景生情，情景交融。具有活力的空间，就是心灵对环境的映照，清张潮《幽梦影》中感悟了很多："艺花可以邀蝶；垒石可以邀云；栽松可以邀风；贮水可以邀萍；筑台可以邀月；种蕉可以邀雨；植柳可以邀蝉。"无论风月，还是蝶蝉，其实都是心境。构景要有无相生，实景虚景结合。实为物象，虚为心境。所以古人营建景观场景，人工要素和自然意趣相得益彰：柳岸、荷塘，要配春风、夏雨；桥头、塔影，要配晓月、夕阳；城楼、更亭，要配瑞雪、梅香，古寺、街巷，要配秋叶、钟声。

那么，新时代，我们的诗意空间如何营造？

6　结语

国土空间规划体系的构建是个宏大课题，中国传统文化更是汪洋大海，小小篇幅很难论述清晰。本文无意将国土空间规划与中国传统文化进行直接"关联"，而是希冀运用优秀传统文化精髓为当下的国土空间规划体系赋能，从而丰满"中国特色"空间治理体系的内涵。时空视角稍作打开，面对"百年未有之大变局"，坚定文化自信，冷静客观地处理好"古与今""中与外"的问题，是需要深入探讨的。本文只是从认识的角度，概略性地谈谈中国传统文化对国土空间规划编制的思路启示，更多方法论的经验有待大家在实践中共同研究。

注释

① 《习近平谈治国理政》（第一卷）。

② 习近平《关于〈中共中央关于全面深化改革若干重大问题的决定〉的说明》。

③ 《韩非子·大体》。

④ 《论语·阳货》。

⑤ 《老子》第八十一章。

⑥ 《论语·尧曰》。

⑦ 清石涛《画语录》。

⑧ 《庄子·齐物论》。

⑨ 宋陆九渊《陆象山全集》。

⑩ 王国维《人间词话》。

⑪ 陈从周《说园一》。

⑫ 《周易·系辞下》。

⑬ 《周易·系辞上》。

⑭ 《周易·系辞上》。

⑮ 明计成《园冶》。

⑯ 东汉赵晔《吴越春秋·阖闾内传》。

⑰ 陆昊部长 2020 年 2 月 28 日的讲话。

⑱ 《论语·季氏》。

⑲ 《论语·颜渊》。

⑳ 《论语·学而》。

㉑ 《论语·里仁》。

㉒ 习近平总书记 2019 年 11 月在上海考察时的讲话。

㉓ 同㉒。

㉔ 《论语·雍也》。

㉕ 唐孟浩然《过故人庄》。

㉖ 清张潮《幽梦影》。

㉗ 宋范仲淹《渔家傲》。

㉘ 宋柳永《望海潮》。

参考文献

[1] 陈从周. 惟有园林[M]. 天津: 百花文艺出版社, 2007: 2-13.

[2] 陈植, 等. 园冶注释[M]. 北京: 中国建筑工业出版社, 1988: 79-82.

[3] 冯达甫. 老子译注[M]. 上海: 上海古籍出版社, 1991: 176.

[4] 高华平, 王齐洲, 张三夕. 韩非子[M]. 北京: 中华书局, 2016: 3-5.

[5] 胡云翼. 唐宋词一百首[M]. 上海: 上海古籍出版社, 1978: 23-40.

[6] 贺业钜. 中国古代城市规划史[M]. 北京: 中国建筑工业出版社, 1996: 106-204.

[7] 刘建国, 顾宝田. 庄子译注[M]. 长春: 吉林文史出版社, 1993: 23-58.

[8] 李来源, 林木. 中国古代画论发展史实[M]. 上海: 上海人民美术出版社, 1997: 298-314.

[9] 儒学十三经[M]. 哈尔滨: 北方文艺出版社, 1997: 50-58+1248-1304.

[10] 王明贤, 戴志中. 中国建筑美学文存[M]. 天津: 天津科学技术出版社, 1997: 278-287.

[11] 王雅红, 等. 才子四书[M]. 武汉: 湖北辞书出版社, 1997: 67-134.

[12] 习近平. 习近平谈治国理政第一卷[M]. 北京: 外文出版社, 2014.

[13] 中国社会科学院文学研究所. 唐诗选[M]. 北京: 人民文学出版社, 1978: 59-65.

[欢迎引用]

毛兵, 殷健. 基于中国传统文化的国土空间规划再认识[J]. 城市与区域规划研究, 2021, 13(2): 118-128.

MAO B, YIN J. Re-understanding the territorial and spatial planning from the perspective of Chinese traditional culture[J]. Journal of Urban and Regional Planning, 2021, 13(2): 118-128.

突发公共卫生事件与规划立法关系研究

赵广英 赵永革 李 晨

Research on Relationship Between Public Health Emergencies and Planning Legislation

ZHAO Guangying[1], ZHAO Yongge[2], LI Chen[3]
(1. Harbin Institute of Technology, Shenzhen, Shenzhen 518055, China; 2. Territorial and Spatial Planning Bureau, Ministry of Natural Resources of the People's Republic of China, Beijing 100036, China; 3. Urban Planning & Design Institute of Shenzhen, Shenzhen 518028, China)

Abstract Modern planning legislation in Western countries originates from the government intervention in public health emergencies. Comparatively, the Chinese academia has never stopped its efforts on how to monitor, prevent and respond to public health emergencies from "SARS" to " COVID-19". However, the inadequate connection between planning and legislation of public health emergencies, the dislocation of spatial scale and emergency right, and the lack of scientific support system have constrained planning playing a greater role in epidemic prevention and control. This paper systematically summarizes the theory and practice of planning legislation and public health emergency management in China and abroad and analyzes the existing connection problems. In addition, it reflects on the significance of planning legislation for public health emergency management, and proposes suggestions and provides a reference for improving planning legislation.

Keywords territorial and spatial planning; epidemic; law; emergency management

作者简介

赵广英,哈尔滨工业大学(深圳);

赵永革,自然资源部国土空间规划局;

李晨,深圳市城市规划设计研究院有限公司。

摘 要 西方国家近现代规划立法的诱因,源于政府对突发公共卫生事件的重视和干预,我国则不然。从"非典"到新冠肺炎,学界对规划如何监测、预防和应对突发公共卫生事件的探讨从未间断。但是,规划与突发公共卫生事件立法中的衔接不足、规划空间尺度与紧急权错位、科学支撑体系不足等,制约了规划在疫情防控中发挥更大的作用。文章旨在系统总结中外规划立法和突发公共卫生事件管理的理论与实践,分析其衔接的问题,反思规划立法对突发公共卫生事件管理的价值,进而为完善规划立法提供建议和借鉴。

关键词 国土空间规划;疫情;法律法规;应急管理

2020 年年初,新型冠状病毒肺炎(Corona Virus Disease 2019, COVID-19, 以下简称"新冠肺炎")疫情开始蔓延,全国范围开始停工停市、学生放假、全民居家隔离,这场 1949 年以来最严重的重大突发公共卫生事件,已经严重地威胁人民的生命健康安全,破坏正常的社会秩序,造成了巨大的经济损失。

2020 年 4 月以后,我国的疫情已基本得到了控制,各地纷纷有序复工、复产、复学,但是,世界范围内的疫情防控形势依然严峻。目前,正值我国国土空间规划体制改革的关键时期,完善规划法律法规体系,是强化国土空间用途管控制度,实现规划治理体系和治理能力现代化的制度保障。我国在疫情防控中体现出的政治优势、制度优势,西方发达国家成熟的应急管理制度,在突发公共卫生事件的管理中如何发挥作用？应急管理、规划技术及规划立法在突发公共卫生事件管理中的关系如何协调？均是当前亟待反思的重要问题。因此，系统地总结比较国内外的突发公共卫生事件管理制度、规划立法和管理经验，梳理规划立法与突发公共卫生事件的关系，有助于促进规划在突发公共卫生事件管理中发挥更加积极的作用，提高规划干预能力。

　　本文探讨的"规划立法"泛指城乡规划和正在建构的国土空间规划领域中的法律、法规、规章、规范性文件等法律法规体系的建设和完善，也包括应急管理、突发公共卫生等领域的立法中有关空间管理、规划建设的内容。

1　相关研究综述

1.1　国外相关研究

　　现代城市规划的立法基础源于西方国家政府对突发公共卫生事件的干预。1842 年，埃德温·查德维克（Sir Edwin Chadwick）出版了著名的《卫生条件的劳动人口》，开启了依赖于规划而非医学科学的公共卫生运动（Blake，1976）。随后《滋扰清除和疾病预防法案》《城镇改进条款法案》，无不是通过改善住房、垃圾和排水设施，治理城镇流行病问题。1848 年，霍乱卷土重来，英国颁布了《公共卫生法》，还成立了卫生局（General Board of Health），通过改善城市规划，解决卫生问题的立法实践陆续展开，包括 1909 年世界上第一部规划立法《住房与城市规划法》的颁布。20 世纪初，基于细菌学和流行病学的公共卫生理论与实践得到发展，规划与公共卫生领域逐步分离，60 年代后，一批规划学者开始反思现代规划模式下的健康问题，世卫组织（World Health Organization，WHO）也相继提出"健康促进"（Health Promotion）、"健康城市"（Healthy Cities）等概念，规划与公共卫生领域的交叉研究再次兴起（Awofeso，2004；Hancock，1993）。总之，规划领域的立法和实践一直与突发公共卫生事件有着很深的渊源及紧密的联系。

　　此外，在应急管理方面，国外应对突发公共卫生事件的经验也相对丰富。如美国应对频发的"炭疽"攻击，逐步建立了以监测预警和应急协调见长的公共卫生网络系统与反应运作机制（Richard，1996）；英国从中央到地方垂直高效的公共卫生应对体系（Porter，2003）；欧盟的跨区域传染病网络、预防控制、应对计划体系，强大的科研支持系统等（Bino et al.，2013；Gouvras，2004）；加拿大联邦政府应急管理局、省卫生应急组织、地方卫生应急运营中心联动，充分授权的突发公共卫生事件管理机制（韩锋，2014）；日本完善的立法、保健所体系，强预防、大投入的国家危机管理体系等（内阁府，2010；总务省，2013）。由于规划、公共卫生与城市管理等领域的高度融合，很大程度上确保了突发公共卫生事件的监测、预警和管理中，规划能够发挥积极作用。但是，受资本主义制度的局限，也存在政府决策效率不高、组织统筹能力欠缺等问题，如钻石公主号（Diamond Princess）迟迟不能离岸隔离、检测施救，美国持续严峻的疫情蔓延局势等。

1.2 我国相关的规划研究和实践

1.2.1 相关立法研究

中国香港在公共卫生领域的规划立法实践，同样是建立在惨痛的突发公共卫生事件基础上的。早在英国殖民统治时期，为缓解传染病，基于建筑群布局与公共卫生的关系，香港于1844年制定了《香港殖民地整理与清洁保留条例》，之后《卫生条例》《建筑物与卫生条例》《公共卫生条例》《整理与清洁修订条例》《建筑物条例》等，规划立法无一例外的与霍乱、瘟疫等严重的突发公共卫生事件有关（邹涵，2011）。2003年，非典型肺炎（Severe Acute Respiratory Syndrome，SARS，以下简称"非典"）的全面暴发，我国开始在国家层面关注突发公共事件立法问题，并着手开始了以《突发公共卫生事件应急条例》为起点的立法探索，修订了《传染病防治法》。2007年《突发事件应对法》颁布实施后，相关的法律制度框架逐步成型，形成了以分级、分类的应急预案为主体的应急管理体制（周海生，2009）。2011年，郑州市还将城市医疗卫生设施的规划建设纳入地方立法，提高卫生设施专项规划的地位。

但是，国家层面的规划立法则是基于改革开放以来城镇化进程中社会经济的迅速增长，为规范土地出让、建设，协调社会经济、国土空间矛盾而逐步建立的规划法律法规体系，与突发公共卫生事件并无直接关联。

1.2.2 规划理论研究

自非典暴发，我国规划学者针对城镇空间布局、卫生防护隔离、城镇人口规模控制、绿地空间布局、防灾规划和建筑单体设计乃至规划教育等领域，开展了广泛的研究（王洪辉、翟露静，2003；李秉毅、张琳，2003；吴良镛，2003）。大量学者主张通过改善城市功能，完善空间布局、人口密度，改善形态设计、留白机制，增加城市空间的安全性、韧性（叶斌、罗海明，2020；李志刚等，2020；郑德高，2020；石邢，2020）；一些学者主张加强社区治理，从社区功能、应急管理视角，研究提高应对风险的能力（张京祥，2020；王承慧，2020；吴晓涛，2011）；部分学者主张通过防御单元、社区生活圈，探讨规划对控制疫情的积极作用（段进，2020；杨保军，2020；王兰，2020）；还有学者提出加强防灾规划、医疗卫生专项规划编制，提高规划在突发公共卫生事件干预方面的能力（刘奇志，2020；张帆，2020；武廷海，2020）；少量学者建议重视乡村的作用，研究乡村在疫情防控中的作用（段德罡，2020）；以及从公共安全立法、城市安全响应机制视角研究规划的改进措施（刘敏等，2016；王蕾，2013）；此外，一些学者反思规划初心，探讨人与自然、城市与健康的关系以及疫情后秩序重建等问题（张国华，2020；周江评，2020；曹康，2020；汪芳，2020）。

总之，西方发达国家在规划和突发公共卫生事件领域的研究，较关注规划立法、城镇建设与疫情防控的关系，在突发公共卫生事件的预警、应急管理和科学辅助方面积累了较多的经验。而我国同样在规划、公共卫生、应急管理等领域分别开展着广泛的立法实践，在城市安全防灾、卫生防护、空间布局等规划理论方面积累了丰富的经验。

2　突发公共卫生事件应对中存在的规划立法问题

2.1　立法的衔接性不足

2003年后，我国《突发公共卫生事件应急条例》《地质灾害防治条例》《传染病防治法》《防汛条例（修订）》《突发事件应对法》相继实施，2007、2018年分别修订了《防洪法》，2008年修订了《防震减灾法》，2010年后又陆续出台了《自然灾害救助条例》《国家自然灾害救助应急预案》。我国在应对突发公共事件方面，已经形成了法律、法规、行政规章、规范性文件等相对完整的立法体系，极大地缓解了法律依据不足的问题。但是，在具体的启动程序和实施细则方面，仍然存在巨大的完善空间（李一行、李纪恩，2012；刘玲，2011）；对城乡规划和建设的具体要求，疫期城市公共服务设施建设、审批、征用和"平—疫"功能转换方面的制度建设始终欠缺（表1）。

此外，在规划领域的法律法规体系中，除防震减灾、消防、防洪、人民防空、应急避险方面的条款外，对应急状态下的规划管理、具有传染风险的野生动物的规划考虑相对欠缺；规划技术领域积累的大量有助于城市健康、传染病预防的规划理论，也缺乏向法律、法规、规范性文件以及技术标准层面的转换；规划管理和建设对疫情防控的支撑性仍然不强。

表1　突发公共事件与突发公共卫生事件的法律体系关系

类型	突发公共事件	突发公共卫生事件
目标	预防和减少突发事件的发生，控制、减轻和消除突发事件引起的严重社会危害，规范突发事件应对活动，保护人民生命财产安全，维护国家安全、公共安全、环境安全和社会秩序	预防、控制和消除传染病的发生与流行，保障人体健康和公共卫生
主管部门	应急管理部门、各有关部门	卫生行政部门
法律基础	《突发事件应对法》	《传染病防治法》《突发公共卫生事件应急条例》
管理措施	分为特别重大、重大、较大和一般四级，分类管理	分甲、乙、丙三类，分类管理
管理机制	国家建立有效的社会动员机制；县级人民政府对本行政区域内突发事件的应对工作负责	国家、省、市、县卫生行政部门负责本行政区域内的传染病防治及其监督管理工作；军队的传染病防治工作，由军队卫生主管部门实施监督管理；居民委员会、村民委员会应当组织居民、村民参与社区、农村的传染病预防与控制活动

续表

类型	突发公共事件	突发公共卫生事件
制度抓手	预防与应急准备；监测与预警；应急处置与救援；事后恢复与重建；法律责任追究等制度	传染病预防；疫情报告、通报和公布；疫情控制；救治；监督管理；经费、物资保障；法律责任追究等制度
空间要求	城乡规划应当符合预防、处置突发事件的需要，统筹安排应对突发事件所必需的设备和基础设施建设，合理确定应急避难场所	医疗机构建筑设计要求；发展改革委、卫生部《突发公共卫生事件医疗救治体系建设规划》及《项目建设的指导原则和基本标准》，明确了紧急救援中心、各级传染病医院（病区）的设置规模、建设要求

注：本表根据《突发事件应对法》《传染病防治法》《突发公共卫生事件应急条例》等法律法规整理。

2003 年，发展改革委、卫生部发布的《突发公共卫生事件医疗救治体系建设规划》及《项目建设的指导原则和基本标准》，明确了紧急救援中心、各级传染病医院（病区）的设置规模、建设要求。除此之外，无论是《突发事件应对法》《传染病防治法》，还是《城乡规划法》《城市规划编制办法》，都只提及了原则性的要求。对应急服务设施规划和建设的具体要求、疫情期间的规划管理方面的要求仍然十分匮乏。规划如何在突发公共卫生事件的监测、预警、防治和应急管理中起到更大的作用，仍缺乏制度设计，需要通过完善相关的法律法规体系，提供制度保障。

2.2 紧急权与规划尺度错位

"紧急权"是宪法、法律和法规所赋予的特别权力，是在紧急危险状态下，由有关机关和个人依照宪法、法律和法规规定的范围、程序采取的紧急应对措施，用以维护正常的社会秩序，最大限度地减少人民生命财产损失（徐高等，1994）。虽然，我国《突发事件应对法》曾对突发事件的影响范围、社会危害程度的适应性和紧急权力使用的"比例原则"做出了要求（李一行、李纪恩，2012），但是，无论是当年的非典，还是如今新冠肺炎疫情中，都存在着广泛的紧急权过度使用（陈婧等，2006）。如某些地方过度挖路，封村、封城、暴力设卡、焊门等，严重破坏交通网络的应急、救援、消防和物资运输功能，损害居民正常的权利。部分地方和个别组织出于局部利益，阻挠员工、企业复工复产，以抗疫之名垄断口罩、蔬菜、日用商品的供应等（王慧，2020）。

而城乡道路交通、商业网点和公共服务设施的规划建设体系是按照行政区划的层级建立的服务单元或"生活圈"体系。一旦与疫情"防御单元"存在层级上的错位，势必造成基本生活服务的跨单元获取，与疫情期间严格的紧急管制措施存在冲突。在紧急状态下，紧急权时常沦为侵犯人权、严苛执法的借口，在过度管控的情况下，很大程度上加剧了这种矛盾。紧急权使用过度问题，很大程度上是由于紧急权与规划空间尺度的错位造成的，急需通过法规、行政规章、规范性文件进行约束和协调。

2.3 科学支撑体系不完善

我国在抗击疫情中取得的成绩，很大程度上得益于突发公共事件管理制度的建设和党中央的坚强领导，体现了社会主义制度的优越性。然而，与英美等发达国家相比，我国尚未建立起一套成熟、可操作性强的应急预案评价机制，科学意义的理论体系尚未真正建立（张英菊等，2008），存在广泛的城市安全、减灾科技发展滞后，科技平台缺乏，科研投入重复、效率低下，灾害风险信息保障机制不完善等问题。此外，从非典到新冠肺炎疫情，规划领域在城乡空间布局、设施配置、城市空间秩序管理方面积累的理论成果，并未有效地融入各项应急管理制度中；城乡规划学、应急管理与医学之间也未建立起学科的衔接机制；医疗卫生、综合防灾、应急管理等专项规划在疫情防控中并未起到应有的作用；疫情期间，空间规划体系与社会治理体系仍存在较大的错位；空间规划、空间大数据分析、一张图信息技术在疫情期间也未充分协同发挥作用。

总之，我国在规划、公共卫生、应急管理等领域相关的立法不完善，紧急权力被放大，立法的衔接性不足，紧急权与规划尺度错位，科学支撑体系不完善等问题，是由立法过程的历史局限性、改革的精准性不足、预案超前而立法滞后等原因综合决定的，需要在实践中逐步地完善和修正。因此，从应对突发公共卫生事件角度研究国土空间规划立法，应首先探讨突发公共卫生事件与国土空间规划立法的关系，在分析研究突发公共卫生事件空间特征的基础上，从相关的法律法规体系关系中发现规划立法的不足和问题，审视国土空间规划在疫情防控中的价值。

3 突发公共卫生事件与规划立法的关系

从甲型H1N1流感、埃博拉病毒、非典及新冠肺炎等流行病传播模型来看，突发公共卫生事件除突发性、公共性外，往往还存在时空上的不确定性、紧迫性，空间上的集聚性、蔓延性，与城乡经济、人口流动的关联性，公共设施、救护和应急管理人员、物资等需求在时间上、空间上的集中性、系统性等特点。因此，规划立法需要针对疫情预防、监测预警、控制、治疗、救援和科学研究等环节，完善规划应对突发公共卫生事件的制度保障，促进规划在应急管理服务中发挥更大的价值。

3.1 突发公共卫生事件视角下规划、规划立法的价值反思

3.1.1 规划在突发公共卫生事件管理中的价值

在城镇化、工业化进程中，规划作为政府干预城市空间的政策工具，从早期关注的空间布局、建筑形态、景观风貌，逐步延伸到经济发展、人居健康、贫困、环境、交通治理、社会治理等领域。规划所关注的始终是如何规范国土空间用途管制，发挥政府在社会经济发展中的引领作用，以形成有序的空间布局，保障城乡生态、安全、可持续发展。从突发公共卫生事件的管控要素来看，规划在提供医疗卫生设施、完善交通和市政基础设施、提供仓储物流空间和应急救援通道、优化城乡空间布局设

计等方面，为突发公共卫生事件的管理提供应急服务设施、基础设施、生活物资和救援物资、防控隔离等空间保障。相应的规划措施也可分为正常的规划供给和应急规划供给两个方面。而应急规划供给则是欠账较多，需要重点完善的内容，也是制约规划在突发公共卫生事件的处置中充分发挥作用的关键（图1）。

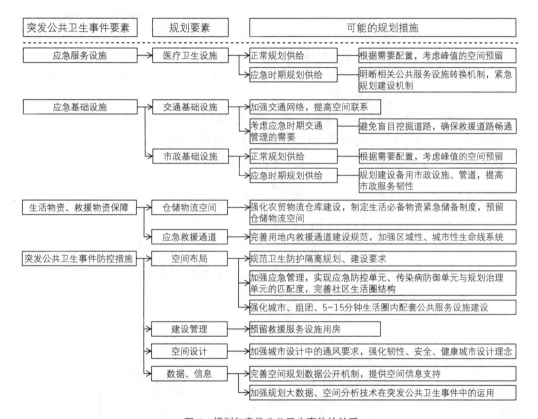

图 1 规划与突发公共卫生事件的关系

3.1.2 规划立法在突发公共卫生事件管理中的价值

规划在突发公共卫生事件管理中暴露出来的立法衔接性不足、紧急权与规划尺度错位、科学支撑体系不完善等问题，本质上都属于空间供给政策与应急管理需求的矛盾，需要分别从立法程序、立法内容体系、立法理念等方面，加强规划立法对突发公共卫生事件管理的保障作用。

第一，强化管理制度的衔接性，提高规划立法支撑力度。无论是新的规划立法还是对现有法律法规体系的完善，均应体现应急管理的实际需求，增加制度韧性。重点完善相关的法律法规在应对突发公共卫生事件方面的具体启动程序和实施细则，明确对空间规划、建设的具体要求，落实城市公共服务设施建设、审批、征用和"平—疫"功能转换方面的相关条款。

第二，强化空间服务与应急管理的匹配性，提高设施保障能力。通过立法的手段，从制度上保障突发公共卫生事件管理中所必需的物资储备空间、应急公共服务设施、基础设施和防控隔离空间，提供有效的空间信息查询、追踪及规划建设审批服务。在突发公共卫生事件的预防、监测预警、控制、治疗、救援等环节中，强化空间尺度与应急管理需求的匹配性，形成应急优先、分级授权、动态调整的空间资源再配置机制，强化紧急权的规范化、制度化，优化社区治理体系和"生活圈"网络的构成，逐步形成科学的、现代化应急治理体系，提升应急治理能力。

第三，完善规划制度治理体系，建立科学的应急管理制度。通过加强规划、应急管理相关的制度建设，从法律法规体系方面完善规划信息公开、"平—疫"转换规划审批、社区"生活圈"建设、交叉学科人才培养等，强化科学支撑的能力。通过立法确立人与自然和谐共生的生态观。加强规划、突发公共卫生领域立法中对"人与自然和谐共生的"理念的引导，真正建立以人民为中心，注重城市安全、韧性建设的规划、建设和管理制度，从根本上杜绝食售野生动物，提高规划管理、应急管理技术向法律、法规、规范性文件以及技术标准层面转换的能力（图 2）。

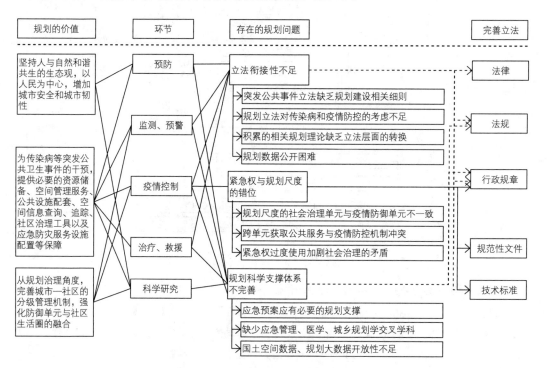

图 2　规划立法与突发公共卫生事件的关系

3.2 基于突发公共卫生事件的规划立法思路

3.2.1 立法原则

第一，坚持立法内容细则化。由于突发公共卫生事件的应急管理具有明显的"事急从权"特征，规划立法中应重点避免应急权的放大问题，强化法律法规层面的事权协调性，通过部门规章强化实施细则，界定行政过程的适用情形。第二，坚持应急管理效率导向。规划立法属行政法范畴，有鲜明的公法性质，具有强制性、行政性以及公益性，这与侧重保护居民私人合法权益的私法[①]有很大差异。应注重立法总体框架与行政、权力配置规则的适配性，建立行政法规、部门规章立体化的突发公共卫生事件规划管理规则，提高应急管理的效率。第三，坚持强化实体性内容的管控。法规和规章的制定中应加强完善实体性内容的规定，如规划权及其行使限制[②]、征收控制权等，厘清权责，规范管理秩序。第四，坚持调动地方立法的积极性。新型城镇化阶段的规划立法与20世纪90年代的规划立法过程存在逻辑差异[③]，规划立法更强调底线管控的逻辑，立法自主权、自由裁量及技术裁定权向地方下沉，以适应巨大的地域差异、发展阶段差异需求，促进各地规划立法的积极性。

3.2.2 国土空间规划立法思路

当前，正值我国国土空间规划体系初步确立的关键时期，规划立法工作既面临对城乡规划、土地利用规划、主体功能区规划等相关领域法律法规体系的继承或衔接问题，也需要重新建构国土空间规划领域的法律、法规、规章、规范性文件、标准立体化制度体系。基于规划立法与突发公共卫生事件的关系，在国土空间规划立法中，应充分结合国土空间规划立法的契机，分别从技术和制度两个方面加强对突发公共卫生事件的考虑。

（1）技术方面。应坚持人与自然和谐共生的生态观，以人民为中心，增加城市安全和城市韧性；通过影响土地用途和空间形态，进而从经济效率、生态保护、生产生活、空间布局上、建筑建造、社区组织、设施保障及空间秩序等角度，为传染病等突发公共卫生事件的干预，提供必要的资源储备、空间管理服务、公共设施配套、空间信息查询、追踪、社区治理工具以及应急防灾服务设施配置等保障；从规划治理的视角，完善城市-社区的分层级应急规划管理机制，强化疫情"防御单元"与"社区生活圈"的融合。

（2）制度方面。在国土空间规划法律、法规、规章、规范性文件、标准规范的制定完善中，应强化顶层设计，明确应对突发公共事件的规划原则。同时，细化制度体系，明确相关专项规划的编制、审批、内容、监督实施和法律责任的要求，以及相应的强制性建设标准，强化规划基础要求的刚性管理和应对不确定性问题的弹性预留。在法律法规层面，强化法治保障，明确规划的预防、控制、管理原则，强化人与自然和谐共生的生态观，注重与《传染病防治法》《突发事件应对法》等法律法规的衔接性；通过行政规章，进一步明确规划领域应对突发公共卫生事件的管理程序、权责等治理体系，强化与卫生、应急管理领域的衔接性；完善规划相关的配套实施细则、指导意见等，落实具体的操作要求；通过制定、完善技术标准、规范，强化技术管理依据，促进规划理论、技术的制度化转化，提高规划应对突发公共卫生事件的能力。如适时出台《国土空间规划应对突发公共（卫生）事件的指导意见》等规范性文件，抓紧研究制定《公共卫生和医疗卫生设施专项规划标准》《城市应急服务设施规划标准》，修订完善《城市综合防灾规划标准》等相关技术规定（表 2）。

表 2　基于突发公共卫生事件的规划立法体系系统性建构

层次	工作侧重点		建议性措施
法律、法规	明确规划的预防、控制、管理原则、方向要求，强化法治保障	完善城市安全、城市健康相关的条款； 推进规划应对突发公共卫生事件、应急管理的地方立法	制定《国土空间规划法》《国土空间开发保护法》，明确规划应对城市安全、防灾、突发公共卫生事件的原则； 增加《传染病防治法》《突发事件应对法》《突发公共卫生事件应急条例》中规划相关条款
行政规章	明确规划领域应对突发公共卫生事件的管理程序、权责等治理体系要求	制定专属的规划应对突发公共卫生事件的管理办法； 完善自然资源部门与突发公共卫生事件相关的行政规章，强化与卫生、应急管理等相关部门的政策衔接性	在《国土空间规划管理办法》的制定中，明确规划有关应急管理、突发公共卫生事件的编制、管理要求； 研究制定《突发公共（卫生）事件规划管理办法》
规范性文件	细化规划相关的实施、操作细则要求，完善相关的指导意见	完善规划领域与突发公共卫生事件有关的规范性文件体系	出台《国土空间规划应对突发公共（卫生）事件的指导意见》，明确规划应急管理服务机制； 制定城市安全、城市韧性、城市综合防灾减灾相关的指导意见
技术标准、规范	明确规划应对突发公共卫生事件的技术要求	完善相关规划、建设标准体系	研究制定《公共卫生和医疗卫生设施专项规划标准》，强化专项规划的编制； 制定《城市应急服务设施规划标准》，完善应急服务设施配套要求； 制定《社区生活圈规划技术指南》，强化社区规划治理与应急管理的匹配性； 修订完善《城市综合防灾规划标准》等相关技术规定

4 结语

尽管我国在空间规划、公共卫生、突发公共事件的应急管理等领域，初步形成了相对完整法律法规框架，积累了丰富的理论研究和实践，但是，也存在立法衔接性不足、紧急权与规划尺度的错位、规划科学支撑体系不完善等问题。规划如何在突发公共卫生事件的监测、预警、防治和应急管理中起到应有的作用，仍缺乏具体的制度设计，急需通过规划立法等手段，从规划治理体系、应急服务设施体系、规划编制技术等方面，分层次完善规划领域法律、法规、规章、规范性文件和技术标准。

突发公共卫生事件视角下的规划立法，应坚持立法内容细则化、强化应急行政管理效率导向、突出实体性内容的管控、调动地方立法探索的积极性等原则。从技术上强化空间规划科学与应急管理的协同治理机制，突出人与自然和谐共生的生态观，强化城市健康、安全等规划意识；从制度上注重政策的顶层设计和实施细则的完善，确保规划能够在突发公共卫生事件的防控中充分发挥作用。

注释

① 以民法典为代表的私法，强调保护居民的私人合法利益，经常需要严格的司法鉴定过程，这与应急管理的要求相矛盾。

② 规划权属于公权力范畴，从近现代规划立法的开始，规划作为公权力来自于维护公共利益而对私权进行的干预和限制。

③ 我国 20 世纪 90 年代集中地规划立法的背景是市场经济体制建立不久，城镇化面临急剧快速增长，规划立法多侧重技术问题的制度化，规范快速城镇化过程中的开发建设秩序。

参考文献

[1] AWOFESO N. What's new about the "new public health"? [J]. American Journal of Public Health, 2004, 94 (94): 705-709.

[2] BINO S , CAVALJUGA S, KUNCHEV A, et al. Southeastern European Health Network (SEEHN) communicable diseases surveillance: a decade of bridging trust and collaboration[J]. Emerging Health Threats Journal, 2013, 6(6): 22.

[3] BLAKE J B . George Rosen. From medical police to social medicine: essays on the history of health care. New York: Science History Publications. 1974. Pp. 327[J]. American Journal of Public Health, 1975, 65(6): 650.

[4] BLAKE J B . George Rosen. From medical police to social medicine: essays on the history of health care. New York: Science History Publications. 1974. Pp. 327[J]. The American Historical Review, 1976, 81(3): 559.

[5] European Centre for Disease Prevention and Control [OL]. http: //www. eurosurveillance. org.

[6] GOUVRAS G . The European Centre for Disease Prevention and Control[J]. Euro Surveill, 2004, 9(10): 2-6.

[7] HANCOCK T. The evolution, impact and significance of the healthy cities/healthy communities movement [J]. Journal of Public Health Policy, 1993, 14 (1): 5-18.

[8] PORTER A. The UK emergency department practice for spinal board unloading. Is there conformity [J]. Resuscitation, 2003(1): 117-120.

[9]　RICHARD T. et al. Disaster management in USA and Canada[M]. San Francisco: Jossey-Bass Publishers, 1996: 323.

[10]　曹康. 疫情结束后的中国城市秩序——应对 2020 新型冠状病毒肺炎突发事件笔谈会[J/OL]. 城市规划: 1[2020-02-26]. http://kns.cnki.net/kcms/detail/11.2378.tu.20200221.1852.002.html.

[11]　陈婧, 刘婧, 王志强, 等. 中国城市综合灾害风险管理现状与对策[J]. 自然灾害学报, 2006(6): 17-22.

[12]　段德罡. 让乡村成为社会稳定的大后方——应对 2020 新型冠状病毒肺炎突发事件笔谈会[J/OL]. 城市规划: 1[2020-02-16]. http://kns.cnki.net/kcms/detail/11.2378.TU.20200211.1749.004.html.

[13]　段进. 建立空间规划体系中的"防御单元"——应对 2020 新型冠状病毒肺炎突发事件笔谈会[J/OL]. 城市规划: 1[2020-02-26]. http://kns.cnki.net/kcms/detail/11.2378.TU.20200220.1353.002.html.

[14]　王慧. 多地出现疫情防控野蛮乱象——国情讲坛: 有些人员涉嫌违法[N]. 中国新闻采编网, 2020-02-22. http://www.xwzgcb.com/v.php?info_id=10567.

[15]　韩锋. 国外突发公共卫生事件应急管理经验借鉴[J]. 中国集体经济, 2014(31): 157-158.

[16]　李秉毅, 张琳."非典"对城市规划、建设与管理的启示[J]. 规划师, 2003(S1): 64-67.

[17]　李一行, 李纪恩. 重大突发公共事件中行政紧急权合法性研究[J]. 前沿, 2012(2): 64-65.

[18]　李志刚, 肖扬, 陈宏胜. 加强兼容极端条件的社区规划实践与理论探索——应对2020新型冠状病毒肺炎突发事件笔谈会[J/OL]. 城市规划: 1[2020-02-16]. http://kns.cnki.net/kcms/detail/11.2378.TU.20200212.1135. 008. html.

[19]　刘玲. 论突发公共安全事件应对中的政府职责[J]. 沈阳工业大学学报(社会科学版), 2011, 4(4): 299-304.

[20]　刘敏, 王军, 殷杰, 等. 上海城市安全与综合防灾系统研究[J]. 上海城市规划, 2016(1): 1-8.

[21]　刘奇志. 建议增加传染病防治专项规划——应对 2020 新型冠状病毒肺炎突发事件笔谈会[J/OL]. 城市规划: 1[2020-02-16]. http://kns.cnki.net/kcms/detail/11.2378.TU.20200212.1135.006.html.

[22]　内阁府. 平成 17 年版防災白書[EB/OL]. (2010-04-27)[2020-02-10]. http://www.bousai.go.jp/index.Html.

[23]　石邢. 城市形态、城市通风与新型冠状病毒的气溶胶传播——应对 2020 新型冠状病毒肺炎突发事件笔谈会[J/OL]. 城市规划: 1[2020-02-26]. http://kns.cnki.net/kcms/detail/11.2378.TU.20200211.1756.006.html.

[24]　汪芳. 天地人和, 万物得宜: 从规划视角思考生命共同体——应对 2020 新型冠状病毒肺炎突发事件笔谈会[J/OL]. 城市规划: 1[2020-02-26]. http://kns.cnki.net/kcms/detail/11.2378.tu.20200214.1748.044.html.

[25]　王承慧. 通过社区参与规划提升社区韧性——应对 2020 新型冠状病毒肺炎突发事件笔谈会[J/OL]. 城市规划: 1[2020-02-16]. http://kns.cnki.net/kcms/detail/11.2378.TU.20200212.1135.010.html.

[26]　王洪辉, 翟露静."非典"引发我们对城市人居环境再思考[J]. 城市, 2003(6): 47-49.

[27]　王兰. 建构"公共健康单元"为核心的健康城市治理系统——应对 2020 新型冠状病毒肺炎突发事件笔谈会[J/OL]. 城市规划: 1[2021-12-03]. http://kns.cnki.net/kcms/detail/11.2378.TU.20200214.1746.038.html.

[28]　王蕾. 我国公共安全立法亟待解决的问题[J]. 经济师, 2013(11): 69-71+73.

[29]　吴良镛."非典"让建筑师重新审视建筑形式与功能[J]. 重庆建筑, 2003(4): 5.

[30]　吴晓涛. 中国特色安全社区建设的总体方案设计研究[J]. 河南理工大学学报(社会科学版), 2011, 12(1): 53-57.

[31]　武廷海. 在破坏中创造 融健康于万策——应对 2020 新型冠状病毒肺炎突发事件笔谈会[J/OL]. 城市规划: 1[2021-12-03]. http://kns.cnki.net/kcms/detail/11.2378.TU.20200211.1749.002.html.

[32]　徐高, 莫纪宏. 外国紧急状态法律制度[M]. 北京: 法律出版社, 1994: 2-3.

[33] 杨保军. 突发公共卫生事件引发的规划思考——应对 2020 新型冠状病毒肺炎突发事件笔谈会[J/OL]. 城市规划: 1[2020-02-16]. http://kns.cnki.net/kcms/detail/11.2378.TU.20200212.1135.002.html.

[34] 叶斌, 罗海明. 城市规划应对特大城市公共卫生事件的几点体会——应对 2020 新型冠状病毒肺炎突发事件笔谈会[J/OL]. 城市规划: 1-2[2020-02-16]. http://kns.cnki.net/kcms/detail/11.2378.TU.20200212.1135.004.html.

[35] 张帆. 传染病疫情防控应尽快纳入城市综合防灾减灾规划——应对 2020 新型冠状病毒肺炎突发事件笔谈会[J/OL]. 城市规划: 1[2020-02-16]. http://kns.cnki.net/kcms/detail/11.2378.TU.20200211.1757.008.html.

[36] 张国华. 现代城市发展启示与公共服务有效配置——应对2020新型冠状病毒肺炎突发事件笔谈会[J/OL]. 城市规划: 1[2020-02-26]. http://kns.cnki.net/kcms/detail/11.2378.tu.20200214.1749.048.html.

[37] 张京祥. 以共同缔造重启社区自组织功能——应对 2020 新型冠状病毒肺炎突发事件笔谈会[J/OL]. 城市规划: 1[2020-02-16]. http://kns.cnki.net/kcms/detail/11.2378.TU.20200212.1135.012.html.

[38] 张英菊, 闵庆飞, 曲晓飞. 突发公共事件应急预案评价中关键问题的探究[J]. 华中科技大学学报(社会科学版), 2008(6): 41-48.

[39] 郑德高. 安全城市需源头控制、源尾留白——应对 2020 新型冠状病毒肺炎突发事件笔谈会[J/OL]. 城市规划: 1[2020-02-16]. http://kns.cnki.net/kcms/detail/11.2378.TU.20200211.2047.012.html.

[40] 周海生. 突发公共事件应对的法律制度分析: 制度结构、弊端及其创新[J]. 成都理工大学学报(社会科学版), 2009(2): 65-69.

[41] 周江评. 公共卫生和健康: 重温城乡规划"初心"——应对 2020 新型冠状病毒肺炎突发事件笔谈会[J/OL]. 城市规划: 1[2020-02-26]. http://kns.cnki.net/kcms/detail/11.2378.TU.20200214.1625.026.html.

[42] 总务省. Ministry of international affairs and communication [EB/OL]. (2013-06-01) [2020-02-10]. http://www.soumu.go.jp/english/index.html.

[43] 邹涵. 香港近代城市规划与建设的历史研究(1841-1997)[D]. 武汉理工大学, 2011: 61-66.

[欢迎引用]

赵广英, 赵永革, 李晨. 突发公共卫生事件与规划立法关系研究[J]. 城市与区域规划研究, 2021, 13(2): 129-141.

ZHAO G Y, ZHAO Y G, LI C. Research on relationship between public health emergencies and planning legislation[J]. Journal of Urban and Regional Planning, 2021, 13(2): 129-141.

京津冀区域发展30年：热点聚焦、主题嬗变与研究展望

李春发　顾润德　孙桂平

Beijing-Tianjin-Hebei Regional Development in the Past 30 Years: Hotspots, Theme Evolution and Research Prospect

LI Chunfa[1], GU Runde[1], SUN Guiping[2]
(1. School of Management, Tianjin University of Technology, Tianjin 300384, China; 2. College of Resources and Environment Science, Hebei Normal University, Shijiazhuang 050024, China)

Abstract The key to deepening research on the coordinated development of Beijing-Tianjin-Hebei (Jing-Jin-Ji) region is to accurately grasp the research context, hotspot, and trend of the regional development. Based on the bibliometric method, as well as the knowledge map drawn by using visualization softwares of CiteSpace and Ucinet, this paper conducts a quantitative and qualitative analysis on the research documents of the Beijing-Tianjin-Hebei region published in CNKI, CSSCI and WOS databases in the past 30 years, revealing the knowledge basis, theme evolution and characteristics of frontier issues regarding research on the region. It finds: there are 76 highly influential authors, and the existing literature belongs to ecology, earth science and mathematics. The research achievements of ecology, management, environmental science, mathematics, economics and earth science have played an important role in research on the Beijing-Tianjin-Hebei region. The research hotspots consist of the Beijing-Tianjin-Hebei region, economic circle, industries, coordinated development, integration, ecological governance, urban agglomeration, and urbanization. The future

摘　要　精准把握京津冀区域发展研究脉络、热点和趋势是深化京津冀协同发展研究的关键。文章根据文献计量学方法，利用 CiteSpace 和 Ucinet 等可视化软件绘制知识图谱，对 30 年来 CNKI、CSSCI 和 WOS 数据库刊载的京津冀研究文献进行定量和定性分析，揭示京津冀研究的知识基础、主题嬗变和前沿问题的特征规律。研究发现：高影响力作者共 76 位，文献归属生态学、地球科学和数学学科。生态学、管理学、环境科学、数学、经济学和地球科学等学科研究成果对京津冀研究具有重要影响；热点主题为京津冀区域研究、经济圈研究、产业研究、协同发展研究、一体化研究、生态治理研究、城市群研究和城镇化研究。未来京津冀研究将聚焦体制机制创新、科技创新、数字孪生城市群、逆城镇化、雄安新区、产业链空间重构等领域。

关键词　京津冀；主题嬗变；前沿动态；文献计量；知识图谱

1　引言

1992 年，党的十四大提出加快环渤海区域开发开放的战略要求，京津冀区域发展问题研究受到学界广泛关注和足够重视，研究学者逐年增加，研究方向不断拓宽，研究成果竞相涌现。2014 年，京津冀协同发展上升为国家战略，开启了区域发展的新篇章，也掀起了研究的新热潮，研究领域、重点热点和主题结构等不断拓展。2021 年，京津冀协同发展战略中期任务目标完成，并启动远期工作任务，实施国家"十四五"规划，京津冀协同发展向高质量发展

作者简介
李春发、顾润德，天津理工大学管理学院；
孙桂平，河北师范大学资源与环境科学学院。

research on the Beijing-Tianjin-Hebei region will focus on institutional innovation, scientific and technological innovation, twin digital city cluster, anti-urbanization, Xiongan New Area, and spatial restructuring of the industrial chain.

Keywords Beijing-Tianjin-Hebei region; theme evolution; frontier dynamics; bibliometrics; knowledge map

阶段加速转变，必将涌现大量新的现实问题、理论问题、政策问题和机制问题等，学术研究将面临新的机遇、新的挑战和新的任务，迎来新的高潮。准确把握京津冀区域发展大势、新时代发展潮流、科技进步影响和理论研究前沿动向，聚焦 30 年来京津冀研究重点热点，揭示研究主题演化脉络、前沿发展动态的趋势特征和变化规律，提出未来京津冀研究的重点方向，对"十四五"期间和今后国家深化京津冀协同发展的顶层设计、地方政府把握正确的政策方向和学术界紧跟区域发展需求具有重要意义。

京津冀研究的演变、脉络和进展一直是区域发展研究领域关注的焦点。姚鹏（2019）将京津冀发展划分为萌芽、合作和协同三个阶段，并指出了各阶段的成效和区域协同发展路径；张可云、蔡之兵（2014）回顾了 1976～2014 年京津冀区域合作与协调发展历程；李牧耘等（2020）研究了京津冀区域大气污染防控机制三个阶段的变迁。上述研究以标志性事件、政策规章为切入点，采用归纳、总结的定性研究方法对京津冀相关问题进行梳理。近年来，文献数据可视化技术方法的应用，可以通过绘制知识图谱直观描绘、动态揭示京津冀研究的概貌、结构、内容变化及前沿趋势。孙威、毛凌潇（2018）利用中国知网数据库（CNKI）、借助 CiteSpace 软件，对 1982～2017 年京津冀研究文献的发文机构、关键词、期刊和所属学科进行分析，归纳出三个时期的热点主题，对中文期刊文献进行共现分析和描述性统计分析，但未考虑外文期刊文献，且由于 CNKI 引文数据不可导出，未能从引文网络角度揭示京津冀研究的知识基础。

本文利用 CiteSpace 和 Ucinet 等软件，对 Web of Science（WOS）核心集、CNKI 和中国社会科学引文索引（CSSCI）数据库中近 30 年中外京津冀研究文献进行定量和定性分析，剖析京津冀研究高影响力作者和学科分布等知识基础，揭示热点研究主题及其兴衰演变规律，进而描绘京津冀研究 30 年发展历程，并提出未来京津冀研究的关键主题和重点方向。

2　数据来源及研究设计

2.1　数据来源

以 WOS 核心集、CNKI 和 CSSCI 数据库中，1992～2021 年"京津冀"研究文献为样本数据。WOS 数据库检索方式为主题"Beijing-Tianjin-Hebei Region""Jing-Jin-Ji"，CNKI、CSSCI 数据库检索方式为篇名"京津冀"、关键词"京津冀"，分获样本文献数量为 937 篇、4 017 篇和 1 110 篇。为确保数据的准确性和代表性，对文献进行甄别、清洗和融合，分获有效样本文献数量为 884 篇、3 809 篇和 1 100 篇。

2.2　研究设计

利用 CiteSpace 和 Ucinet 软件进行有效文献作者共被引分析、期刊共被引分析、双图覆盖出版物组合分析、文献共被引分析、关键词共现分析、被引突增分析和关键词突现分析，具体技术路线如图 1 所示，确定京津冀研究知识基础、热点主题、热点演化和前沿。共被引模块分析采用 G-index（g 指数）标准提取知识单元以去除共被引数量较少节点，比例因子 k 取值 25；共现模块分析采用 Top-N 标准提取知识单元，N 取值 50，时间片为一年。

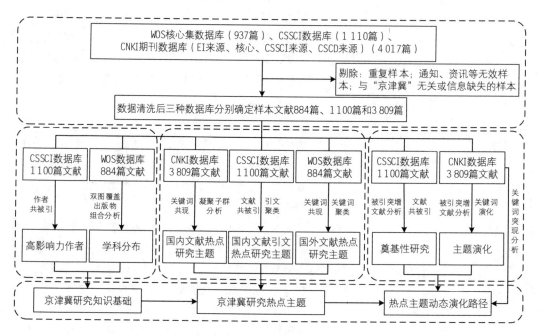

图 1　技术路线

3 京津冀研究知识基础

研究主题需要完整且与之相符的知识体系支撑。在科学知识图谱中，主题共被引网络由该主题下所有文献引用文献构成，用以进行科学评价和领域分析，揭示研究主题的"先验知识"与发展脉络。利用 CiteSpace 软件进行作者共被引和期刊双图叠加等分析，探求京津冀研究主题的高影响力作者群和学科分布，为主题演化路径梳理、研究热点探索和前沿演化分析奠定知识基础。

3.1 高影响力作者

论文作者是研究领域产出主体最小单元，作者群体的高影响力作者是推动学术创新、学科发展的骨干力量。通过文献计量确定京津冀研究高影响力作者，对这一科研群体学术成果重点挖掘分析，有助于高效识别京津冀研究现状与发展脉络（邱均平，2007）。

针对 1100 篇 CSSCI 数据库中文献作者姓名进行消歧处理，利用 CiteSpace 软件可生成如图 2 所示的作者共被引图谱。根据图中圆点大小、连线数量可确定孙久文、李国平、方创琳、陆大道、薄文广、张可云和顾朝林等为高影响力作者。为确保识别的客观性，在探寻全部高影响力作者时，依据普赖斯定律确定核心作者的最低被引量，其中样本文献最高被引频次为 77，采用公式

$$M_p = 0.749\sqrt{N_p\,\text{max}} = 0.749 \times \sqrt{77} \approx 6.57 \text{。}$$

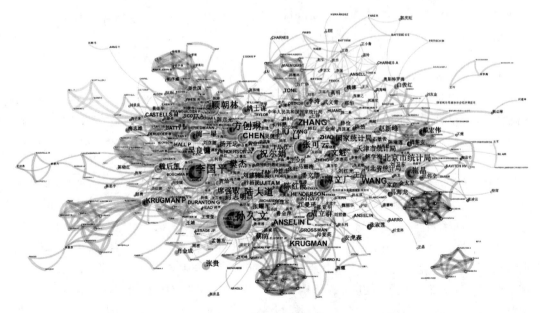

图 2　作者共被引图谱

被引频次达7次以上的作者76人，论文总被引1 178次，占全部作者论文被引总量（2 311）的50.97%，依据普赖斯定律并结合作者共被引图谱进行验证（表1），76位作者可认定为高影响力作者群（钟文娟，2012）。

表1　高影响力作者群（部分）

姓名	共被引频次	姓名	共被引频次	姓名	共被引频次
孙久文	77	张可云	30	陈红霞	20
李国平	66	祝尔娟	28	封志明	18
方创琳	45	樊杰	28	席强敏	17
陆大道	43	文魁	22	周一星	17
薄文广	40	崔晶	21	周立群	16
顾朝林	30	吴良镛	20	刘浩	16

3.2　学科分布

期刊作为论文发表载体代表科研产出，一个学科所有期刊作为整体构成该学科研究的知识库。对WOS数据库中884篇文献引文数据进行双图覆盖出版物组合分析，图中底图采用Blondel集群，左右侧为施引和被引期刊群，期刊中每个引用实例均涉及一个来源和目标，来源为发起引用文章，目标为被引用参考文献。通过跟踪引文弧从原点到分支的集中着陆区域点数量，能够判断一个研究领域出版物是否正在整合来自多个学科的先前工作（Chen et al.，2013）。

在左侧施引期刊群中，曲线分别集中落于"ECOLOGY, EARTH, MARINE"和"MATHEMATICS, SYSTEMS, MATHEMATICAL"两个主题相关期刊区域，由于没有单独的期刊被标记，因此集中在学科层面，除此之外其他主题相关期刊区域未见明显连线，表明现有京津冀研究文献仅归属于环境科学与生态学、地球科学和数学学科，其中环境科学与生态学主要研究大气污染治理（雾霾、碳排放）、环境承载力等环境治理相关内容（Wang et al.，2015；Zhang et al.，2020）；地球科学主要关注区域空间结构、区域交通、产业转移与集聚等空间问题，以及人文地理学科所研究的区域人口问题和经济地理所研究的区域经济问题（Chen et al.，2018）；数学学科期刊因其具有综合性特点，所刊发的京津冀主题文章主要为采用了统计分析、博弈论等数学方法解决了京津冀研究问题。在右侧被引期刊群中，曲线连接了除心理学、体育学和医学外其余所有学科期刊，尤其与生态学、环境科学、数学、经济学和地球科学连线密集。通过跟踪引文弧从原点到分支的集中着陆区域点数量，可知环境科学与生态学、管理学、数学、经济学和地球科学等学科的研究成果对京津冀研究起到重要影响作用。对WOS数据库中样本文献进行期刊共被引分析，884篇样本引用文献来源于640本SCI收录期刊，被引频次排名前 15 的期刊与学科对照如表 2 所示，最高被引期刊为环境科学与生态学领域期刊 *Atmospheric Environment*，其 2019～2020 年度影响因子为 4.039，从相邻排名被引频次差来看，第 2 名与第 3 名、第 5 名与第 6 名被引频次差值远大于其余相邻排名期刊，据此将 15 本期刊划分为三个层级。综合上述分析，京津冀研究是建立在众多学科基础之上的开放性的生态系统，其充分吸收了外部学科领域的研究成果，具备多学科交叉融合背景。

表 2 学科与高影响力期刊对照（被引频次排名前 15）

层级	排名	期刊	被引频次	影响因子	中科院分区	学科
A	1	*Atmospheric Environment*	475	4.039	2	环境科学与生态学
	2	*Science of the Total Environment*	460	6.551	2	环境科学与生态学
B	3	*Atmospheric Chemistry and Physics*	385	5.414	1	地球科学
	4	*Journal of Geophysical Research Atmospheres*	371	3.821	2	地球科学
	5	*Environmental Science & Technology*	350	7.864	1	环境科学与生态学
C	6	*Nature*	280	42.778	1	综合性
	7	*Journal of Cleaner Production*	277	7.246	1	环境科学与生态学
	8	*Environmental Pollution*	276	6.792	2	环境科学与生态学
	9	*Proceedings of the National Academy of Sciences of the United States of America*	243	9.412	1	综合性
	10	*Geophysical Research Letters*	228	4.497	1	地球科学
	11	*Science*	226	41.845	1	综合性
	12	*Atmospheric Research*	205	4.676	2	地球科学
	13	*Ecological Indicators*	193	4.229	2	环境科学与生态学
	14	*Energy Policy*	189	5.042	1	管理学
	15	*Scientific Reports*	181	3.998	3	综合性

4 京津冀研究热点主题分析

利用 CiteSpace 和 Ucinet 软件，对 CNKI、CSSCI 和 WOS 数据库中样本文献分别进行关键词社会网络分析、引文共被引聚类和关键词共现聚类。

4.1 中文文献关键词共现分析

关键词共现分析中，利用 Bicomb 软件提取文献关键词，并对数据中同义词、相互包含词依据出现频次和重要性做字段值修改，选取出现频次不小于 10 的 128 个关键词生成共现矩阵，并利用 Netdraw 软件绘制关键词共现网络图谱（殷沈琴，2011）。关键词点位分布集中，词间连接紧密，表明京津冀研究主题较聚焦，各主题相互关联。其中，"京津冀""京津冀协同发展""京津冀都市圈""京津冀一体化""生态环境"和"产业结构"处于核心地位，代表重要研究方向；"区域经济""雄安新区""大气污染""产业转移"和"新型城镇化"处于中心地位，代表次要研究方向。

根据京津冀研究高频关键词共现网络图谱分析结果，并结合社会网络分析法进行网络中心性分析和凝聚子群分析。利用 Ucinet 软件，采用 CONCOR 迭代相关收敛算法（姜尚荣，2020），设置最大切分深度为 3，可将出现频次不小于 15 次的 62 个高频关键词划分为 8 个子群。结合关键词点度中心度值，确定各子群热点研究主题分别为京津冀区域研究、城市群研究、区域经济发展对策研究、一体化研究、低碳经济协同发展研究、区域产业协同创新与集聚研究、都市圈研究和空间功能分布与大气污染治理研究。

4.2 中文文献引文共被引聚类

利用 CiteSpace 软件对 1 100 篇 CSSCI 数据库中文献进行引文共被引分析，聚类后依据各类别中被引文献时间跨度和终止时间，如图 3 所示，将京津冀一体化、城市土地利用、碳足迹等 10 个热点主题划分为经典研究主题、相对过时研究主题和新兴研究主题。以"城市土地利用"为例，该聚类中高被引文献数量最多，文献连线密集、时间跨度较大、终止时间较晚，主题文献被引频次呈上升趋势，说明该主题为经典主题，同理，将其余主题做相应划分。

4.3 外文文献关键词聚类

利用 CiteSpace 软件对 884 篇 WOS 数据库中文献关键词进行聚类分析，其中，China，air pollution，emission，air quality，urbanization，$PM_{2.5}$，Beijing-Tianjin-Hebei region 与其他关键词联系紧密，为核心关键词。如表 3 所示，聚类后关键词共分属 additional HONO sources，urban form，Tianjin-Hebei urban agglomeration，health risk，contrasting trend 五个主题。

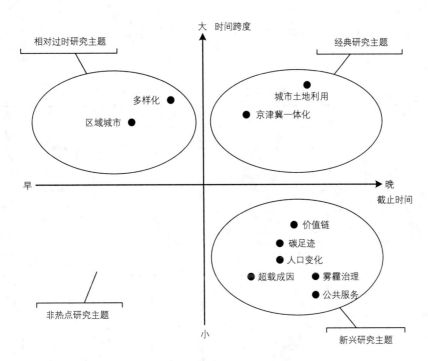

图 3　文献热点研究主题划分

表 3　国外文献关键词聚类对照

序号	聚类名称	聚类子簇（部分）
0	additional HONO sources	pollution；boundary layer；aerosol radiative effect；atmospheric NO_x
1	urban form	Tianjin-Hebei region；regions；taking China；estimating interregional payments
2	Tianjin-Hebei urban agglomeration	eastern China Tianjin-Hebei region；evaluating urban sustainability；framework
3	health risk	surface $PM_{2.5}$；using aerosol；water-$PM_{2.5}$；linkage analysis；fenwei pain
4	contrasting trend	winter haze；summertime surface ozone；severe haze events；atmospheric circulations

4.4　热点研究主题汇总

为避免单一采取软件聚类机械性、人为分类主观性对主题划分和命名准确性影响，综合分析 23 个主题及各主题所含关键词的客观数据，并结合课题前期研究基础，如表4所示，将京津冀热点研究主题归纳为京津冀区域研究、经济圈研究、产业研究、协同发展研究、一体化研究、生态治理研究、城市群研究和城镇化研究。

表4   热点研究主题及细分主题

热点研究主题	细分主题		热点研究主题	细分主题	
京津冀区域研究	区域旅游		京津冀产业研究	产业转移	
	区域经济	区域经济一体化		产业集聚	
		区域经济合作		产业重构	
	区域合作			产业统筹	
	区域发展			产业创新	
	区域空间结构			价值链	
	区域生态	经济与生态协同		产业链	
		生态治理	京津冀城市群研究	交通问题	
京津冀协同发展研究	低碳经济协同发展			协同发展	
	非首都功能疏解			空间结构	
京津冀协同发展研究	产业协同创新与集聚		京津冀城市群研究	大气污染治理	
	各地市定位与发展			功能定位	
	雄安新区			都市圈	
	文化协同发展		京津冀生态治理研究	大气污染治理	雾霾治理
经济圈研究	首都经济圈	产业发展、生态可持续			碳排放
	环渤海经济圈			环境治理	
京津冀一体化研究	区域经济一体化			居民健康风险	
	教育、人才一体化			生态环境协同发展	
	交通一体化		京津冀城镇化研究	大气污染治理	
	产业转移			城乡一体化	发展评价
	公共服务一体化				人口转化
	金融一体化			城市群	
	市场一体化			土地利用	

5   京津冀研究主题嬗变

5.1   奠基性研究

利用 CiteSpace 软件进行 CSSCI 数据库中 1 100 篇文献的共被引分析和被引突增分析,生成图 4 所示的 Top10 被引突增文献图。由图 4 可知, Top10 被引突增文献作者都为高影响力作者;文献发表年份集中在 2014～2016 年奠基性文献爆发期,高被引文献数量大幅增多,标杆性文献明显;8 篇文献被引突增时间暂未截止,其影响力和关注度仍不断提高。

由图 4 可知,陆大道 2015 年在《地理科学进展》上发表的 "京津冀城市群功能定位及协同发展" 被引强度排名第一, 2017 年被引量突增,该文分析京津冀三地经济发展特点、现有优势和功能定位。张可云 2014 年在《河北学刊》上发表的 "京津冀协同发展历程、制约因素及未来方向" 被引强度排名第二, 2015～2016 年被引量突增,该文对比分析京津冀与长三角发展现状,并提出推动京津冀协同发展的措施。薄文广 2015 年在《南开学报（哲学社会科学版）》上发表的 "京津冀协同发展：挑战与困境" 被引强度排名第三, 2016 年被引量突增,下载量和被引频次均位列 "京津冀协同发展" 研究领域首位,该文指出京津冀协同发展面临产业结构差异、发展差距过大、缺乏协同治理机制三大挑战。

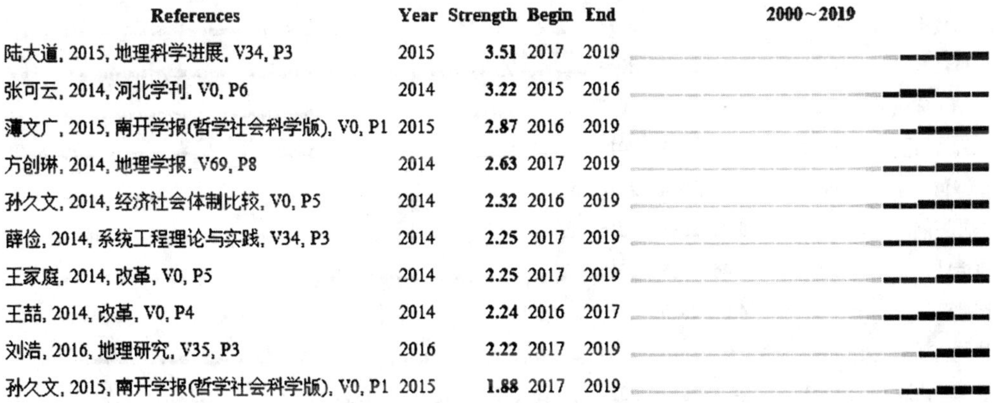

References	Year	Strength	Begin	End	2000～2019
陆大道, 2015, 地理科学进展, V34, P3	2015	3.51	2017	2019	
张可云, 2014, 河北学刊, V0, P6	2014	3.22	2015	2016	
薄文广, 2015, 南开学报(哲学社会科学版), V0, P1	2015	2.87	2016	2019	
方创琳, 2014, 地理学报, V69, P8	2014	2.63	2017	2019	
孙久文, 2014, 经济社会体制比较, V0, P5	2014	2.32	2016	2019	
薛俭, 2014, 系统工程理论与实践, V34, P3	2014	2.25	2017	2019	
王家庭, 2014, 改革, V0, P5	2014	2.25	2017	2019	
王喆, 2014, 改革, V0, P4	2014	2.24	2016	2017	
刘浩, 2016, 地理研究, V35, P3	2016	2.22	2017	2019	
孙久文, 2015, 南开学报(哲学社会科学版), V0, P1	2015	1.88	2017	2019	

图 4   Top10 被引突增文献图

2014 年京津冀协同发展国家战略提出实施和 2015 年《京津冀协同发展规划纲要》审议通过,京津冀区域发展研究进入爆发式增长期。上述文献发表时间节点、被引数据可视为京津冀区域发展研究高影响力早期奠基性文献,同时为 "京津冀" 研究的重点文献。

5.2 研究主题演化路径

为更全面、清晰展现京津冀领域研究前沿并梳理研究前沿的进展历程,利用CiteSpace软件进行3 809篇CNKI数据库中文献的关键词突现分析和共现时区演化分析,生成如图5所示的关键词突现图(强度排名前25)(胡春阳等,2017;赵曙明等,2019)。在图5中,关键词顺序以突现发生起始时间排列,直观显示1992年至今京津冀研究中热点关键词的高频出现期。

Keywords	Year	Strength	Begin	End	1992~2020
京津冀地区	1992	16.27	1992	2007	
京津冀	1992	6.55	1996	1998	
特派办	1992	8.14	1997	2003	
区域经济一体化	1992	8.1	2002	2013	
长三角	1992	3.52	2004	2010	
京津冀都市圈	1992	32.86	2005	2013	
京津冀区域	1992	3.41	2006	2008	
区域旅游	1992	4.68	2007	2012	
产业	1992	3.78	2007	2010	
区域经济	1992	5.61	2008	2011	
一体化	1992	4.32	2010	2014	
区域一体化	1992	3.87	2011	2015	
首都经济圈	1992	6.89	2012	2014	
京津冀一体化	1992	24.09	2014	2016	
协同发展	1992	9.74	2015	2016	
制造业	1992	4.46	2015	2016	
产业转移	1992	4.03	2015	2017	
协同创新	1992	3.5	2015	2016	
京津冀协同	1992	4.4	2016	2018	
雄安新区	1992	15.64	2017	2020	
城镇化	1992	4.1	2017	2020	
pm_(25)	1992	9.14	2018	2020	
京津冀城市群	1992	5.98	2018	2020	
影响因素	1992	5.83	2018	2020	
空气质量	1992	3.96	2018	2020	

图5 Top25关键词突现图

　　根据图 5 中关键词高频出现期，京津冀研究知识基础、热点研究主题，可绘制如图 6 所示的各热点主题时间演进图。在图 6 中，横轴为研究主题，纵轴为热点出现起始时间，划分为起步、逐步增长、快速增长和爆发增长五个阶段。1992～2002 年为京津冀研究起步阶段，研究主题较单一，主要围绕京津冀区域问题，其余主题未受到广泛关注。自 2002 年起京津冀一体化、城镇化和城市群等主题引起关注，发文量逐步提升。2008 年北京承办奥运会，引发对京津冀全方位探讨，除"京津冀协同发展"外，其余五个主题均处于热点研究期，发文量快速增长。2014 年，京津冀协同发展上升为国家战略，成为京津冀研究阶段划分重要时间节点。此后，京津冀协同发展、一体化、城市群、城镇化和生态治理等研究受到广泛关注，文献数量爆发式增长，"京津冀区域"提及趋少，退出热点研究周期。

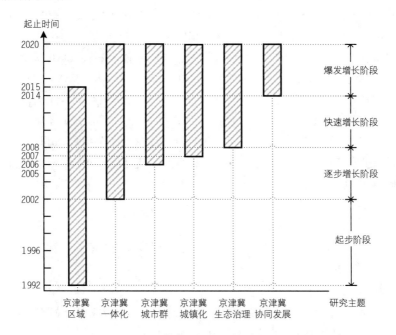

图 6　热点研究主题时间演化

　　针对京津冀研究热点主题，根据关键词突现期、时区演化，进行各主题内热点研究内容的演进分析。

　　（1）京津冀区域研究（1992～2015 年）

　　"环渤海地区"向"京津冀区域"演化。1992 年十四大报告中提出"加快环渤海地区开发开放"。1996 年八届全国人大四次会议提出"环渤海综合经济圈"并进行区域规划。由图 5 可知，京津冀地区问题 1992 年开始研究，该关键词在文献中出现频率位列第二，1992～2007 年高频出现，为热点研究方向。"区域"一词高频出现于 2002 年提出的"区域经济一体化"，至 2013 年文献处持续性增长阶段。2006年"京津冀区域"一词正式提出并在2008年突现，研究主要围绕区域经济、区域协调发展、区域一体化等问题（陆大道，2008；孙久文等，2008）。2011年5月首届京津冀区域合作高端会议召开，区域合作所引申区域一体化问题直至2015年成为热点研究方向。在区域协调发展研究方面，主要关注机制、措施和评价（曾珍香等，2008；马海龙，2013；毛汉英，2017）。2008年北京举办奥运会，同年"9+10"区域旅游合作会议在京召开，京津冀区域旅游获加速发展契机，"区域旅游"一词在2007～2012年发生突现现象，相关研究迎来爆发性增长（李平生，2007；张亚明等，2009；赵建强，2010）。此外，京津冀区域研究还关注区域生态、区域空间结构和物流交通等（吴丹等，2010；陈红霞等，2011；朱桃杏等，2011；樊杰等，2016）。

（2）京津冀一体化研究（2002年至今）

京津冀一体化研究在文献中涉及"区域经济一体化""一体化""区域一体化""京津冀一体化"等关键词。由图5可知，2002～2013年文献数量呈爆发式增长，早期研究内容主要关注京津冀区域经济发展现状、问题与对策、金融合作等（魏然、李国梁，2006；孙久文等，2008；安虎森等，2008）。在该阶段首都经济圈、区域经济也处于热点研究期，2011年，国家"十二五"规划纲要提出"打造首都经济圈"，同年国家发展改革委启动首都经济圈规划工作。2012～2014年为首都经济圈研究高峰期，热点周期短、研究进展缓慢，发文量较少（初钊鹏，2013；王喆、唐婧婧，2014）。

"区域一体化"向"京津冀一体化"演化。为加强京津冀区域经济协作，2014年政府工作报告提出"京津冀一体化"，"区域一体化"逐渐被"京津冀一体化"替代，2015年突现期过后少有文献使用，从而过渡到京津冀一体化研究。由图5可知，2014～2016年相关文献数量急剧增长，除研究经济一体化外，还涉及金融一体化、交通一体化、市场一体化、公共服务一体化等问题（高雪莲，2015；李俊强、刘燕，2016；施仲衡，2016；陈红霞、席强敏，2016）。此外，京津冀一体化进程中的产业转移、产业集聚等产业一体化亦受到广泛关注（苗长虹、王海江，2006；祝尔娟，2009；鲁丽丽、郑红玲，2011；张晓燕，2012）。

（3）京津冀城市群研究（2005年至今）

"京津冀都市圈"向"京津冀城市群"演化。京津冀都市圈合作是中国统筹区域发展的战略问题（张可云，2004），2004年国家发展改革委正式启动《京津冀都市圈区域规划》编制工作，引发学术界对京津冀都市圈的关注。由图5可知，2005～2013年"京津冀都市圈"一词在文献中出现频次迅猛增长，其突现强度达32.86，远超其他关键词，表明京津冀都市圈研究为该时期热点研究方向，2014年步入衰退期。2008年"京津冀城市群"文献中正式提出，后续五年发文量波动增长，早期研究关注京津冀城市群功能定位与发展问题（顾朝林，2011；陆大道，2015）。2014年2月，习近平总书记提出"以京津冀城市群建设为载体，从广度和深度上加快京津冀协同发展"，而后与京津冀协同发展和一体化相关联的京津冀城市群研究进入快速发展阶段（陆大道，2015；方创琳，2017）。随着科技进步、区域人口增加和生活水平提高，交通需求迅猛增加，交通承载力不足、运输结构不合理、运输效率低、网络空间布局不合理和统筹不协调等问题突显。城市扩张和发展高度依赖区域内各城市间的运输联系，交通网络建设对区域经济发展极其重要，京津冀交通问题研究倍受关注（孙明正等，2016；Chen et al.，2018；Zhao et al.，2020）。2016 年 9 月，国家发展改革委印发《关于贯彻落实区域发展战略促进区域协调发展的指导意见》，提出"编制京津冀空间规划，建设以首都为核心的世界级城市群"，自此京津冀城市群研究进入新发展阶段，主要关注于城市布局、空间结构、产业规划等（梁晨、曾坚，2019；罗奎等，2020）。

（4）京津冀城镇化/城市化研究（2007 年至今）

2006 年 3 月，"十一五"规划纲要提出"实施区域发展总体战略，促进城镇化健康发展"，京津冀城镇化问题受到关注，但研究进程缓慢且问题不明确。《2012 中国新型城市化报告》指出，中国城市化率突破 50%，中国城市化进入关键发展阶段，城市发展不平衡、异地城镇化、城市发展与资源保障不平衡等问题初现（周月，2013；刘明、高林，2015）。2014 年 3 月，《国家新型城镇化规划（2014～2020 年）》发布，京津冀城镇化研究进入快速发展期，人口性质转化、空间布局、发展评价和土地利用等问题受到关注（顾朝林等，2015；刘明、高林，2015；陈明星等，2018；李智礼等，2020）。由图 5 可知，2017～2020 年"城镇化"与"雄安新区""PM$_{2.5}$""空气质量""影响因素""京津冀城市群"高频出现，雄安新区城镇化发展、污染防治为该阶段热点主题（方创琳、任宇飞，2017）。2021 年政府工作报告中提出"全面推进乡村振兴，完善新型城镇化战略"，乡村振兴、城乡融合和新型城镇化研究倍受关注。城镇化进程中大量城市人口向农村回流，出现"逆城镇化"趋势，已有学者关注到此方面问题，但针对京津冀地区的研究处于起步阶段，为今后城镇化研究方向。

（5）京津冀生态治理研究（2008 年至今）

党的十八大提出"大力推进生态文明建设"，《生态文明体制改革总体方案》将"循环发展"作为我国加快推进生态文明建设基本路径之一，其核心在于有效治理，现阶段热点集中在环境治理、大气污染治理和居民健康风险，大气污染治理重点研究雾霾治理和碳排放。2008 年"生态环境"首次出现在京津冀研究文献中，早期研究重点为生态贫困带问题、城镇一体化发展对生态环境的影响、产业协作对生态环境的影响等。2010 年提出"空气质量"，2012 年提出"PM$_{2.5}$"，大气污染治理受到关注。2013 年京津冀及周边地区遭遇大范围长时间的雾霾天气，成为大气污染重灾区，环境保护部等六部门联合印发《京津冀及周边地区重点行业大气污染限期治理方案》，提出加大京津冀及周边地区大气污染防治工作力度，实施综合治理，控制煤炭消费总量，推动能源利用清洁化。此后，大气污染治理引起广泛研究，污染治理策略、大气污染产生因素、雾霾治理和碳排放等成为主要研究方向（薛俭等，2014；Miao et al.，2015；王一辰、沈映春，2017；黄晟、李兴国，2017；Zhang et al.，2020）。此外，人口规模、区域经济与区域生态承载力三者间关系同样引起政学界广泛关注（祝尔娟等，2014；孟庆华，2014；王建强等，2018）。由图 5 可知，2018 年"pm_(25)""空气质量""影响因素"在文献中出现频率开始突增，此后，居民健康、空气质量影响因素成为研究重点（Wang et al.，2015；杨浩、张灵，2018；Bilsback et al.，2020）。

（6）京津冀协同发展研究（2014 年至今）

我国经济正从速度规模型向质量效益型转型，京津冀协同发展作为国家战略，是区域经济增长、产业高效发展和生态友好型城市创建的关键。2014 年提出京津冀协同发展国家战略，同年政府工作报告中提出"加强环渤海及京津冀地区经济协作"；2015 年审议通过《京津冀协同发展规划纲要》。以创新驱动和产业协同为切入点推动京津冀协同发展的研究逐步兴起，非首都功能转移、雄安新区、生态治理、低碳经济、人口与经济、产业转移与集聚等成为核心研究方向（薄文广、陈飞，2015；顾朝林等，2015；李国平等，2017；薄文广、殷广卫，2017；孙久文等，2020）。2016 年三地政府相继出台系列政策、规划，大批项目签约落地，京津冀协同发展取得新突破。针对京津冀区域的产业结构升级、产业协同、公共服务一体化及协同立法问题成为研究热点（孙久文，2016；张可云，2016；孙久文，2018；杨浩、张灵，2018）。2018 年明确要求以疏解北京非首都功能为"牛鼻子"推动京津冀协同发展，非首都功能疏解涉及的产业转移、大城市病、文化协同、承接能力和生态环境等问题广受关注（Li et al.，2018；刘宾，2018；Li et al.，2019；沈洁，2020）。

2016 年 5 月，中共中央政治局会议审议了《关于规划建设北京城市副中心和研究设立河北雄安新区的有关情况的汇报》，"雄安新区"首次出现于正式文件。2017 年 4 月，中共中央、国务院印发通知设立雄安新区，标志着京津冀协同发展开启新时代。雄安新区研究虽未有高被引论文，但在图谱中显示很强爆发性，且该关键词至今仍处于突现期，表明自通知发布之日起针对雄安新区的专题研究迎来爆发式增长，为京津冀研究的关键节点。雄安新区作为非首都功能转移的承接地，自提出之日起就与其密不可分，成为非首都功能转移研究的重要结合体，初期研究主要关注雄安新区建设战略规划与生态治理（刘士林，2017；刘秉镰，2017；李兰冰等，2017；李国平、宋昌耀，2018；薄文广，2018）。由于"雄安新区"提出时间晚、研究时间短、研究范围广，研究内容较为分散，暂未形成主要研究方向。2021 年政府工作报告中提出"扎实推动京津冀协同发展，高标准、高质量建设雄安新区"，随着京津冀一体化建设的推进和协同发展研究的不断深入，顶层设计将继续作为研究者剖析与讨论的重要主题，并在后续的研究中发挥方向性的指导作用。

6　结论与展望

本文利用文献计量学方法和可视化分析软件，研究分析 WOS、CNKI 和 CSSCI 数据库中 30 年来京津冀研究文献。通过作者共被引分析并结合普赖斯定律，得出以孙久文、李国平、方创琳、陆大道、薄文广和顾朝林为代表的 76 位高影响力作者群；通过期刊共被引分析，得出国内外排名前 15 位高影响力期刊；通过双图覆盖出版物组合分析，得出现有京津冀研究文献归属于生态学、地球科学和数学学科，生态学、管理学、环境科学、数学、经济学和地球科学等学科的研究成果对京津冀研究起到重要影响作用；通过文献共被引分析、关键词共现分析，得出热点研究主题。综合上述研究并结合关键词突现分析，揭示了热点研究主题的时间演化及主题内前沿动态，并提出未来研究趋势。

（1）体制机制创新成为京津冀协同发展新问题。"十四五"时期京津冀协同发展进入深入推进新阶段，亟须三地打破藩篱，以创新驱动、全方位协作打造京津冀区域协作共同体。作为整体协同发展目标有序推动的基本保障，体制机制创新是实施创新驱动发展战略、破解协同发展机制障碍、破除地方行政壁垒与提升资源要素流动效率的重要前提。现有学者从利益协调机制、协同治理、区域政策、协同立法和财政协作等角度进行研究（丛屹、王焱，2014；王喆、周凌一，2015；张楠迪扬，2017），而随着京津冀三地在行政管理、公共服务、产业布局和资源配置等方面的深度融合，多方位推进政务办理协作机制、多角度健全综合治理协作机制、多方式促进产学研合作机制和多层次建立常态化交流机制等多领域的体制机制创新深化研究，将成为影响京津冀协同发展的首要问题。

（2）科技创新成为京津冀区域产业发展新动力。伴随科技革命和产业变革不断深化，国际科技和产业竞争日益激烈，"科技创新"在 2021 年全国两会上成为高频词汇，政府工作报告提出促进科技创新与实体产业深度融合，更好发挥创新驱动发展作用。相较粤港澳、长三角城市群，京津冀创新协同、产业协同、创新产业结合协同水平提升问题尤为突出，建立健全区域创新体系、整合区域创新资源、弥合发展差距、贯通产业链条和重组区域资源，形成切实有效的京津冀协同创新共同体成为问题破解的关键。同时，加快创新链产业链融合，促进产业创新，推动传统产业数字化转型升级，打造京津冀数字化产业新模式。京津冀区域作为我国重要的制造业基地，产业数字化进程处于起步发展阶段，产创融合、数实共生和产业互联网等成为新的发展趋势和研究方向，而相应科技创新合作机制、激励机制、资金政策、人才政策等亟待深入研究。

（3）数字孪生城市群建设成为京津冀城市发展新领域。国家治理体系和治理能力现代化进程加快，信息技术迭代、城市功能转型、民众需求提升使得城市治理的复杂性、专业性、系统性、艰巨性和挑战性更加凸出，传统碎片化治理模式难以满足动态化、个性化和精细化的治理需求。而数字孪生城市群建设将实现城市集中化治理，促进全方位协同（周瑜等，2018；毛子骏等，2021）。京津冀城市群发展需借鉴国内外典型数字孪生城市发展经验，通过科学的数字城市、实体城市规划，综合运用大数据、云计算、5G、物联网、人工智能、虚拟现实和区块链等新一代信息技术，构建数字环境下的京津冀城市群城市运行动态监测、城市治理全流程管控、治理主体与要素统筹协调的城市治理生态系统，破解城市间因数据碎片化产生的治理协同难题，打造虚实结合、智能互动、海量计算、全面感知的京津冀数字孪生城市群成为未来重点研究方向。

（4）"逆城镇化"问题成为京津冀研究新引擎。在城乡融合发展进程中，乡村基础设施逐步完善、人口数量不断提升、城乡要素流动加快，乡村功能转变、产业结构合理化发展，逆城镇化现象逐渐显露，成为城镇化发展新阶段。"逆城镇化"有助于解决"城市病"问题，同时，借助"逆城镇化"力量发展乡村，能够加快乡村现代化发展进程，促使城乡协同发展，是推进城镇化进程的有效途径（张强等，2020；赵秋倩等，2021）。但"逆城镇化"存在农村房价上涨、产业结构混乱、城市中心空洞化、城乡交通堵塞、城市经济发展受到冲击等一系列弊端。分析城乡融合现状，平衡"城镇化"与"逆城镇化"之间关系，消除"逆城镇化"危害亟待研究解决。

（5）雄安新区建设成为京津冀发展新机遇。雄安新区规划建设是以习近平同志为核心的党中央做出的重大历史性战略选择。新区定位为首都功能拓展区、非首都功能疏解集中承载地和创新发展示范区，建成京津冀世界级城市群的重要一极、高水平社会主义现代化城市、人类发展史上的典范城市。新区规划纲要从科学构建空间布局、优质提供公共服务和高效营建绿色智慧新城等方面擘画了雄安新区蓝图，其规划发展需要开展大量研究工作。目前，新区区域内以第二产业为主，产业结构单一、人才匮乏、劳动力短缺、政策不完善等问题制约新区发展，为增强要素吸引力，实现产业和人口集聚，需围绕"以人为本"的建设理念，以企业和居民的多层次需求为导向，完善基层公共服务体系，提升公共资源的精细化配置与全生命过程的人性关怀，创新住房体系、构造绿色智慧空间布局和打造新时代宜居社区亟待研究解决。新区的高端产业定位、高级人才引进、高水平建设和高质量发展等要求，为京津冀发展提供了新的历史机遇，也提供高水平的研究场景，需要有高水准、系统性、前瞻性和战略性的研究成果支持。

（6）区域产业链空间重构成为京津冀发展新热点。新一代信息技术有力推进了京津冀区域产业链空间重构、产业经济地理格局重塑，以区域产业链为骨架的高水平、高规格和高效益绿色产业生态系统重建，有效推动京津冀绿色低碳发展、经济体系优化升级和产业链数字化现代化转型，将极大助力区域功能失调、大城市病顽症、产业空间失配和发展水平失衡等难题的破解，成为实现京津冀高质量协同发展的关键，也将成为京津冀区域协调发展和科学研究新热点。因此，立足京津冀区域资源禀赋基础、产业链分工布局现状及主导产业优势，结合京津冀产业协同发展规划、雄安新区产业体系构建和京津冀"2+4+46"产业合作平台建设等要求，对重点产业、行业、企业以及园区等优势资源再整合，选择不同形式、不同类型的典型区域产业链，研究重构实现路径，并针对不同情景、不同调控机制和不同干预策略影响的重构机理分析、重构情景仿真分析，探究多元协同作用下京津冀区域产业空间重构、价值链高端演化路径。根据京津冀区域产业链空间重构的实现需求、绿色低碳发展的目标要求，发现区域产业链空间重构的支持政策需求，并基于京津冀产业政策现状和政策创新理论，提出区域产业链空间重构的政策创新具体内容，通过政策仿真和政策优化分析，构建京津冀绿色发展的区域产业链空间重构的创新政策体系。

本文以京津冀研究知识基础、热点等为研究主题，描绘了京津冀研究30年发展历程、前沿动态演化路径，为"十四五"期间和未来深化京津冀协同发展、高质量发展的政府政策制定及开展相关学术研究提供方向把握。在本文研究基础上，将进一步利用文献数据、结合 Google Earth Map 或 GIS 等工具进行文献地理可视化分析，增加空间维度探索，深化体制机制创新、科技创新、数字孪生城市群构建、京津冀"逆城镇化"、雄安新区构建、京津冀产业链空间重构和政策创新等方面的研究工作，拓展研究范围。

参考文献

[1] BILSBACK K R, BAUMGARTNER J, CHEESEMAN M, et al. Estimated aerosol health and radiative effects of the

residential coal ban in the Beijing-Tianjin-Hebei region of China[J]. Aerosol and Air Quality Research, 2020, 20(11): 2332-2346+ap1.

[2] CHEN C, LEYDESDORFF L. Patterns of connections and movements in dual-map overlays: a new method of publication portfolio analysis[J]. Journal of the Association for Information Science and Technology, 2013, 65(2): 334-351.

[3] CHEN Y, JIN F, LU Y, et al. Development history and accessibility evolution of land transportation network in Beijing-Tianjin-Hebei region over the past century[J]. Journal of Geographical Sciences, 2018, 28(10): 1500-1518.

[4] LI L, SHI X, JIANG Z. A study on the countermeasures of the development of cultural ecology and creative industry in Hebei province in the Beijing-Tianjin-Hebei collaborative environment[J]. Ekoloji, 2018, 27(106): 1387-1397.

[5] LI T K, LIU Y, WANG C R, et al. Decentralization of the non-capital functions of Beijing: industrial relocation and its environmental effects[J]. Journal of Cleaner Production, 2019, 224: 545-556.

[6] MIAO Y C, HU X M, LIU S H, et al. Seasonal variation of local atmospheric circulations and boundary layer structure in the Beijing-Tianjin-Hebei region and implications for air quality[J]. Journal of Advances in Modeling Earth Systems, 2015, 7(4): 1602-1626.

[7] WANG G, CHENG S, LI J, et al. Source apportionment and seasonal variation of $PM_{2.5}$ carbonaceous aerosol in the Beijing-Tianjin-Hebei region of China[J]. Environmental Monitoring and Assessment, 2015, 187(3): 1-13.

[8] ZHANG R, DONG S, LI Z. The economic and environmental effects of the Beijing-Tianjin-Hebei collaborative development strategy-taking Hebei province as an example[J]. Environmental Science and Pollution Research, 2020, 27(2): 35692-35702.

[9] ZHAO L, SHAO Q, LI J. Evaluation of urban comprehensive carrying capacity: case study of the Beijing-Tianjin-Hebei urban agglomeration, China[J]. Environmental Science and Pollution Research, 2020, 27(16): 1-9.

[10] 安虎森, 彭桂娥. 区域金融一体化战略研究: 以京津冀为例[J]. 天津社会科学, 2008(6): 65-71.

[11] 薄文广. 京津资源向雄安新区疏解的比较分析与天津应对[J]. 天津师范大学学报(社会科学版), 2018(3): 65-72.

[12] 薄文广, 陈飞. 京津冀协同发展: 挑战与困境[J]. 南开学报(哲学社会科学版), 2015(1): 110-118.

[13] 薄文广, 殷广卫. 京津冀协同发展: 进程与展望[J]. 南开学报(哲学社会科学版), 2017(6): 65-75.

[14] 陈红霞, 李国平, 张丹. 京津冀区域空间格局及其优化整合分析[J]. 城市发展研究, 2011, 18(11): 74-79.

[15] 陈红霞, 席强敏. 京津冀城市劳动力市场一体化的水平测度与影响因素分析[J]. 中国软科学, 2016(2): 81-88.

[16] 陈明星, 郭莎莎, 陆大道. 新型城镇化背景下京津冀城市群流动人口特征与格局[J]. 地理科学进展, 2018, 37(3): 363-372.

[17] 初钊鹏. 环首都经济圈一体化协调发展的区域管治研究[J]. 经济地理, 2013, 33(5): 8-14.

[18] 丛屹, 王焱. 协同发展、合作治理、困境摆脱与京津冀体制机制创新[J]. 改革, 2014(6): 75-81.

[19] 樊杰, 周侃, 陈东. 环渤海—京津冀—首都(圈)空间格局的合理组织[J]. 中国科学院院刊, 2016, 31(1): 70-79.

[20] 方创琳. 京津冀城市群一体化发展的战略选择[J]. 改革, 2017(5): 54-63.

[21] 方创琳, 任宇飞. 京津冀城市群地区城镇化与生态环境近远程耦合能值代谢效率及环境压力分析[J]. 中国科

学: 地球科学, 2017, 47(7): 833-846.

[22] 高雪莲. 京津冀公共服务一体化下的财政均衡分配[J]. 经济社会体制比较, 2015(5): 58-65.

[23] 顾朝林. "十二五"期间需要注重巨型城市群发展问题[J]. 城市规划, 2011, 35(1): 16-18.

[24] 顾朝林, 郭婧, 运迎霞, 等. 京津冀城镇空间布局研究[J]. 城市与区域规划研究, 2015, 7(1): 88-131.

[25] 胡春阳, 刘秉镰, 廖信林. 中国区域协调发展政策的研究热点及前沿动态——基于 CiteSpace 可视化知识图谱的分析[J]. 华南师范大学学报(社会科学版), 2017(5): 98-109+191.

[26] 黄晟, 李兴国. 京津冀协同视阈下河北省碳排放和碳交易[J]. 清华大学学报(自然科学版), 2017, 57(6): 655-660.

[27] 姜尚荣, 乔晗, 张思, 等. 价值共创研究前沿: 生态系统和商业模式创新[J]. 管理评论, 2020, 32(2): 3-17.

[28] 李国平, 罗心然. 京津冀地区人口与经济协调发展关系研究[J]. 地理科学进展, 2017, 36(1): 25-33.

[29] 李国平, 宋昌耀. 雄安新区高质量发展的战略选择[J]. 改革, 2018(4): 47-56.

[30] 李俊强, 刘燕. 京津冀金融一体化、地方保护与经济发展[J]. 经济体制改革, 2016(2): 61-68.

[31] 李兰冰, 郭琪, 吕程. 雄安新区与京津冀世界级城市群建设[J]. 南开学报(哲学社会科学版), 2017(4): 22-31.

[32] 李牧耘, 张伟, 胡溪, 等. 京津冀区域大气污染联防联控机制: 历程、特征与路径[J]. 城市发展研究, 2020, 27(4): 97-103.

[33] 李平生. 京津冀区域旅游发展寻求突破[J]. 北京社会科学, 2007(2): 71-77.

[34] 李智礼, 匡文慧, 赵丹丹. 京津冀城市群人口城镇化与土地利用耦合机理[J]. 经济地理, 2020, 40(8): 67-75.

[35] 梁晨, 曾坚. 城市流视角下京津冀城市群网络联系测度[J]. 城市问题, 2019(1): 78-83.

[36] 刘宾. 非首都功能疏解背景下京津冀产业协同发展研究[J]. 宏观经济管理, 2018(8): 68-73.

[37] 刘秉镰. 雄安新区与京津冀协同开放战略[J]. 经济学动态, 2017(7): 12-13.

[38] 刘明, 高林. 基于城镇化科学发展的京津冀区域土地资源承载力研究[J]. 城市发展研究, 2015, 22(4): 6-8.

[39] 刘士林. 雄安新区战略解读与战略规划[J]. 学术界, 2017(6): 5-12+320.

[40] 鲁丽丽, 郑红玲. 基于环渤海经济圈的产业转移与对接探讨[J]. 商业时代, 2011(7): 134-135.

[41] 陆大道. 对京津战略定位的认识及一体化发展的建议[N]. 中国科学报, 2015-03-27(002).

[42] 陆大道. 京津冀城市群功能定位及协同发展[J]. 地理科学进展, 2015, 34(3): 265-270.

[43] 陆大道. 我国区域发展的战略、态势及京津冀协调发展分析[J]. 北京社会科学, 2008(6): 4-7.

[44] 罗奎, 李广东, 劳昕. 京津冀城市群产业空间重构与优化调控[J]. 地理科学进展, 2020, 39(2): 179-194.

[45] 马海龙. 京津冀区域协调发展的制约因素及利益协调机制构建[J]. 中共天津市委党校学报, 2013, 15(3): 90-96.

[46] 毛汉英. 京津冀协同发展的机制创新与区域政策研究[J]. 地理科学进展, 2017, 36(1): 2-14.

[47] 毛子骏, 黄膺旭. 数字孪生城市: 赋能城市"全周期管理"的新思路[J]. 电子政务, 2021(8): 67-79.

[48] 孟庆华. 基于生态足迹的京津冀人口容量研究[J]. 林业资源管理, 2014(4): 8-13.

[49] 苗长虹, 王海江. 中国城市群发育现状分析[J]. 地域研究与开发, 2006(2): 24-29.

[50] 邱均平. 信息计量学[M]. 武汉: 武汉大学出版社, 2007: 408-409.

[51] 沈洁. 京津冀地区非首都功能转移承接能力评价[J]. 河北学刊, 2020, 40(4): 162-170.

[52] 施仲衡. 京津冀交通一体化规划的战略思考[J]. 北京交通大学学报, 2016, 40(1): 101.

[53] 孙久文. 京津冀协同发展的目标、任务与实施路径[J]. 经济社会体制比较, 2016(3): 5-9.

[54] 孙久文, 邓慧慧, 叶振宇. 京津冀区域经济一体化及其合作途径探讨[J]. 首都经济贸易大学学报, 2008(2):

55-60.

[55] 孙久文, 卢怡贤, 易淑昶. 高质量发展理念下的京津冀产业协同研究[J]. 北京行政学院学报, 2020(6): 20-29.

[56] 孙久文, 夏添. 新时代京津冀协同发展的重点任务初探[J]. 北京行政学院学报, 2018(5): 15-24.

[57] 孙明正, 余柳, 郭继孚, 等. 京津冀交通一体化发展问题与对策研究[J]. 城市交通, 2016, 14(3): 61-66.

[58] 孙威, 毛凌潇. 基于 CiteSpace 方法的京津冀协同发展研究演化[J]. 地理学报, 2018, 73(12): 2378-2391.

[59] 王建强, 彭文英, 李若凡. 京津冀人口土地生态压力及空间调控战略研究[J]. 人口与经济, 2018(5): 83-90.

[60] 王一辰, 沈映春. 京津冀雾霾空间关联特征及其影响因素溢出效应分析[J]. 中国人口·资源与环境, 2017, 27(S1): 41-44.

[61] 王喆, 唐婍婧. 首都经济圈大气污染治理: 府际协作与多元参与[J]. 改革, 2014(4): 5-16.

[62] 王喆, 周凌一. 京津冀生态环境协同治理研究——基于体制机制视角探讨[J]. 经济与管理研究, 2015, 36(7): 68-75.

[63] 魏然, 李国梁. 京津冀区域经济一体化可行性分析[J]. 经济问题探索, 2006(12): 26-30+93.

[64] 吴丹, 王跃思, 潘月鹏, 等. 被动采样法观测研究京津冀区域大气中气态污染物[J]. 环境科学, 2010, 31(12): 2844-2851.

[65] 薛俭, 谢婉林, 李常敏. 京津冀大气污染治理省际合作博弈模型[J]. 系统工程理论与实践, 2014, 34(3): 810-816.

[66] 杨浩, 张灵. 京津冀地区产业结构演进及城市化进程对空气质量影响的实证研究[J]. 中国人口·资源与环境, 2018, 28(6): 111-119.

[67] 姚鹏. 京津冀区域发展历程、成效及协同路径[J]. 社会科学辑刊, 2019(2): 127-138.

[68] 殷沈琴, 张计龙, 任磊. 基于关键词共现和社会网络分析法的数字图书馆研究热点分析[J]. 大学图书馆学报, 2011, 29(4): 25-30+38.

[69] 曾珍香, 段丹华, 张培, 等. 基于主成分分析法的京津冀区域协调发展综合评价[J]. 科技进步与对策, 2008(9): 44-49.

[70] 张可云. 京津冀都市圈合作思路与政府作用重点研究[J]. 地理与地理信息科学, 2004(4): 61-65.

[71] 张可云, 蔡之兵. 京津冀协同发展历程、制约因素及未来方向[J]. 河北学刊, 2014, 34(6): 101-105

[72] 张可云, 王裕瑾. 世界新城实践与京津冀新城建设思考[J]. 河北学刊, 2016, 36(2): 143-148.

[73] 张楠迪扬. 京津冀一体化视角下的雄安新区行政体制机制创新[J]. 国家行政学院学报, 2017(6): 82-86+162.

[74] 张强, 霍露萍, 祝炜. 城乡融合发展、逆城镇化趋势与乡村功能演变——来自大城市郊区城乡关系变化的观察[J]. 经济纵横, 2020(9): 63-69.

[75] 张晓燕. 金融产业集聚的衡量体系和实证分析——以环渤海经济圈为例[J]. 东岳论丛, 2012, 33(2): 51-54.

[76] 张亚明, 张文文, 张文长. 京津冀区域旅游经济系统动力学分析[J]. 管理学报, 2009, 6(10): 1330-1334+1339.

[77] 赵建强. 基于力学原理的京津冀区域旅游合作研究——以秦皇岛为例[J]. 亚太经济, 2010(2): 127-130.

[78] 赵秋倩, 夏显力, 王进. 逆城镇化、乡贤回归与乡村振兴——基于浙中 X 村的田野调查[J/OL]. 重庆大学学报(社会科学版): 1-11[2021-09-12]. http://kns.cnki.net/kcms/detail/50.1023.C.20210728.1853.007.html.

[79] 赵曙明, 张紫滕, 陈万思. 新中国 70 年中国情境下人力资源管理研究知识图谱及展望[J]. 经济管理, 2019, 41(7): 190-208.

[80] 钟文娟. 基于普赖斯定律与综合指数法的核心作者测评——以《图书馆建设》为例[J]. 科技管理研究, 2012,

32(2): 57-60.

[81] 周瑜, 刘春成. 雄安新区建设数字孪生城市的逻辑与创新[J]. 城市发展研究, 2018, 25(10): 60-67.

[82] 周月. 京津冀城镇化进程中的问题分析[J]. 中国特色社会主义研究, 2013(2): 54-57.

[83] 朱桃杏, 吴殿廷, 马继刚, 等. 京津冀区域铁路交通网络结构评价[J]. 经济地理, 2011, 31(4): 561-565+572.

[84] 祝尔娟. 京津冀一体化中的产业升级与整合[J]. 经济地理, 2009, 29(6): 881-886.

[85] 祝尔娟, 齐子翔, 毛文富. 京津冀区域承载力与生态文明建设——2012 首都圈发展高层论坛观点综述[J]. 生态经济, 2014, 30(2): 57-61.

[欢迎引用]

李春发, 顾润德, 孙桂平. 京津冀区域发展 30 年: 热点聚焦、主题嬗变与研究展望[J]. 城市与区域规划研究, 2021, 13(2): 142-162.

LI C F, GU R D, SUN G P. Beijing-Tianjin-Hebei regional development in the past 30 years: hotspots, theme evolution and research prospect [J]. Journal of Urban and Regional Planning, 2021, 13(2): 142-162.

基于CiteSpace 分析的古村落水环境适应性研究进展

韩刘伟　林祖锐　李　渊

Advances in Research on Adaptability of Water Environment in Ancient Villages Based on CiteSpace Analysis

HAN Liuwei[1], LIN Zurui[2], LI Yuan[3]

(1. Faculty of Architecture, Civil and Transportation Engineering, Beijing University of Technology, Beijing 100124, China; 2. School of Architecture and Design, China University of Mining and Technology, Xuzhou 221008, China; 3. School of Architecture and Civil Engineering, Xiamen University, Xiamen 361000, China)

Abstract Ancient villages are the model of harmonious relationship between human and land. Their utilization of water environment reflects rich ecological wisdom and humanistic connotation. Reviewing and sorting out the relevant literature on water environment adaptability of ancient villages in China, it is found that the research contents can be divided into ancient village water control, water use, water environment space and landscape, water environment (resource) management, ecological significance of water environment, protection of water environment and its facilities, and modern planning and application of water environment adaptability, which formed a research pattern with the participation of multiple disciplines. The research methods have gradually changed from qualitative methods such as literature analysis, field investigation, to quantitative methods such as GIS, parameterization and analytic hierarchy process. The research focus shifts from the original qualitative description to the intrinsic

作者简介
韩刘伟，北京工业大学城市建设学部；
林祖锐，中国矿业大学建筑与设计学院；
李渊（通讯作者），厦门大学建筑与土木工程学院。

摘　要　古村落是人地和谐关系的典范，其对水环境的因借利用体现出丰富的生态智慧和人文内涵。文章回顾并梳理了我国古村落水环境适应性相关文献，发现：研究内容可分为古村落治水、用水、水环境空间及景观、水环境（资源）管理、水环境生态学意义、水环境及其设施的保护、水环境适应性的当代规划应用，并初步形成了多学科参与的局面；研究方法由最初的文献分析、定性分析逐步向初步运用参数化、层次分析法等定量化手段过渡；研究重心由描述水环境适应性的表征逐步转向内在原理；在研究对象的空间分布上由南方多水（江南、华南）地区向西北干旱地区扩展。尽管古村落水环境适应性的研究取得了一定的成果，但对水环境适应性价值特色丰富内涵认知仍存在不足，且定量化分析研究欠缺，多学科深度协作的研究有待加强。

关键词　CiteSpace；古村落水环境；水适应性；研究进展

1　引言

《管子·水地》篇中记载："水者何也？物之本原，诸生之宗室也。"古人对水的认知，并非现代的"景观之水"或"水利之水"，而是将其看作"生命之水"（陈红兵，1999）。《环境科学原理》将水环境界定为河流、湖泊、沼泽、地下水、冰川、海洋等地表贮存水体中的水本身及水体中的悬浮物、溶解物质、底泥和水生生物等（窦贻俭、李春华，1998）。中华人民共和国国家标准《水文基本术语和符号标准》（T50095—98）将水环境定义为围

principle of water environmental adaptability. The spatial distribution of the research objects expands from the southern waterish region (Jiangnan and South China) to the northwest arid region. Although some achievements have been made in the study of water environmental adaptability of ancient villages, there are still some deficiencies in the recognition of the rich connotation of water environmental adaptability value characteristics and the lack of quantitative analysis, so the study involving multiple disciplines and their in-depth collaboration needs to be further strengthened.

Keywords CiteSpace; water environment in ancient villages; water adaptability; research progress

绕人群空间及可直接或间接影响人类生活和发展的水体。本文将水环境定义为：从存在形式上，既包括村落整体的地表水、地下水、雨水等有形水体，还包括生命循环系统中所涉及的暖湿气流等无形水体；从载体类型上，既包括江、河、湖、泉等自然水体，还包括池（塘）水、井水、窖水、渠水等人工水体。

历时数百年的古村落，根据自身地域特征，在与自然的博弈过程中积累的水环境适应性智慧，是古人生存经验的集中表现。古村落居民利用朴素的技术，综合解决防洪排涝、人畜饮水、农业灌溉、景观营造、小气候改善等问题，在满足基本生产生活需要的基础上，大幅提升村落人居环境，实现人与自然的和谐与共生。因此，对古村落水环境适应性研究进行评述和展望，有利于发现古人的生存智慧，并应用古人智慧来分析当代城乡水环境问题，对于践行绿色理念，实现低碳、可持续发展具有重要的理论与现实意义。

2 古村落水环境适应性在当下城乡发展建设中的逻辑关系

2.1 传统生态适应智慧的重要体现

古村落水环境适应性是绿色生态价值观的体现。在不同历史阶段，古村落居民对水环境的开发利用不尽相同。一方面，先民通过"相地""察砂"等堪舆手法，探明水源、水口，从而决定村落的选址和布局；另一方面，先民不断地对自然水系进行改造和利用，从而形成了类型多样的水环境空间和设施。

埃塞俄比亚因极度缺水，多大力发展集雨设施（Muller，2013）；埃及虽终年无雨，但是尼罗河贯穿全境，为其提供了充足的水源，因此古埃及村落与城市都沿尼罗河呈现带状分布，且为了防御水患，城镇均筑于高地或人工砌筑的高台上（Echols and Nassar，2006）。我国太行山区的上庄古村落的水街，"晴天为路、下雨为河"，既解决排水和交通问题，又减少了土方量，因地制宜、充分结合现状；再如村落基地为片岩，无法掘井取水的地区，多建有"水窖"，古时用来收集雨水，以解决生活、生产用水，现在则是用来存储自来水，以备冬季自来水管结冰无法通水。古村落水环境适应性营建具有低技术、就地取材，充分适应自然的智慧，实现了生活环境与自然环境的完美融合。

2.2 解决当代城乡水环境问题的重要借鉴

城市长期高强度开发和扩张模式带来的自然排蓄系统破坏，与当前我们一方面面临城市内涝，另一方面又严重缺乏水资源的处境相比，乡村中把"洪"转化为"灌"等传统解决水问题的实践，具备的低技术、低成本、复合化的特征。

国外对于传统水环境的研究主要包括法规条例对传统水环境的规划保护、乡村特色维护中的传统水环境设施改善策略研究、传统水环境现代应用中的生态与适用技术研究（Jepson et al.，2011；Sadoff and Muller，2009）等方面。欧洲、美洲的传统水环境设施建设，注重与村镇大环境的融合，走经济、生态可持续的道路，并重视公众参与；非洲缺水国家的研究重点多集中在探索适宜的集雨和蓄水技术等。但我国现代海绵城市①规划的基本知识理论体系是基于西方普遍性的现代雨洪管理知识而产生的，并被当成"绝对真理"在国内进行推行和宣传（俞孔坚等，2015）。反而作为中国已经延续上千年的古村落水环境适应性生态智慧并未受到足够的重视，与现行城市雨洪管理体系相比（表1），我国古村落水环境适应性智慧在几千年来生存发展中所形成的低影响开发理念智慧和生态运作经验，其理论与实践用以分析当代城乡水环境问题，对于改善现代城市雨洪管理体系、建设海绵城市，实现低碳、可持续发展有着重要的借鉴意义（赵宏宇等，2018a）。

表1 古村落水环境适应性智慧与现行城市雨洪管理体系的特征对比

	古村落水环境适应性智慧	现行城市雨洪管理体系
核心思想	适应自然、遵循自然规律	征服自然、改变自然规律
主导方式	渐进式、适应式	断裂式、变革式
技术特征	低技术、低成本	高技术、高成本
	自然排蓄系统	人工建造方式
	重视公众参与	政府主导、缺乏公众参与
	多功能复合、多目标融合	不同功能专业化、不同目标独立化
运行效果	旱涝无恙、满足生产生活所需，人居环境良好、人与自然的和谐与共生	旱涝频繁、灾害损失大，水环境问题严重，正常生产生活遭受干扰

3   研究方法与数据来源

3.1   研究方法

为了直观且深入地梳理古村落水环境适应性的研究现状，采用定性和定量相结合的方法。定性分析主要着眼于对相关研究内容和观点的分析、把握，避免可视化分析工具的片面性以及选取文献的局限性；定量分析主要着眼于利用关键词来显示研究热点及其进展，避免文献梳理的主观性（李伯华等，2017）。本研究选择由美国德雷赛尔大学陈超美教授研发的基于 JAVA 平台的 CiteSpace 软件作为古村落水环境适应性文献研究的可视化分析工具。CiteSpace 的功能在于绘制关键词共现图和时区演化图（陈悦等，2015），动态识别共引聚类和研究热点，它将所选数据库中导出的数据进行格式转换，利用共词分析原理，绘制古村落水环境适应性领域关键词或者主题词的共词图谱，得到该领域各研究主题间的结构关系（García-Lillo et al., 2018；Hu and Zhang, 2015）；通过突变词检测算法运算，进行古村落水环境适应性领域的主题词突发性即突变词检测，结合年度时间切片识别该领域的研究时区布局和热点动向。本文使用目前最新版本信息可视化工具 CiteSpace Ⅴ 软件，对乡村空间的研究成果进行分时、动态的知识图谱分析。数据库时间跨度为 1996～2018 年，时间切片为 2 年。

3.2   数据来源

鉴于分析样本的全面性和完整性需求，选择中国文献覆盖率最高的中国知网 CNKI 为基础数据源。同时，由于中国对古村落、水环境适应性等称谓不统一，分别选择"古村落""传统村落""传统聚落""历史文化名村"等与"水环境""水适应（性）""水系""村落与水"等两两交叉组合为检索词，以"主题"为检索路径，检索时间截至 2018 年 12 月 31 日。依据文献与研究主题的相关性，对检索结果进行筛选，删除卷首语、会议征稿、会议综述、成果介绍、报纸报道等不相关条目，最终选取有效文献 486 篇，将有效文献按照 CiteSpace 软件处理要求时的 refworks 格式导出，并进行转码和文档拆分处理，最终形成本研究所需的古村落水环境适应性样本数据库。

4   研究文献概述

4.1   发文量的时间特征分析

研究文献发表数量变化反映出该领域研究的理论发展水平和程度。从文献发表的数量上看，国内关于古村落水环境适应性的研究发文数量呈现出动态增长的态势，这表明近年来国内研究对该主题的关注度逐步增加（图 1）。根据对所选文献发文时间归纳，可以发现：2000 年前，每年的发文量较少，每年仅 3～5 篇。说明在此阶段内，国内关于古水环境适应性的研究还未引起学者和专家的重视，可以将其视为研究初始期。之后，随着 2000 年"皖南古村落"的申遗成功以及 2003 年我国历史文化名镇（村）公布名单，大大推动了我国古村镇的保护发展，学术领域的研究也随之高涨。该阶段的发文量保持稳定上升趋势，并在 2009 年达到峰值，此后两年的发文量虽稍有下降趋势，但整体仍维持在每年 20 篇左右。至此，国内关于此领域的研究逐渐增多，研究进入发展阶段。2012 年之后，随着 2012 年首批中国传统村落名录的公布以及 2014 年传统村落保护指导意见等文件的颁布，传统村落的整体性保护开始进入法制轨道，古村落水环境研究也随着古村落的整体性保护理念得到进一步加强和重视。此时期的发文量持续呈每年增加 8 篇左右的趋势持续增长，尤其 2015 年针对当前城市内涝问题提出海绵城市理念后，GIS、定量化、信息化等定量化手段开始运用于古村落水环境适应性的分析中，为研究打开了新的视角。研究文献也开始大幅度增加，并于 2018 年达到 78 篇的数量。

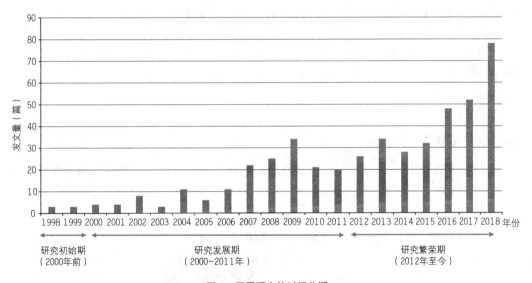

图 1　开展研究的时间分期

4.2　研究对象的空间分布

分析所选文献，发现研究对象大多与研究机构表现出地域一致性，因此通过统计文献发文量前 20 位的研究机构及其所在地，可以描述出研究对象的区域分布特征（表 2）。从文献的研究对象分布来看，主要集中在华东、西北、华南地区。西安建筑科技大学和华南理工大学主要依据其地域优势，其研究多针对西北、华南地区；华东地区的古村落水环境研究，尤其以徽州地区占绝对优势，其研究机构众多，主要包括同济大学、清华大学、安徽大学、合肥工业大学以及周边高校、科研院所等。

表2　各地域研究文献数量统计

研究地域	文献数量
西北地区	39
华南地区	34
华东地区	64
华北地区	28
西南地区	21

　　早期的古村落水环境研究主要针对南方多水地区，在研究内容方面也主要从村落理水、防洪、灌溉及其综合利用等角度展开，随着系统研究的深入，其空间分布逐步由南方多水地区向西北干旱、半干旱地区扩展。研究侧重点随之呈现丰水区与欠水区分异的特征：以王军、刘加平教授等为代表的西安建筑科技大学团队主要从村落蓄水、节水、循环利用等角度展开研究。此外，山东建筑大学的张建华教授团队针对北方泉水聚落营建的探索和吉林建筑大学赵宏宇教授为代表的针对北方传统村落的治水智慧的总结，都为古村落水环境适应性贡献了成果。

4.3　研究文献的学科分布

　　多学科共同参与研究是当今学科领域的发展趋势，通过对所选文献的一级学科分类，发现规划学146篇、建筑学92篇、景观学83篇、生态学63篇、地理学34篇、考古学24篇、经济学15篇等（图2）。

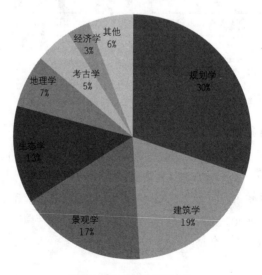

图2　研究文献的学科分布

表明多学科参与研究的局势初步形成，但各学科间均专注于各自的学科背景，缺乏联动合作；且近一半的研究成果集中在规划学、建筑学领域，其他学科的研究人员和成果需适度增加。生态学介入规划领域，成为近年来水环境适应性研究的主力，为多学科协同参与提供了借鉴经验。

4.4 研究关键词的演化进展

关键词是反映文章主题和研究重点的高度凝练概括，能够反映研究领域的当，前热点发展状况。关键词时区演化图谱能够清晰直观地反映某一时区中文献的更新和关联程度，从而反映出研究的演进趋势和特点，以此预测未来研究的发展方向。利用 CiteSpace 软件对研究文献的关键词进行分析，设置合适阈值，生成古村落水环境适应性的关键词时区演化图（图 3）。图中的每一个节点（圆圈）代表一个关键词，表示该关键词在所分析的文献集中首次出现的年份；节点半径的大小表示该关键词出现的频次。关键词一旦出现，将固定在首次出现的年份，如果后来的年份又出现了该关键词，那么该关键词会在首次出现的位置频次加 1，出现几次，频次就增加几次，并通过线条表示两者之间的联系（陈悦、刘则渊，2005）。图 3 共有 95 个节点，107 条连线，密度为 0.024。不同的研究阶段，各个关键词出现频率不一样，如果对关键词进行全时段排序，往往会忽略不同阶段的高频关键词，因此对关键词进行突现分析，设置 $\gamma=0.3$，默认 Minimum Duration 为 2，获得 22 个突现词，按照出现年度的先后顺序排名，如图 4 所示。通过对图 3 和图 4 的综合分析，结合政府政策、社会价值导向等外部因素和对文献进行综合判断后，依据高频关键词的发展趋势将我国乡村空间领域研究热点演化进程主要分为三个阶段。

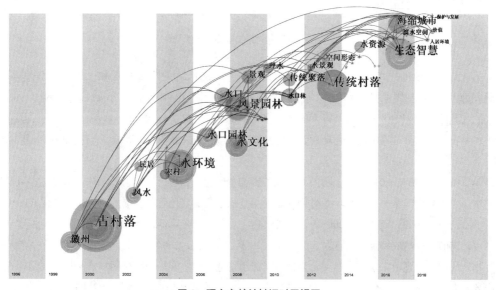

图 3　研究文献关键词时区视图

Keywords	Year	Strength	Begin	End	1996~2018
徽州	1996	3.9313	1996	2007	
风水	1996	3.5131	1996	2005	
古村落	1996	2.5041	2000	2004	
民居	1996	2.6342	2002	2004	
宏村	1996	4.3637	2004	2008	
水环境	1996	1.2793	2005	2006	
水口	1996	2.5246	2006	2012	
水口园林	1996	2.1981	2007	2010	
风景园林	1996	3.6452	2008	2012	
水文化	1996	2.7569	2008	2013	
景观	1996	1.5236	2008	2013	
理水	1996	1.3886	2009	2012	
水口林	1996	1.6371	2010	2011	
水景观	1996	1.2489	2012	2014	
传统村落	1996	2.0998	2012	2016	
空间形态	1996	1.857	2014	2017	
水资源	1996	1.4191	2015	2017	
海绵城市	1996	4.0375	2016	2018	
滨水空间	1996	1.0236	2016	2018	
人居环境	1996	2.3485	2015	2017	
生态智慧	1996	4.5327	2016	2018	
价值	1996	3.6752	2017	2018	
保护与发展	1996	2.5194	2017	2018	

图4　研究文献关键词突现图

　　第一阶段（1996～2002），该阶段的高频关键词为：徽州、古村落、民居和风水。此时期多以历史研究为主线，主要侧重于古代风水学说对村落选址、民居建设影响的描述（孙天胜、徐登祥，1996）。古代的《葬经》《阳宅十书》以及近代的《风水与建筑》（亢亮、亢羽，1999）等，均从风水层面讨论了水系在村落营建过程中的重要作用，且研究地域以徽州地区最多（胡善风、李伟，2002；李小波，2001）。

　　第二阶段（2003～2012），该阶段的高频关键词主要包括：水环境、水口园林、水文化、风景园林、水口、景观、理水、水景观。此时期的研究主要从水文、文化等精神层面讨论水的文化成因（陈丹华、陈琦昌，2008；刘树坤，2003）、审美特色（蒲晓东、张彦德，2009）、构成要素（张建华、王丽娜，2007）、构成特点（阚陈劲、吴泽民，2009；曹剑文，2004）及对水的利用等方面；涉及空间等物质层面的研究中水多作为景观元素分析其美学特色，且主要集中在村落水口及其附属园林等景观研究方面。此时期的著作《江南理景艺术》（2001）、《徽州古民居探幽》（2003）等书对部分古村落的水系绘制简图并详细介绍了水环境景观的构成要素。2000 年以后，随着旅游开发热潮的兴起，对于古村落水环境的研究，从生产生活的功能性作用逐步转向水景观及其美学特色角度。尤其是 2005 年之后，"美丽乡村""新农村"等建设运动的出现，一部分学者开始关注村落的人居环境建设，并尝试性借鉴古村落的理水应用到当今乡村规划中。

第三阶段（2013～2018），该阶段的高频关键词主要包括：传统村落、空间形态、水资源、海绵城市、生态智慧、滨水空间、保护与发展、价值、人居环境。2012 年之后，中国传统村落名录的公布为村落的整体性保护提供了机遇，除了村落的选址格局、建筑特色、文化特征等方面外，也包括村落水环境空间及其价值特色等内容。古村落水环境适应性的相关研究逐渐扩展至地理学、生态学、经济学领域，研究也逐渐由探讨水环境景观、水形态的表征转向生态学为主导的古村落水环境生态作用机理、遗产价值特色等方面，其研究主要集中在水环境适应性的生态智慧（杨会会等，2014；李仙娥、马晶，2013；赵宏宇等，2018b）、水基础设施（曾颖，2018；刘华斌、古新仁，2018）、雨水集约利用（曹永强等，2004）、水环境的遗产（王长松等，2016；里昂等，2018；隋丽娜等，2018）价值特征等方面。2012 年，水利部提出加快推进水生态文明建设，明确提出将水生态文明建设具体融入水资源开发、节水、水生态保护、环境治理的多方面中。此外，随着海绵城市建设思想的深入挖掘，部分学者开始关注中国已经延续上千年的古村落水环境适应性生态智慧，并详细分析了古村落在生存发展中所形成的开发利用理念智慧和生态运作经验，并为我国海绵城市的规划建设提供了本土传统经验（李俊奇、吴婷，2018；陈义勇、俞孔坚，2015）。2018 年之后，图谱的关键词包括"价值""保护与发展"等，这也表明了其研究的趋势开始逐步关注水环境（资源）的遗产价值及其规划应用方面，并逐渐把水环境从物质环境扩充到空间遗产的一部分进行保护和更新。

5　古村落水环境适应性主要研究内容分析

关键词能反映文章的研究主题和内容，利用 CiteSpace 软件的关键词共现分析能够发现某领域的研究热点。由于本研究在选取样本时设定"古村落""传统村落"为主题，因此"古村落""传统村落""聚落"等这一类关键词出现的频率势必较高，而其无特殊含义，故在关键词统计分析中将其忽略（图 5）。最终将去除后的关键词按照出现频率依次排序确定前 30 位，并依据相关性原则，将研究方向相同、相近的关键词归纳为同一主题，初步确定古村落水环境适应性的七个研究热点：治理水害（水患）策略研究、因借利用策略研究、水环境空间及景观研究、水环境（资源）管理研究、水环境设施的保护与应用研究、水环境生态学意义研究、水环境适应性的当代规划应用研究（表 3）。这种方法为后续研究提供了一个直观的数据分析依据，但在研究内容剖析上缺乏深度，需要进一步从文献综述角度进行总结。

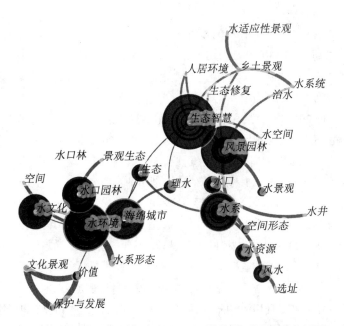

图 5　去除"古村落"等不相关主题词后的关键词共现网络分析图

表 3　出现频次前 30 位关键词及研究热点归纳

关键词	研究热点总结
治水、排水、防洪排涝	治理水害（水患）策略研究
水利用、风水、理水	因借利用策略研究
滨水空间、空间形态、水环境空间、水口、风景园林	水环境空间及景观研究
水文化、水资源、保护与发展、遗产	水环境（资源）管理研究
水井、水系、基础设施	水环境设施的保护与应用研究
生态智慧、生态、人居环境、价值	水环境生态学意义研究
海绵城市、水系统、水适应性景观	水环境适应性的当代规划应用研究

5.1　治理水害（水患）策略研究

我国古代就有关于治理水害（水患）的描述，风水理论中就记载了合理的聚落选址对抵御洪水的重要作用。治理水害（水患）的现有研究多针对城市范畴，较少涉及村落层面（俞孔坚、张蕾，2007）。吴庆洲教授及其团队专注于中国古代城市聚落在防洪和水利上的智慧营建特点，详细分析了从夏商西周到明清时期众多古城选址营建中的具体措施，为研究古村落的治理水害（水患）策略提供了借鉴性思路（吴庆洲，2002a、2002b；吴庆洲等，2014）。

针对村落层面的治理水患研究主要集中在多雨地区或江河沿岸。杨东辉类比古代城市的防洪策略，总结了珠三角传统村落营建过程中的防、导、蓄等八大策略（杨东辉，2015）。刘畅以黄泛区聚落台儿庄为例，详细分析了在黄河泛滥影响下聚落的空间演变和营造策略（刘畅，2016）。

5.2　因借利用策略研究

针对村落对水环境的因借利用研究最早体现在古代风水学说中先民"相土""察砂""观水"的方法，进而利用和改造自然水系，探寻最佳村址（王越、林箐，2018）。《葬书》作为风水堪舆著作，是古村落的选址建造的理论基础。《阳宅集成》描述的山环水抱的村落布局，体现了先民利用堪舆术充分因借自然水系的过程。水环境因借利用策略的具体研究，则更多地从村落蓄水（王晓君等，2013）、节水（李冰瑶等，2017）、循环利用水（陈旭东，2010）等方面展开，且研究区域多集中于西北干旱缺水地区。王军教授负责的国家自然科学基金《地域资源约束下的西北干旱村镇聚落营造模式研究》探讨了在水资源约束下黄土高原及绿洲聚落地区的村落蓄水、节水策略；至此之后，此团队在水环境影响下的聚落演变、建筑特征、营造模式等方面贡献了较多有价值的研究成果（岳邦瑞等，2011；岳邦瑞、王军，2007）。

5.3　水环境空间及景观研究

水环境空间是指人类适应自然环境中所进行的以水为依托的空间营建，承载的是交往、生活、公共活动等（王益，2017）。水环境景观主要是以水域空间为依托，经人类活动和环境条件共同作用后在其基础上生长、营建的景观。营建水景观的目的是保护、利用自然景观资源，协调人与自然的生态关系，引导人的视觉美感和文化取向，创造高品质的人居物质和精神环境。现有研究主要从水环境空间的形态、景观以及它与村落、人的关系等方面展开（周彝馨、吕唐军，2014）。不同水环境空间所衍生出的景观布局特征和人居活动方式不同，阮锦明、刘加平指出水环境空间与其承载的行为活动共同影响、相互演进（阮锦明、刘加平，2018）。

针对水环境空间的具体特征研究，始于依据形态或构成差异将其归纳为不同种类。形态方面主要包括点状（水井、桥、水口、码头）、线状（水街、水圳）和面状空间（水塘、风水池）三类（徐境、任文玲，2012）。水口空间研究是村落水环境景观研究的最重要部分。据水口和所处位置的不同，可以分为平原型、峡谷型、河岸型等类型；根据水口功能的不同，分为生产型、生态型、观赏型等五类。金程宏按自然要素（溪流、泉水、潭水）和人工要素（水塘、码头、水圳、天井、水口等）的区别将古村落水空间进行归类（金程宏，2011）。汪德华从文化的视角阐释了传统聚落的水环境景观特色（汪德华，2002），并指出人工水系仍蕴含深厚的文化内涵。水景观的人文价值可以概括为：满足审美、激发表达、启迪道德和人水和谐四个方面。

5.4　水环境（资源）管理研究

水是人类生存的重要资源，对生产生活不可或缺。水环境（资源）管理主要是处理因水而产生的各种问题，如：处理平息水利、水事纠纷（徐冬平等，2016）；保证村民用水的公平性和合理性等（林祖锐，2016）。水神、水规和水倌三位一体的水管理系统是少数民族传统水文化内涵的主要内容。

张一鸣系统梳理了1949年以来对水资源利用法律制度，并在对我国水资源状况、治水历史传统、经济政治体制等因素综合考量的基础上，提出适合我国的水资源利用管理法律制度（张一鸣，2015）。江沛从社会学的角度，剖析了河北王金庄村从调整水的时空分布（夏水春调，远水近调）、对环境的创造性调适（存蓄为主，开调为辅）以及对自然与神明的敬畏三个方面的水资源分配与管理的智慧（江沛，2017）。

5.5　水环境设施的保护与应用研究

传统水环境设施是指在民国前建造，运用当地乡土材料和建造技艺建设的给水、蓄水、用水、排水等各类设施的总和，如塘、渠、井、窖、泉、池等。水环境设施是村落基础设施的重要组成部分，现有研究多将水环境设施作为基础设施的一部分，从作用效果和更新方法进行研究，鲜有文章对其专门研究。

林祖锐等从基础设施的历史演进方面，构建了协调发展评价体系，其中就有专篇针对水环境设施的运作效果进行评价（林祖锐等，2015）。在水环境设施更新方面，现有研究主要从生态学角度的水窖更新利用以及村落给排水方面展开。王竹在陕北地区水窖更新的策略中提出，原有的水窖增加净化和消毒设施，天旱时作为饮用水补充的构想（王竹，1996）。杨思声将水环境及其附属空间、设施等作为古村落遗产，为其构建遗产信息资源数据库，为当代水环境保护的可视化表达打开了新视角（杨思声，2016）。吴丹针对侗寨水基础设施的废弃现象，提出通过扩大水域面积、增加水深和引进现代技术等措施，达到恢复原本作用效果的目的（吴丹，2017）。

5.6　水环境生态学意义研究

水环境的生态学意义是指古村落在营建过程中对水环境适应与共生、因借与利用，从而达到生产、生活之便和改善人居环境的目的。村落水环境的时空循环调节着村落的小气候与生态环境，具有一定的生态、科学价值（刘华斌、古新仁，2018）。

李俊从消防角度探讨了皖南传统民居中水系的规划特点，分析了水系在村落选址、建筑建造、景观构建等方面所体现的生态意义（李俊，2003）。尹航归纳了鲁中丘陵地区村落"水系"宏观和微观结构特征，总结出水的连续性、循环性特点对于村落生态系统的重要作用，提炼出具有生产、运输、防御、消防美化、雨洪管理、调节小气候等复合性功能（尹航、赵鸣，2018）。

5.7　水环境适应性的当代规划应用研究

当代水环境的营造要师法自然、传承历史文化内涵，又要因时制宜、加以运用现代技术，达到继承与发展并行的目的。

杜宁睿等以从尊重水系统自然性的角度，并从战略引导和实施操作两个层面引入水适应性理念，提出了我国城乡空间规划体系框架，以达到城、水关系融合的目的（杜宁睿、汤文专，2015）。李玉洁从生态价值和经济价值两方面探讨了水资源与乡村生活、生产、景观建设的重要关系，并从旅游开发的角度提出水资源的可持续利用途径（李玉洁，2016）。刘华等针对陕北黄土塬沟壑区的地域特点，提出镇域大海绵、镇区中海绵，居住组团小海绵的多尺度结合的水适应景观设计方法，对陕北海绵城市建设的目标落实提供借鉴意义（刘华、雷振东，2018）。

6　讨论与结论

历史进程中，村落、人与水的关系呈现出从"依附"到"开发"，再到"掠夺"，进而转为"和谐"的阶段性特征：原始社会时期人类逐水而居，先民依赖和顺从水。农业文明时期，人类趋利避害，逐渐利用水系，以满足农业灌溉、河道水运、水能开发等方面。但由于当时技术条件的局限，人类仍然遭受干旱和洪涝灾害的威胁。工业文明时的人水关系呈两极分化发展。一方面，人类掠夺式开发水环境（资源），充分发挥其美学、文化价值；但另一方面，不和谐的人水关系导致水污染和水生态破坏日益严重，进而影响到人的生存和发展。信息化时代，人类开始探索处理水环境问题的新途径，并在生态利用、水景观当代规划等方面进行诸多研究，并逐渐把水环境从物质环境扩充到空间遗产的一部分进行保护和更新（里昂等，2018）。

先民在古村落水环境适应性蕴含朴素的生存智慧。因此，分析其研究脉络及研究深度，并及时发现研究盲区和发展趋势尤为关键。

6.1　讨论

尽管古村落的水环境适应性智慧已得到学术界的初步认可，但运用其智慧指导实践，我们仍需要正视古村落与现代城市建设之间的分歧与差异。

6.1.1　古村落水适应性分析以个例、经验性描述为主，鲜有量化数据支撑

古村落生态智慧的总结和提炼多以经验性描述为主，缺乏量化数据论证支撑。古村落的"察砂""观水"等堪舆手法，依靠的多是风水师的判断，在当今现代化语境下缺乏科学的论证和剖析。对于村落外部环境的分析多为地表层面的外部特征，难以触及古村落地质、土壤等分析研究。以往研究多是以个例的方式呈现，由于环境的复杂性等原因，其生态智慧可能不适于其他区域或区域内其他村落。

6.1.2　时空维度转换，适应性理念理应更新

古村落水环境适应性是在当时生产、生活环境下，古人在面对不利因素时所做的一系列规划应对；当今的城乡社会与古代在人口密度、经济发展程度、生产生活方式存在诸多不同，其适应性理念有待更新和发展。古人往往把生存作为当时的追求目标；但时代的发展，催生出人们追寻高品质的生活需求。古人在择址建村多离水面一定距离，防止洪水侵袭，但在当今科技发展和时代需求下，往往为追逐良好的水景观，打造亲水空间、临水别墅等。在干旱缺水的太行山区，先民为适应水资源时空分布不均衡的影响，多在院落低洼处开挖水窖、收集雨水等作为饮用水储水设施，这是其水环境适应性理念的有力表现；但在当今社会，人们为追寻清洁水源已不再依赖水窖，转而选择远距离调水或更新水窖、添加消毒、净水设施等。

因此，在应用古村落水环境适应性智慧解决当代水环境问题时，应充分考量古代与当今的时空差异，把握古村落与城市发展目标的区别、采取方式的差异、理想效果的预判等，有选择的运用其传统生态智慧并创造性的融入当代城市建设体系中。

6.2　结论

6.2.1　多学科协同研究的态势有待加强

根据研究文献的学科分布情况，发现古村落水环境适应性研究多学科参与的局势初步形成。城乡规划学、建筑学、地理学、考古学、旅游学、社会学等学科均专注于各自的学科背景，从本学科领域系统分析了古村落水环境的文化成因、形成基础、价值特色、影响效果和演进变化等。但近一半的研究成果集中在规划学、建筑学领域，应加强地理学、测绘工程学、地质学、生态学等多学科的融合研究，发挥交叉学科的综合优势，增强横向联系和纵向协作：应用测绘工程学对古村落及其水环境进行基础测绘、摄影测量与遥感监测等，实现综合利用地面、地下空间的目的；运用地质学研究古村落地质构成及区域地下水系状况，用科学的量化方式呈现先民选址建村于此的深层次原因；应用生态学、经济学等研究村落在生态系统中与周围环境的共生和演化关系，为古村落的未来更新与发展提供合理的预判、定位等。

6.2.2　水环境适应性研究方法有待创新

研究初期，在研究方法上，以定性分析为主，而定量研究相对较少。定性研究多集中于文献分析、田野调查、历史分析、比较研究等方法。参数化、层次分析法等的引入，用以分析古村落水环境的空间尺度、绩效特征等是定量化方法的关键性进展。但由于古村落水环境具有社会、经济、生态等多重功能，单靠某一种研究方法很难达到预期效果，方法集成创新将成为该领域研究的重要突破口。因此，今后应加强使用 GIS、RS、GPS 等技术，实现古村落水环境适应性相关信息的大数据收集与监测，并建立相关数据库，进行其经济、生态、社会等功能的可视化分析。

6.2.3 水环境设施规划应用研究有待拓展

当前关于古村落水环境的研究主要集中于水的文化成因、审美特色、构成要素及对水的利用等方面，涉及物质层面的研究中水多作为景观元素，针对水环境的遗产保护及规划应用研究仍然相对较少。近些年，古村落水环境的研究不再局限于水环境的静态描述（村落选址、空间特征、景观特色等），而是逐渐重视古村落水环境的生态价值特色和历史人文内涵等方面。水环境设施是古村落地域特色和文化内涵的历史见证，是古村落遗产的一部分。因此应加大水环境设施的类型化梳理，提炼其特色价值，对不适应现代生产生活方式的水环境设施加以更新、改造和再利用。

致谢

本文由国家自然科学基金面上项目"太行山区古村落传统水环境设施特色及其再生研究"（51778610）；国家自然科学基金面上项目"遗产价值视角下的旅游者空间感知评价与优化研究"（42171219）支持，感谢参与传统村落调研的许鹏、王帅敏、仲昭通等。

注释

① 2013 年 12 月，习近平总书记在中央城镇化工作会议上明确提出，建设"自然存积、自然渗透、自然净化"的海绵城市。

参考文献

[1] ECHOLS S P, NASSAR H F. Canals and lakes of Cairo: influence of traditional water system on the development of urban form[J]. Urban Design International, 2006, 11(3-4): 203-212.

[2] GARCÍA-LILLO F, CLAVER-CORTÉS E, ÚBEDA-GARCÍA M, et al. Mapping the "intellectual structure" of research on human resources in the "tourism and hospitality management scientific domain"[J]. International Journal of Contemporary Hospitality Management, 2018, 30(3): 769-786.

[3] HU J, ZHANG Y. Research patterns and trends of recommendation system in China using co-word analysis[J]. Information Processing and Management, 2015, 51(4): 67-78.

[4] JEPSON P, BARUA M, BUCKINGHAM K. What is a conservation actor?[J]. Conservation and Society, 2011, 9(9): 229-235.

[5] MULLER M. Strategic partners for successful water management[J]. Civil Engineering, 2013, 21(5): 11-14.

[6] SADOFF C, MULLER M. Water management, water security and climate change adaptation: early impacts and essential responses[J]. Ecology & Animal Health, 2009, 102(1-2): 351-376.

[7] 曹剑文. 徽派建筑群的动脉——村落水系[J]. 建筑知识, 2004(3): 36-40.

[8] 曹永强, 田富强, 胡和平. 雨水资源综合利用研究[J]. 中国农村水利水电, 2004(11): 45-46.

[9] 陈丹华, 陈琦昌. 浅谈徽州古村落水文化[J]. 美术大观, 2008(1): 174.

[10] 陈红兵. 《管子·水地》篇思想探微[J]. 中华文化论坛, 1999(1): 40-44.

[11] 陈旭东. 徽州传统村落对水资源合理利用的分析与研究[D]. 合肥: 合肥工业大学, 2010.

[12] 陈义勇, 俞孔坚. 古代"海绵城市"思想——水适应性景观经验启示[J]. 中国水利, 2015(17): 19-22.

[13] 陈悦, 陈超美, 刘则渊, 等. CiteSpace知识图谱的方法论功能[J]. 科学学研究, 2015, 33(2): 242-253.

[14] 陈悦, 刘则渊. 悄然兴起的科学知识图谱[J]. 科学学研究, 2005(2): 149-154.

[15] 窦贻俭, 李春华. 环境科学原理[M]. 南京: 南京大学出版社, 1998: 25-26.

[16] 杜宁睿, 汤文专. 基于水适应性理念的城市空间规划研究[J]. 现代城市研究, 2015(2): 27-32.

[17] 胡善风, 李伟. 徽州古建筑的风水文化解析[J]. 中国矿业大学学报(社会科学版), 2002(3): 155-160.

[18] 江沛. 干渴的梯田: 王金庄村水资源的分配与管理[J]. 中国农业大学学报(社会科学版), 2017, 34(6): 95-102.

[19] 金程宏. 衢州地区传统村镇水空间解析[D]. 杭州: 浙江农林大学, 2011.

[20] 阚陈劲, 吴泽民. 徽州古村落水口景观及现状[J]. 小城镇建设, 2009(1): 63-68.

[21] 亢亮, 亢羽. 风水与建筑[M]. 天津: 百花文艺出版社, 1999.

[22] 李冰瑶, 陈星, 周志才, 等. 缺水地区水资源可持续利用评价与对策探讨[J]. 水资源与水工程学报, 2017, 28(6): 104-108.

[23] 李伯华, 刘沛林, 窦银娣, 等. 中国传统村落人居环境转型发展及其研究进展[J]. 地理研究, 2017(10): 1886-1900.

[24] 李俊. 徽州古民居探幽[M]. 上海: 上海科学技术出版社, 2003.

[25] 李俊奇, 吴婷. 基于水文化传承的湖州市海绵城市建设规划探讨[J]. 规划师, 2018, 34(4): 63-68.

[26] 李仙娥, 马晶. 黄河流域历史文化古村的生态智慧探析[J]. 生态经济, 2013(4): 178-180.

[27] 李小波. 中国古代风水模式的文化地理视野[J]. 人文地理, 2001(6): 64-68.

[28] 李玉洁. 以旅游开发为主导的乡村水资源可持续利用研究[D]. 西安: 西安建筑科技大学, 2016.

[29] 里昂, 王思思, 吴文洪, 等. 海绵城市建设中水文化遗产保护策略研究[J]. 人民长江, 2018, 49(11): 14-18.

[30] 里昂, 王思思, 袁冬海, 等. 旱涝灾害威胁下的城乡水适应性景观特征及影响因素——以山西晋中地区为例[J]. 干旱区资源与环境, 2018, 32(4): 183-188.

[31] 林祖锐. 传统村落基础设施协调发展规划导控技术策略——以太行山区传统村落为例[M]. 北京: 中国建筑工业出版社, 2016.

[32] 林祖锐, 马涛, 常江, 等. 传统村落基础设施协调发展评价研究[J]. 工业建筑, 2015, 45(10): 53-60.

[33] 刘畅. 基于发生学视角的传统聚落水适应性空间格局研究(以台儿庄古城为例)[D]. 北京: 北京建筑大学, 2017.

[34] 刘华, 雷振东. 陕北黄土塬沟壑区小城镇水适应景观设计方法初探[J]. 华中建筑, 2018, 36(9): 92-97.

[35] 刘华斌, 古新仁. 传统村落水生态智慧与实践研究——乡村振兴背景下江西抚州流坑古村的启示[J]. 三峡生态环境监测, 2018, 3(4): 51-58.

[36] 刘树坤. 水利建设中的景观和水文化[J]. 水利水电技术, 2003(1): 30-32.

[37] 蒲晓东, 张彦德. 水景观及其文化价值[J]. 河海大学学报(哲学社会科学版), 2009, 11(2): 10-12+90.

[38] 阮锦明, 刘加平. 从"水空间"看海南传统聚落公共空间的组织方式[J]. 华中建筑, 2018, 36(2): 93-98.

[39] 隋丽娜, 程圩, 郭昳岚. 陕西省水文化遗产保护与利用[J]. 水利经济, 2018, 36(2): 68-72+77+86.

[40] 孙天胜, 徐登祥. 风水——中国古代的聚落区位理论[J]. 人文地理, 1996(S2): 60-62.

[41] 汪德华. 中国山水文化与城市规划[M]. 南京: 东南大学出版社, 2002.

[42] 王晓君, 石敏俊, 王磊. 干旱缺水地区缓解水危机的途径: 水资源需求管理的政策效应[J]. 自然资源学报, 2013, 28(7): 1117-1129.

[43] 王益, 吴永发, 严敏. 徽州古村落水系营建与空间预防[J]. 建筑学报, 2017(S1): 113-117.

[44] 王越, 林箐. 传统城市水适应性空间格局研究——以济南为例[J]. 风景园林, 2018, 25(9): 40-44.

[45] 王长松, 李舒涵, 王亚男. 北京水文化遗产的时空分布特征研究[J]. 城市发展研究, 2016, 23(10): 129-132.

[46] 王竹, 周庆华. 为拥有可持续发展的家园而设计——从一个陕北小山村的规划设计谈起[J]. 建筑学报, 1996(5): 33-38.

[47] 吴丹. 黔东南岜扒村水生态基础设施规划设计研究[D]. 西安: 西安建筑科技大学, 2017.

[49] 吴庆洲. 中国古城防洪的历史经验与借鉴(续)[J]. 城市规划, 2002(5): 76-84.

[48] 吴庆洲. 中国古城防洪的历史经验与借鉴[J]. 城市规划, 2002(4): 84-92.

[50] 吴庆洲, 李炎, 吴运江, 等. 城水相依显特色, 排蓄并举防雨潦——古城水系防洪排涝历史经验的借鉴与当代城市防涝的对策[J]. 城市规划, 2014, 38(8): 71-77.

[51] 徐冬平, 李同昇, 赵波, 等. 北方半干旱地区水资源利用 "零增长" 研究——以内蒙古自治区通辽市为例[J]. 地域研究与开发, 2016, 35(6): 92-96.

[52] 徐境, 任文玲. 西塘古镇滨水空间解读[J]. 规划师, 2012, 28(S2): 69-72.

[53] 杨东辉. 基于防洪排涝的珠三角传统村落水系空间形态研究[D]. 哈尔滨: 哈尔滨工业大学, 2015.

[54] 杨会会, 闫水玉, 任天漫. 丽江古城适应水文环境的生态智慧研究[J]. 风景园林, 2014(6): 54-58.

[55] 杨思声, 王珊. 信息化途径的大德古村落水系遗产再生[J]. 华侨大学学报(自然科学版), 2016, 37(4): 456-460.

[56] 尹航, 赵鸣. 鲁中低山丘陵地带泉水村落"水系统"研究[J]. 风景园林, 2018, 25(12): 105-109.

[57] 俞孔坚, 李迪华, 袁弘, 等. "海绵城市"理论与实践[J]. 城市规划, 2015, 39(6): 26-36.

[58] 俞孔坚, 张蕾. 黄泛平原古城镇洪涝经验及其适应性景观[J]. 城市规划学刊, 2007(5): 85-91.

[59] 岳邦瑞, 李玥宏, 王军. 水资源约束下的绿洲乡土聚落形态特征研究——以吐鲁番麻扎村为例[J]. 干旱区资源与环境, 2011, 25(10): 80-85.

[60] 岳邦瑞, 王军. 绿洲建筑学研究基础与构想——生态安全视野下的西北绿洲聚落营造体系研究[J]. 干旱区资源与环境, 2007(10): 1-5.

[61] 曾颖. 传统实践智慧的启示: 横槎村水生态基础设施的解读[J]. 装饰, 2018(8): 116-119.

[62] 张建华, 王丽娜. 泉城济南泉水聚落空间环境与景观的层次类型研究[J]. 建筑学报, 2007(7): 85-88.

[63] 张一鸣. 中国水资源利用法律制度研究[D]. 重庆: 西南政法大学, 2015.

[64] 赵宏宇, 陈勇越, 解文龙, 等. 于家古村生态治水智慧的探究及其当代启示[J]. 现代城市研究, 2018(2): 40-44+52.

[65] 赵宏宇, 解文龙, 卢端芳, 等. 中国北方传统村落的古代生态实践智慧及其当代启示[J]. 现代城市研究, 2018(7): 20-24.

[66] 中华人民共和国国家标准 GB/T50095-2014. 水文基本术语和符号标准[S]. 中华人民共和国水利部.

[67] 周彝馨, 吕唐军. 聚落形态演变与防洪功能变化的关系——以广东高要地区为例[J]. 地理研究, 2014.

[欢迎引用]

韩刘伟, 林祖锐, 李渊. 基于 CiteSpace 分析的古村落水环境适应性研究进展[J]. 城市与区域规划研究, 2021, 13(2): 163-179.

HAN L W, LIN Z R, LI Y. Advances in research on adaptability of water environment in ancient villages based on CiteSpace analysis [J]. Journal of Urban and Regional Planning, 2021, 13(2): 163-179.

村镇资源环境承载力研究评述与展望

高原 于江浩 田莉

Review and Prospect of Research on Resource and Environment Carrying Capacity at Town and Village Levels

GAO Yuan[1], YU Jianghao[2], TIAN Li[2]

(1.School of Landscape Architecture, Beijing Forestry University, Beijing 100083, China; 2. School of Architecture, Tsinghua University, Beijing 100084, China)

Abstract In order to respond to the needs of economic and social development transformation and urbanization development, and to achieve urban-rural integrated development, China has actively promoted a series of strategies such as "new urbanization", "new countryside development", and "rural revitalization". The study on resource and environment carrying capacity at town and village levels is not only the basis for the implementation of the strategy of new countryside development and scientific decision-making, but also a critical technical support for territorial management. By reviewing the domestic and foreign literature in the resource and environment carrying capacity, it is suggested that the future research should focus on the following fields: 1) establishing a hierarchical, differentiated and application-oriented evaluation system; 2) based on opportunities such as territorial and spatial planning and dual evaluation, mapping out the resource background of villages and towns, assessing the current state of ecological environment, scientifically and rationally zoning and providing guidance in planning, and designing targeted paths to enhance the carrying capacity of resources and environment in towns and villages; 3) developing an early warning system of carrying capacity at town and village levels; and 4) promoting multidisciplinary integration and basic technology exploration.

Keywords resource and environment carrying capacity; town and village; spatial planning

作者简介

高原，北京林业大学园林学院；

于江浩、田莉，清华大学建筑学院。

摘 要 为应对经济社会发展转型和城镇化发展需要，实现城乡统筹发展，我国积极推进"新型城镇化""新农村建设""乡村振兴"战略。村镇资源环境承载力研究既是我国村镇建设战略实施和科学决策的重要依据，也是服务和满足国土资源与空间精细化管理需要的重要技术支撑。文章在对现有国内外村镇尺度资源环境承载力研究归纳整理的基础上，就该领域的研究展开了评述与展望。文章认为，村镇资源环境承载力研究应重视以下四个方面：①构建分层次、类型差异化和以应用为导向的评价体系；②依托国土空间规划和双评价等契机，摸清村镇资源本底，评估生态环境现状，在规划中科学合理分区及规划引导，针对性设计村域资源环境承载力提升路径；③加强村镇资源环境承载力预警研究；④推进村镇资源承载力评价多学科融合与基础技术探究。

关键词 资源环境承载力；村镇；空间规划

1 引言

中国是一个人口大国、农业大国，农业、农村、农民问题是关系国计民生的根本性问题，中国农业肩负着保障粮食安全、保护生态环境、保证数亿农民就业与增收的重要使命（刘彦随，2018）。同时，伴随着中国经济的快速发展，城乡发展不平衡、不协调等结构性矛盾日益凸显。从统筹城乡发展到新农村建设，再到新时代的乡村振兴，进入 21 世纪以来中国"三农"战略发展，村镇地区的重要性日益突出。与城市相比，乡村地区承载着山水林田湖草等生态资源的开发保护使命，对"生态文明"战略的实施意义重大。

然而，盲目追求城镇化、工业化，漠视城乡统筹等问题导致了农业生产要素非农化、人口老弱化、空心村、环境污损化、公共设施短缺、贫困化、文化空虚、治理无序等一系列乡村发展问题（郑小玉、刘彦随，2018）。在乡村生态环境和资源利用上的问题尤为突出。首先，由于生活污水、生活垃圾排放量增加（董玥玥，2016），农业生产中机械、农药、化肥等的过多使用（张雪绸，2004），城市近郊区、乡镇企业的发展以及城镇化或人口集中居住等（黄季焜、刘莹，2010），我国农村环境呈现点源污染与面源污染共存，生活污染和农业污染、工业污染并存，新旧污染叠加，工业及城市污染向农村转移的态势（吴晓青，2012），农业污染排放量约占全国总量的50%，导致农业生产、乡村发展和城乡转型面临诸多方面的严峻挑战（国家统计局，2014）。其次，农村资源开发过度。全国耕地退化面积超过耕地总面积的40%，守住耕地红线、保障粮食安全已经成为首要战略性难题，优质耕地减少、农业用水重地下降、青壮劳动力缺乏等硬约束不断增强，人口数量在持续增长，工业化、城镇化对粮食消费需求不断增大，造成了保障发展与保护耕地的压力加大（刘彦随，2013）。

在面对生态环境破坏、污染加剧和资源超负荷利用等诸多问题时，相较于经济发达城市地区，村镇地区针对资源环境的管理理念和制度实施也十分欠缺。粗放式发展导致农村地区产生了土地低效利用问题；农业种植污染、养殖污染以及农村生活污染等点源和面源污染的集中处理并未完全推行。在村镇工业发展上，许多厂房作坊及小型工业区的污染排放问题屡见不鲜，对环境影响的监测和管理松散，随着城市扩张与城乡一体化进程推进，许多城市污染也部分向农村转移造成农村地区污染负荷严重。此外，农村地区生态保护和污染治理理念与意识较为薄弱，对于生态问题发生后的修复和治理也不如城市地区及时和有效。这些问题在很大程度上是由村镇规划覆盖率低、管理滞后、建设环境问题突出和基础设施严重不足等问题导致的，严重制约了我国村镇和农村地区社会经济的发展，成为统筹城乡发展的"瓶颈"（顾朝林等，2014）。

村镇地区的生态、资源与环境定性分析和定量研究是解决村镇生态环境问题及资源环境管理的有效途径，能为村镇建设战略的实施和科学决策提供重要科学支撑，同时村镇资源环境承载力研究也是服务和满足国土资源与空间精细化管理发展需要的重要技术保障（周璞等，2017）。我国村镇总体数量多，规模偏小、服务功能弱。村镇资源环境承载力的研究和整合提升是破解城乡经济失衡、结构失调难题，优化村镇空间结构，强化村镇地域功能深入探究新型村镇建设的功能类型及特征，揭示乡村生产要素组织化与发展方式转变科学途径的基础和关键（刘彦随，2018）。此外，村镇尺度资源环境承载力评价研究能为国土资源环境承载力评价体系构建与监测预警机制设计提供基础技术保障，是合理高效配置国土资源、科学确定国土空间开发格局的一项重要基础性工作。

相比省、市、区县尺度的资源环境承载力研究，目前聚焦于村镇尺度的研究非常匮乏，主要由以下三方面原因导致：①村镇尺度的社会经济属性数据可得性较差，资源基础统计数据难以获取，环境质量监测站点覆盖不全；②村镇尺度资源环境要素的流动难以构建封闭的生态系统，导致从系统角度进行研究的相关评价标准参考较少；③环境治理总体投入的人力物力偏低，使村镇层面资源环境政策的效用与城市相比相差甚远。但是许多研究从乡村土地利用及变化（姜凯斯等，2019）、村镇资源环境效应、村域社会资本与环境影响（赵雪雁，2013）、村域单项水环境污染研究（费频频、杨京平，2011）等方面对村镇发展及资源环境可持续利用做了一系列的探讨，这为后期的研究深入与推进提供了基础与路径。因此，本文在现有国内外村镇尺度资源环境承载力研究整理工作的基础上开展综合评述，希望为我国村镇地区的可持续发展提供借鉴与参考。

2　资源环境承载力的国内外研究进展

2.1　国外研究进展

资源环境承载力的研究始于20世纪，最早于1921年由伯吉斯（E. W. Burgess）和帕克（R. E. Park）提出了"生态承载力"的概念，即根据某一地区的土地资源、光能等生态因子生产的食物总量所能承载的地区人口容量（Park and Burgess，1921），自此将承载力引入了生态学领域；资源承载力研究兴起于"二战"结束以后。在20世纪60年代，随着全球工业化的推进，大规模城市化使得耕地数量减少，粮食供给紧张，这对土地资源供给食物的能力产生了新的挑战，同时工业化带来的污染使得生态环境受到严重威胁。此时土地资源、水资源及矿产资源相关的承载力的相关概念逐步提出，相关研究纷纷出现；20世纪70年代，罗马俱乐部提交了题为《增长的极限》的著名研究报告，对全球人口承载容量及相关资源、环境问题进行深入探讨。该报告对资源环境承载力研究在全球的兴起具有广泛影响力，自此之后承载力价值的探讨与国际通行定义逐渐丰富，资源环境承载力愈加受到学者乃至政府的重视（Martino，1972）。

1971年，奥德姆（E. P. Odum）、利特（Lithe）等学者通过logistic方程、净第一生产力等数学方程和算式计算了在一定环境条件下动物种群数量的安全上限阈值，为承载力的定量研究奠定了基础（Odum，1971）；20世纪70～80年代，联合国粮农组织（FAO）和联合国教科文组织（UNESCO）先后开展了承载力研究，提出一系列承载力定义和量化方法。1977年，FAO开展了关于发展中国家土地的潜在人口承载能力的研究工作，把人口、资源、环境的相互作用引入发展规划的探索。1985年，UNESCO将资源承载力定义为"一个国家或地区的在可以预见的期间内，利用本地能源及其他自然资源和智力、技术等条件，在保证符合其社会文化准则的物质生活水平下，该国家或地区所能持续供养的人口数量"（UNESCO and FAO，1985）。1984年提出的能值分析法（Odum，1988）和ECCO提高承载力模型（Slesser，1990）以及1996年加拿大生态经济学家威廉·里斯（William Rees）提出的生态足迹法（Rees，1992）正式将资源环境承载力由定性研究推向定量研究，20世纪90年代至今资源环境承载力的研究持续繁荣，理论与方法渐趋成熟。

资源环境承载力从内容上看，涵盖了资源承载力和环境承载力。通常资源承载力测算主体包含土地资源、水资源、矿产资源、森林资源和旅游资源等，环境承载力包括水环境、土壤环境、大气环境和地质环境等；现有研究既包括单要素资源、环境承载力研究也包含综合资源环境承载力（Millington and Gifford, 2011）。依据研究目的不同，有按区域区分的城市群/城市综合承载力，以功能区分的旅游承载力、农业承载力等，以及以流域、海洋等生态系统为整体的资源环境综合承载力（图1）。从研究空间单元上看，国外资源环境承载力研究集中在全球资源承载力、生态系统承载力（Peters and Wilkins, 2007）及典型区域环境承载力（Witten, 2001）等，且以全球和生态系统等空间单元见长。

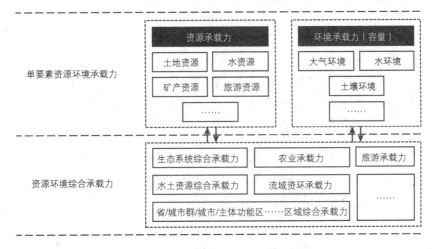

图1　单要素与综合资源环境承载力

　　资源环境承载力的研究方法多为按照研究需求构建综合指标体系后应用一种或多种评价方法进行测算，测算方法包括生态足迹法（Rees, 1992）、能值分析法（Odum, 1988）、状态空间法（Kalman, 1960）、层次分析法（Saaty and Kearns , 1985）、多目标决策（Duckstein and Opricovic, 1980）等静态评价方法，以及系统动力学方法（Rehan et al., 2011）、时间序列（Khaled, 2008）、智能算法（Sakla, 2004）等动态测算方法（表1）。其中以威廉·里斯和马希斯·威克那格（Mathis Wackernagel）提出的用以研究城市可持续发展程度的生态足迹法，奥德姆提出能值分析和斯莱塞（Slesser, 1990）等人提出被联合国教科文组织采用的承载力提升策略模型（ECCO）为代表。研究多从系统的角度出发提出提升与优化承载力的模型和方法，例如ECCO基于系统动力学模型模拟预测人口与资源环境承载力之间的关系，以长远战略确定区域发展优选方案，达到提升资源环境承载力的目标（King and Slesser, 1995）；奎植（Kyushik, 2004）等构建城市承载力评估系统（UCCAS），对城市可持续发展程度进行评估，提出城市承载力的优化途径；中岛和奥特加（Nakajima and Ortega, 2016）以能值计算与改进的生态足迹法进行生态承载力的计算并提出优化方案；芒达（Munda, 2004）从社会经济与资源环境系统发展的视角，选取评价指标进行综合质量评价。

表 1　资源环境承载力经典研究方法

方法名称	方法介绍	代表作者
状态空间法	由 1960 年发表的"控制系统的一般理论"提出，利用三维状态空间来表示区域资源环境承载力，包括作为受载体的人口及其经济社会活动和作为承载体的区域资源、环境共三个轴，利用相关的矩阵和方程函数对指标进行量化分析。通过构建理想空间曲面，用现状点与理想空间曲面比较	Kalman，1960
能值分析法	以生态—经济系统理论为基础，通过不同的能值转换率，将生态系统中各种形式的能量转换成以最常见的太阳能为基准的能值来表示，对各种形式的能量进行比较和衡量，以此来评价各个要素在系统中的地位和作用，定量地分析生态状况和经济利益。便于度量与评价，但难以确定总的投入在各个子系统之间的分配比例	Odum，1988
ECCO	由英国斯莱塞教授提出的新型资源环境承载力测算模型，该模型假设"一切都是能量"，以能量的折算为标准，通过对多个城市发展路径的比较得出人口与资源环境之间的变量关系，从而确定一个地区可持续发展的最优方案	Slesser，1990
生态足迹法	计算在一定技术条件下，维持某一物质消费水平下的人类持续生存所需要的资源和吸纳人类排放废弃物所需的生物生产性土地面积。生态足迹法理论基础科学完善，指标精简，适宜度广	Rees，1992
系统动力学法	是一种定性与定量相结合的系统仿真方法。将社会、经济、生态、环境等子系统看作一个互相耦合的复杂系统，利用系统动力学理论分析经济发展与生态环境保护间的相互依存关系，并最终提出在极限状态下的资源环境承载能力	Rehan et al.，2011
综合指数法	包括级数突变法、压力—状态—响应评价方法、模糊综合评价法、层次分析法等。通常能将定性与定量相结合，计算简易，适宜性强。指标通常只有相对重要性，没有精确的实际意义，受人为主观影响较大	Hammond，1995；Wolfslehner，2008；Irankhahi et al.，2017

2.2　国内研究进展

我国关于资源环境承载力的研究起步于 20 世纪 80 年代，1986 年有学者首次提出全国土地资源承载力容量的估算研究，但总体上在 21 世纪之前相关文献非常少，经历了 20 年左右的探索期后，于 2004 年前后开始蓬勃发展，相关研究数量一路攀升（图 2）。

国内对于资源环境承载力的研究除承袭国际影响力较高的评价方法外，如何协调和提升区域资源环境承载力的研究快速增多。提升优化的研究较多是以线性规划等方式，以区域资源、环境承载力为约束条件，以经济效益最大化为目标进行优化。除此之外，近年来结合系统动力学仿真模型、蚁群算法、遗传算法、多智能体模型、元胞自动机等智能算法的模型方法也逐步开始应用到资源环境的提升与优化研究中。相关研究包括许明军和杨子生（2016）等通过计算协调度，对区域的承载力协调与发展进行了从测算与分析；张引（2016）等对城镇的生态环境承载力和城镇化质量进行了耦合分析，根据耦合程度和质量高低对城镇化程度与状态进行了类型划分；刘寅（2016）等依据资源环境承载力评价设立了不同程度的承载区和扩展区，以此作为城市布局导向和交通导向下的建设用地优化方案；林巍等（2015）基于土地承载力评价根据突出各城市的承载优势、弥补承载力短板，合理协调区域承载力对城市群的结构进行了优化。陈兴鹏和戴芹（2002）应用系统动力学模型对甘肃省河西地区的水土资源承载力进行了预测等。

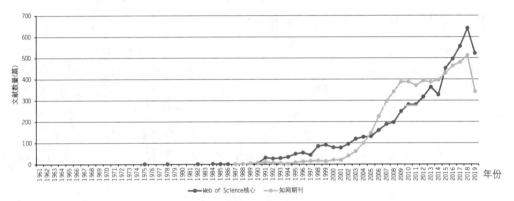

研究阶段	1970年前	1970~1985年	1985~1995年	1995~2005年	2005年至今
国外研究发展	1921年伯吉斯和帕克提出"生态承载力"概念；60年代《增长的极限》报告，对全球承载容量等环境问题进行深入探讨	承载力的精确的数学表达形式提出；第一生产力计算模型提出，间接度量了生态承载力	能值分析法，ECCO提高承载力模型等研究方法相继提出	1996年威廉·里斯等提出和完善了生态足迹法，据此计算和分析了52个国家以及全球的生态足迹和生态承载力状况	承载力研究稳步发展
国内研究发展		20世纪80年代初，国内研究起步	1986年9月，首次提出全国土地资源承载容量的初步估算	承载力研究探索时期	2005年后，国内研究数量猛速增长；2014年起，国家从政策层面将承载力逐渐应用到规划中

图2 国内外资源承载力研究发展历程

此外，在我国，资环承载力的研究作为基础研究已经应用在功能区规划、产业布局、灾后重建和城市规划等多个领域。高吉喜和陈圣宾（2014）、叶菁（2017）等将生态承载力作为国土空间开发格局优化的重要参考依据；董文（2011）等将资源环境承载能力作为我国省级主体功能区划的重要内容和主要依据之一；毕岑岑（2011）等的研究中，将城市的资源环境承载力应用于产业结构的综合评价；刘晓丽（2010）将资源环境承载力作为生态城市规划指标体系的重要参考内容。从2014年起，在可持续发展理念的指导下，国家也从政策层面将承载力应用到土地利用规划中，例如全国土地规划调整会议所制定的《全国国土规划纲要（2011~2030年）》，明确提出将资源环境承载力评价作为土地利用总体规划调整的重要支撑；同时，2014～2016 年，有关部门牵头开展了全国资源环境承载力的预警监测研究。

虽然国内资源环境承载力研究起步较晚，但 21 世纪后研究数量开始急剧攀升。总体上沿袭国外研究的理论与方法基础，但在指标体系和阈值上仍然缺乏统一标准。研究尺度相较于国外更为细化，对有特殊生态功能、环境敏感及重点建设典型区域的研究较为深入，并广泛应用于国家和地区发展的相关政策中。

3　村镇尺度资源环境承载力的相关研究

相比国外，国内资源环境承载力研究更注重区域尺度的应用，以省市级行政区、生态系统及典型区域为空间单元的研究所占比重较大。典型区域相较国外研究更加多样化，承载力研究已应用在农业品生产区（刘东等，2011）、重点开发区（刘滨等，2009）、重点生态功能区（徐卫华等，2017）和海洋渔业保障区（杨静等，2013）等。除省域、城市群、城市等以行政边界为研究区域外，国内对更小的空间单元如县域、乡村地区的关注度也越来越高。虽然呈现出资源环境承载力在小尺度行政空间单元研究上的趋势，但是对村镇资源环境承载力的测评研究仍非常有限。本文对与此相关的研究进行了整理，具体包括以下三方面。

3.1　村镇资源环境承载力测算研究

自然资源部《资源环境承能力和国土空间开发适宜性评价技术指南》指出，资源环境承载能力是一定国土空间内自然资源、环境容量和生态服务功能对人类活动的综合支撑水平。资源环境承载能力评价是对自然资源禀赋和生态环境本底的综合评价，用来确定国土空间在生态保护、农业生产、城镇建设等不同功能指向下的承载能力（自然资源部国土空间规划局，2019）。但由于物质能量的流动在村镇尺度很难有准确的度量，目前仅有少量以村域和镇域为基础的研究。例如费频频和杨京平（2011）以村域为研究区域，通过采集村内河段水网的水质，按照水功能分区的水质标准对杨墩村的工业、农业及生活污染进行了负荷分析。黄秋森（2018）等对生态保育型镇域的资源环境承载力进行了评价，构建了小尺度资源承载力的评价指标体系，其阈值选取参考了生态红线临界值，赋权以熵值法为主。胡艳霞（2011）等采用系统动力学的方法，对村域内的农业生物小循环方式构建村域生态系统，将人口、农业、支柱产业以及环境污染多个子系统分别选取变量，构建指标体系运行，计算了水源地村庄的生态安全承载力，对多情景的生态安全承载力进行预测。于汉学、解学斌（2006）对黄土高原沟壑区村镇的开展土地适宜度评价，将人居单元划分为最适宜区、适宜区、不适宜区和很不适宜区。刘晖、董芦笛（2016）在研究黄土高原小流域人居生态单元时运用承载力分析方法，提出单元安全评价指标，但并未确定承载力的阈值。周璞（2017）等从中小尺度出发，将评价单元精细到自然地块和栅格等尺度，以地域功能为主导，结合区域特色，对区域的资源环境适宜承载类型和超载类型进行了评价技术与方法的探讨。叶有华（2017）等以大鹏半岛为案例区研究了小尺度的资源环境承载力评价与预警体系，指标选取则基于街道尺度。

在以上的有限研究中，对于资源环境承载力在村镇层面的内涵与范围界定仍然不够明晰。通过采集数据进行水体的承载力评价，在绝大多数村域没有开展，同时多时段的监测数据获取也很困难。另外，对于单项承载力如水质承载力的测算标准相对较为容易确定，但综合承载力的指标标准与阈值的确定仍需探索。各地气候环境及资源本体差异大，较难确定。对于不同类型地区的资源环境承载力采取相应侧重的指标体系和评价标准，对特定地区有参考意义，全国层面还需覆盖各种特殊地域，通过设置阈值的形式建立综合全面的指标评价体系和标准。从自上而下的角度看，以流域、森林等生态系统的整体承载力可为系统内村镇提供一定的参考。此外，以栅格为最小单元自下而上进行统计，可以不受行政边界限制，但社会经济数据获取难度较大。

3.2　村镇资源环境承载力提升研究

从资源环境承载力内涵上看，增强承载力的途径分为三种，分别是：①通过生态修复、防灾减灾、资源合理调配等方式提高自然客体的承载能力；②通过改变区域主体功能、调整产业结构和优化人居系统等方式扩大承载对象的规模体量；③以技术进步、提高资源利用率和降低污染等方式提升承载体与承载对象之间的承载力（樊杰等，2017）。

在实证案例中，胡伟（2006）等通过编制安全格局网络图，制定了村镇规划、社会经济、环境卫生、基础设施及公共设施等村镇子系统的优化指标，来具体指导农村村镇人居环境的改善；李裕瑞（2013）等通过对大城市郊区村域的社会发展及转型过程进行深入剖析，探索了村镇的资源环境优化调控方法与途径；王永胜（2010）以西安市周至县为例，分析了地形影响下的自然生态环境与人居建设的相互作用与影响，结合该县的生态特征提出了村镇生态化建设理念；毛靓（2012）等提出村落生态基础设施的概念及研究方法，建立研究指标体系，以期为我国新农村规划建设和农村可持续发展提供科学依据；王雨（2017）等通过生态承载力分析，分区分类引导，划分不同的村庄类别，并以此规划不同白洋淀地区村庄未来发展的策略和撤并的推进时序；樊杰（2017）等提出对生态脆弱欠发达地区的村、乡、镇、县区通过退耕还林等生态修复工程、严重地质灾害地区通过迁移居民以及对过度开发地区调整能源供应结构等方式提高村镇地区的资源环境承载能力，以此解决区域的生态环境及经济问题；扈万泰等（2016）将"村规划"与城乡总体规划、城市总体规划、控制性详规结合，针对乡村区域的"三生"空间，探讨了乡村的环境及空间配置的优化路径。

总体来说，无论是提高自然客体承载能力、扩大承载对象规模，抑或是优化客体和承载对象之间的承载力，村镇资源环境承载力的提升本质都是立足于村镇的建设。资源数量及环境质量在村镇规划与建设过程中越来越受关注，科学的规划建设应综合考虑地区基底，合理配置与利用资源并实现承载力提升与优化。

3.3　村镇资源环境承载力研究的难点与挑战

目前村镇资源环境承载力研究，一方面受限于传统资源环境承载力研究理论、方法和实践不完善及基础数据的欠缺，另一方面受限于我国村镇地区的经济社会的现状复杂性和需求多样性。

3.3.1　村镇地区基础数据获取难度大

相比于省市级大、中型尺度的承载力评价，村镇级小尺度资源环境数据获取比较困难。一方面是受资源基层检测网络不完善造成的，如大气环境监测数据最小尺度在县域，大部分农村区域几乎无大气环境检测点，相关数据空白；同时受地区社会经济发展水平、设备质量和各地技术人员的专业水平所限，区域地质环境、水资源和水环境、大气环境和土壤条件的统计数据的精细化程度不足，可靠性较差。另一方面，由于县、乡镇级网站建设落后，数据公开化、网络化程度低，统计年鉴和年报多为各部门内部资料，难以公开获得；同时受各地社会经济发展影响，大量村镇级统计资源环境统计数据起步较晚，涉及时间尺度的历史数据获取更加困难。

3.3.2　村镇资源环境承载力概念内涵的讨论不足

目前对于承载力的概念和内涵尚未达成共识，以及能够准确描述人与环境或物种与环境之间关系的定量化方法尚为缺乏（刘晓丽、方创琳，2008）。而对于资源环境承载力基本概念和内涵的共识是开展承载力评价工作的共同基础（樊杰等，2017）。对于承载力概念和内涵的认识的争议主要体现在承载力理论问题中社会系统的开放性、动态性与复杂性等方面，资源环境系统构成的多样性及其逻辑关系（资源要素、环境要素、生态要素），以及资源环境承载压力、能力与潜力之间的逻辑等（樊杰等，2017）。村镇资源环境承载力作为资源环境承载力研究中尺度最小的空间单元，其现状、目标、约束条件、定位等均与其他空间尺度下资源环境承载力研究有着鲜明的差异，体现在对村镇从资源环境承载力研究的理论支撑，评价指标体系、约束条件、评价方法、实践应用等问题的讨论上均急需开展更深入的研究和思考。

3.3.3　村镇资源环境承载力评价对象、范围、阈值的标准不一

影响不同村镇区域发展的自然条件有所差异，承载对象的类型、结构和效率的不同也会对承载力产生显著的影响，这就导致不同区域资源环境承载力研究在评价因素选取、指标体系构建和关键阈值选择等方面有所不同。目前尽管各地实践在工作流程、部分技术路径上已达成一定共识，但综合评价技术思路依然尚未统一，将不同区域各具特色的资源环境承载力评价结果集成到全国一张图上时，评价结果之间的可比性不尽理想，对评价的科学意义和政策性造成一定影响。

村镇尺度区域的边界是行政边界而不是生态系统边界，村镇多为区域生态系统中的一部分。一方面，村镇作为区域生态系统的组成部分，物质、能量交换频繁，区域资源系统的优劣因素不再是绝对的优劣（可向周边区域交换资源），承载力评价主体要素选取和指标体系的构建存在不确定性。另一

方面，区域人口流动频繁、产业的细化分工等影响，导致村镇内承载对象具有不确定性，资源环境系统承载的对象未必是本区域内的人口和经济活动。因此，深入探讨村镇系统边界界定以及在系统边界中找出总量约束上限阈值对客观准确认知村镇尺度资源环境承载能力具有极为重要的研究意义（樊杰等，2017）。

3.3.4 村镇资源环境承载力综合提升技术不足

我国幅员辽阔，自然地理区域差异较大，社会经济发展不均衡，村镇类型极多，现状差异悬殊，村镇尺度资源环境承载力研究工作的开展具有较大难度。现有研究缺少在标准建立视角下开展相关研究的同时，较少关注村镇资源环境承载力综合提升技术及其应用。一方面，目前的资源环境承载力评价集中在环境保护、污染处理、基础建设等领域，强调承载力研究中的指标体系选取、阈值选择等技术问题，但是，缺乏统一的动态研究机制和评价体系，研究结果无法集中反应区域发展的现实问题，基础研究和社会应用存在一定的脱节现象。另一方面，现有应用多停留在战略引导和探讨层面，对于村镇尺度资源环境承载力如何在村镇区域环境改善、资源优化配置、国土资源集约利用、开发格局优化等方面的综合水平提升研究不足，难以将评价结果和提升技术落实到村镇规划中，导致相关成果的转化困难。

4 基于村镇尺度的资源环境承载力的研究展望

在我国生态文明建设工作不断推进、国土空间空间规划精细化管理要求不断提高、乡村振兴发展工作不断深入的背景下，村镇资源环境承载力研究应重视以下四方面的工作。

4.1 构建分层次、类型差异化和应用导向的评价体系

村镇资源环境承载力评价相关资源环境要素繁多复杂，如何从内涵、理论着手探究这些要素主体之间的关系，建立科学系统的体系结构、作用机制以及逻辑关系是进行村镇资源环境承载力评价工作的重要基础。结合以往不同空间尺度下资源环境承载力评价指标体系构建的研究工作，充分考虑村镇小空间尺度的现实情况和实际需要，建立起包含具有全局性和普遍性影响的基础要素以及具有局部意义的专项要素的指标体系。同时，在进行村镇资源环境承载力评价时，应坚持应用目标导向，为村镇区域可持续发展服务。以地域功能和空间结构的可持续发展状态作为评估村镇区域资源环境承载力的标尺，采取"功能定位辨别→地域主导功能与扩展功能分析→资源环境要素选取→单要素指标评价→综合等级评价→空间区划"的总体思路和技术流程。总体上，遵循目标导向性原则、区域差异性原则、综合性原则、可操作性原则，基于发生学原理和过程，实现分层次、流程化实施的评价体系。

在村镇主导功能与扩展功能基础上，对不同类型村镇实施差异化资源承载力核算与提升方法，充分结合"自上而下"和"自下而上"的综合分析方式（图3）。对于生态主导型村镇，例如大部分面

积位于流域区域、沙漠化或水土流失的生态敏感区域具有水源涵养、生物多样性保护或洪水调蓄等重要生态功能的村镇，由于其受流域及自然环境影响明显，需考虑资源分布及生态环境的整体性，适当采用"自上而下"为主的资源环境承载力测算方法，先通过核算所在生态系统或统计生态及资源容量的市县上级行政尺度的综合承载能力，采用能值分析等方法，再运用降维、尺度转化或其他分配方式，计算村镇的综合承载力；而对于农业主导型村镇，如粮食主产区村镇，基本农田示范区村镇，和工商工业发达型村镇，通常其在产业区人口密集，人类生活生产活动对资源及环境影响频繁，该类村镇适合采用"自下而上"为主的测算方法，通过生态足迹等方法对各村资源承载力统计核算，环境质量及污染评价，再汇总至镇域测算总体综合承载力。对于资源型村镇例如矿产资源及其他能源资源型城市，则需综合"自上而下"的资源区域整体资源承载力核算后合理分配和"自下而上"资源消耗统计与环境承载力测算。

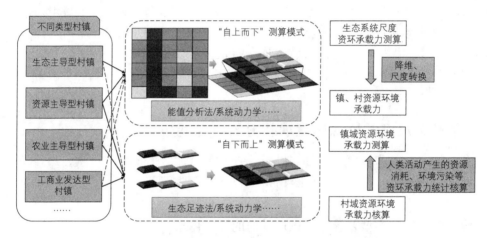

图 3　村镇类型差异化资源环境承载力测算模式

4.2　依托国土空间规划和"双评价"等契机，针对性设计提升路径

2017 年 1 月，国务院印发《全国国土规划纲要（2016～2030 年）》，提出以资源环境承载能力为基础，推动国土集聚开发和分类保护相适应，切实优化国土空间开发格局（岳文泽、王田雨，2019）。目前，发挥并加强"双评价"工作在优化国土空间开发格局和促进可持续发展等方面的重要作用已形成各界共识（贾克敬等，2017；顾朝林、曹根榕，2019）。

在村镇地区，传统的村镇建设蓝图式规划、农业和土地利用的自上而下式规划、脱离农民意愿的精英式规划等均显现规划的失效，新时代乡村规划需要转向"多规合一"的综合性规划、资源保护的制度性规划、面向村民和集体产权的服务型规划以及政府、市场和社会共同遵守和执行的契约型规划。为实现该目标，需结合国土空间规划工作和"双评价"契机，进一步摸清村镇资源环境资源现状、开展科学的承载力评价，从而为新时代乡村规划实现国土空间开发格局优化和村镇可持续发展科学奠定科学基础。村镇级评价要以市县尺度等宏观的"双评价"结果为基础，充分挖掘"双评价"的数据价值，作为资源环境承载力自上而下评价的参考，提高承载力评价结果的实践价值和可比性；同时将承载力提升技术研究与国土空间规划相结合，将承载力提升方案和实施细则纳入国土空间规划方案中，继而针对性设计村镇资源环境承载力提升路径，综合自然本体承载力提升以及通过配置资源承载容量扩大，实现新农村生态安全、经济发展和社会平等三方面的综合目标。

4.3 着重开展村镇资源环境承载力的动态监测与预警研究

加强对不同地区资源环境承载力的动态监测与预警也是研究的重点。通过对区域人地关系的动态监管，实现资源环境承载力预警管理，具有重要的实践意义。为了达到这一目标，首先要建立动态模拟模型和动态指标体系，分析资源环境系统和社会经济系统的相互影响，实现对于资源环境承载情况的动态检测，精确衡量当时资源环境承载力状态，并进行基于已有数据和规划变动的动态预测。

在预警方面，将当前的承载状态与过去几年的变化趋势结合起来，划分警情，从而实现对未来的动态预警（杨正先等，2017；卢亚灵等，2017）。然而，这种基于过去的视角，对未来的情况进行判断本身就有逻辑性问题，尤其是应用于承载力的预警上，人类在调节、改造人地关系过程中具有积极正向的能动性，且由于技术进步、政策调整等外界因素引起的趋势非线性变化时有发生。这种逻辑缺陷本身无法避免，但也不容忽视，今后应尝试设置差异化监测周期、潜力预测等手段，诊断和预判短期内承载力状态和可持续发展的耦合程度，及时调整警情等，为促进村镇地区可持续发展提供有效决策支持。

4.4 推进村镇资源环境多学科融合与基础技术探究

由于村镇地区具备独特的地域系统综合性、复杂性、动态性，村镇尺度资源环境承载力研究既要致力于乡村振兴规划与决策、乡村地域类型与机理、村镇地域功能与分类、居业协同体系与系统模式等前沿领域综合研究，也需不断加强针对村镇地域系统问题的创新研究和典型示范，实现地理学与其他学科交叉集成（刘彦随，2018）。同时，针对村镇尺度下资源、环境、生态监测网络和机制不健全，基础数据获取困难、精度和准确性较差的问题，可考虑通过国土资源环境野外核查与遥感影响数据解译对比，高分辨率的遥感影像既能较好地反映小尺度区域的地物覆被、生态环境状况，又能科学弥补基础资料匮乏地区资源环境承载力评价的需求。从中小尺度资源环境基础调查实践情况来看，土地利用状况、生态环境的演变情况，在多时段的高分辨率遥感影像数据中反映最为明显。因此，建议在村镇尺度的资源环境承载力评价与监测预警研究中，充分重视高分辨率遥感影像数据的应用，并充分应用"3S"技术加强承载力的动态演变分析（周璞等，2017）。另外，一系列相关科学难题和关键技术的突破意义重大，如区域环境容量评估、水土资源合理开发强度阈值测算、承载力构成要素之间的相互依存关系和尺度转换特征、短板效应集成方法的改进与优化以及基于人口或经济规模的承载力量值表征技术等（樊杰等，2017），为推进村镇尺度资源环境承载力研究提供科学支撑。

5 结语

"三农"问题是事关我国国计民生的根本性问题。但长期以来，村镇在经济、社会、环境发展等方面发展滞后，在生态环境污染和资源利用问题上尤为突出。为此，需要进行村镇地区的生态、资源与环境定性分析和定量研究，这既是解决村镇生态环境问题和资源环境管理和治理的有效途径，同时也能为我国村镇建设战略实施和科学决策的重要科学支撑。

本文对国内外资源环境承载力发展情况从承载力的概念、研究空间单元、研究方法、研究应用等角度进行简要梳理，并将研究领域聚焦在村镇尺度进行分析和评述。研究发现，受制于村镇地区基础数据获取困难、村镇资源环境承载力的概念内涵讨论不足、村镇资源环境承载力评价范围和阈值不统一等问题，现有村镇尺度资源环境承载力相关研究数量较少，多为针对某项特定指标（如水资源）的单项评价，缺乏综合承载力的指标标准和阈值设定，同时尚未形成科学、系统的研究体系和框架，不同区域的评价结果的可比性不尽理想。为了应对国土空间规划精细化、乡村振兴战略的发展需要，解决村镇资源环境问题，未来村镇资源环境承载力研究应尝试构建分层次、差异化、应用导向的评价体系，依托国土空间规划和"双评价"的契机，针对性提出资源环境承载力提升策略；同时着重开展针对资源环境承载力的动弹检测和相应的预警研究，并积极推进村镇资源环境多学科融合和基础技术的发展，综合提升村镇资源环境承载力评价的科学性和应用价值。

致谢

本文受国家重点研发计划重点专项"村镇建设资源环境承载力综合测算平台研发及规划应用"（项目编号：2018YFD1100105）资助。

参考文献

[1] DUCKSTEIN L, OPRICOVIC S. Multi-objective optimization in river basin development[J]. Water Resources Research, 1980, 16(1): 14-20.

[2] HAMMOND A L, INSTITUTE W R. Environmental indicators: a systematic approach to measuring and reporting on environmental policy performance in the context of sustainable development[J]. Revolucion Azul, 1995.

[3] IRANKHAHI M, JOZI S A, FARSHCHI P, et al. Combination of GISFM and TOPSIS to evaluation of urban environment carrying capacity (case study: Shemiran city, Iran)[J]. International Journal of Environmental Science and Technology, 2017, 14(6): 1317-1332.

[4] KALMAN R E. On the general theory of control systems[J]. IRE Transactions on Automatic Control, 1960, 4(3): 110.

[5] KHALED H H. Trend detection in hydrologic data: the Mann-Kendall trend test under the scaling hypothesis[J]. Journal of Hydrology, 2008, 349(3-4): 350-363.

[6] KING J, SLESSER M. Prospects for sustainable development: the significance of population growth[J]. Population & Environment, 1995, 16(6): 487-505.

[7] KYUSHIK OH, YEUNWOO JEONG, DONGKUN LEE, et al. Determining development density using the urban carrying capacity assessment system[J]. Landscape and Urban Planning, 2004, 73(1): 1-5.

[8] MARTINO J P. The limits to growth: a report for the club of Rome's project on the predicament of mankind: Dennis L. Meadows et al. Universe Books, New York. 1972, 205 pages, $6.50; paperback $2.75[J]. Technological Forecasting & Social Change, 1972, 4(3): 323-332.

[9] MILLINGTON R, GIFFORD R. Energy and how we live[R]. Australian: UNESCO Seminar, Committee to Man and Biosphere, 2011.

[10] MUNDA G. Social multi-criteria evaluation: methodological foundations and operational consequences[J]. European Journal of Operational Research, 2004, 158(3): 662-677.

[11] NAKAJIMA E S, ORTEGA E. Carrying capacity using emergy and a new calculation of the ecological footprint[J]. Ecological Indicators, 2016, 60: 1200-1207.

[12] ODUM E P. Fundamentals of ecology[M]// Fundamentals of ecology, 1971.

[13] ODUM H T. Self-organization, transformity, and information[J]. Science, 1988, 242(4882): 1132-1139.

[14] PARK R E, BURGESS E W. Introduction to the science of sociology[M]. Chicago: The University of Chicago Press, 1921.

[15] PENG J, DU Y Y, LIU Y X, et al. How to assess urban development potential in mountain areas? An approach of ecological carrying capacity in the view of coupled human and natural systems[J]. Ecological Indicators, 2016, 60: 1017-1030.

[16] PETERS C J, WILKINS J L, FICK G W. Testing a complete-diet model for estimating the land resource requirements of food consumption and agricultural carrying capacity: the New York State example[J]. Renewable Agriculture and Food Systems, 2007, 22(2): 145-153.

[17] REES W E. Ecological footprints and appropriated carrying capacity: what urban economics leaves out[J]. Environment and Urbanization, 1992, 4(2): 121-130.

[18] REHAN R, KNIGHT M A, HAAS C T, et al. Application of system dynamics for developing financially self-sustaining management policies for water and wastewater systems[J]. Water Research, 2011, 45(16): 4737-4750.

[19] SAATY T L, KEARNS K P. The Analytic Hierarchy Process[M]// Analytical Planning, 1985.

[20] SAKLA S S S. Neural network modeling of the load-carrying capacity of eccentrically-loaded single-angle struts[J]. Journal of Constructional Steel Research, 2004, 60(7): 965-987.

[21] SLESSER M. Enhancement of carrying capacity option ECCO[R]. London: The Resource Use Institute, 1990.

[22] UNESCO, FAO. Carrying capacity assessment with a pilot study of Kenya: a resource accounting methodology for exploring national options for sustainable development[R]. Paris and Rome, 1985.

[23] WITTEN J D. Carrying capacity and the comprehensive plan: establishing and defending limits to growth[J].

Boston College Environmental Affairs Law Review, 2001, 28(4).

[24] WOLFSLEHNER B, VACIK H. Evaluating sustainable forest management strategies with the analytic network process in a pressure-state-response framework[J]. Journal of Environmental Management, 2008, 88(1): 1-10.

[25] 毕岑岑, 王铁宇, 吕永龙. 基于资源环境承载力的渤海滨海城市产业结构综合评价[J]. 城市环境与城市生态, 2011, 24(2): 19-22.

[26] 陈兴鹏, 戴芹. 系统动力学在甘肃省河西地区水土资源承载力中的应用[J]. 干旱区地理, 2002(4): 377-382.

[27] 董文, 张新, 池天河. 我国省级主体功能区划的资源环境承载力指标体系与评价方法[J]. 地球信息科学学报, 2011, 13(2): 177-183.

[28] 董玥玥. 城乡一体化导向的农村环境污染治理研究[J]. 农业经济, 2016(5): 15-16.

[29] 樊杰, 周侃, 王亚飞. 全国资源环境承载能力预警(2016版)的基点和技术方法进展[J]. 地理科学进展, 2017, 36(3): 266-276.

[30] 费颖颖, 杨京平. 杭嘉湖水网平原村域水环境污染及其负荷分析[J]. 环境科学与技术, 2011, 34(4): 104-109.

[31] 高吉喜, 陈圣宾. 依据生态承载力优化国土空间开发格局[J]. 环境保护, 2014, 42(24): 12-18.

[32] 顾朝林. 论我国空间规划的过程和趋势[J]. 城市与区域规划研究, 2018, 10(1): 60-73.

[33] 顾朝林. 新时代乡村规划需要向农村现代化全面转型[J]. 农村工作通讯, 2018(9): 45.

[34] 顾朝林, 曹根榕. 论新时代国土空间规划技术创新[J]. 北京规划建设, 2019(4): 64-70.

[35] 顾朝林, 张晓明, 韩青, 等. 我国县镇(乡)村规划问题与对策[J]. 南方建筑, 2014(2): 9-15.

[36] 国家统计局. 2013年全国农民工监测调查报告[EB/OL]. (2014-05-12) [2017-03-12]. http://www.stats.gov.cn/tjsj/zxfb/201405/t-20140512_551585.html.

[37] 胡伟, 冯长春, 陈春. 农村人居环境优化系统研究[J]. 城市发展研究, 2006(6): 11-17.

[38] 胡艳霞, 周连第, 李红, 等. 北京密云水源地村级尺度生态安全承载力分析[J]. 中国农学通报, 2011, 27(23): 221-226.

[39] 扈万泰, 王力国, 舒沐晖. 城乡规划编制中的"三生空间"划定思考[J]. 城市规划, 2016, 40(5): 21-26+53.

[40] 黄季焜, 刘莹. 农村环境污染情况及影响因素分析——来自全国百村的实证分析[J]. 管理学报, 2010, 7(11): 1725-1729.

[41] 黄秋森, 赵岩, 许新宜, 等. 基于弹簧模型的资源环境承载力评价及应用——以内蒙古自治区陈巴尔虎旗为例[J]. 自然资源学报, 2018, 33(1): 173-184.

[42] 贾克敬, 张辉, 徐小黎, 等. 面向空间开发利用的土地资源承载力评价技术[J]. 地理科学进展, 2017, 36(3): 335-341.

[43] 姜凯斯, 刘正佳, 李裕瑞, 等. 黄土丘陵沟壑区典型村域土地利用变化及对区域乡村转型发展的启示[J]. 地理科学进展, 2019(9): 1305-1315.

[44] 李裕瑞, 刘彦随, 龙花楼, 等. 大城市郊区村域转型发展的资源环境效应与优化调控研究——以北京市顺义区北村为例[J]. 地理学报, 2013, 68(6): 825-838.

[45] 林巍, 户艳领, 李丽红. 基于土地承载力评价的京津冀城市群结构优化研究[J]. 首都经济贸易大学学报, 2015, 17(2): 74-80.

[46] 刘滨, 陈美球, 罗志军, 等. 鄱阳湖生态经济区主体功能分区研究[J]. 中国土地科学, 2009, 23(7): 55-60.

[47] 刘东, 封志明, 杨艳昭, 等. 中国粮食生产发展特征及土地资源承载力空间格局现状[J]. 农业工程学报, 2011,

27(7): 1-6+398.

[48] 刘晖, 董芦笛. 寻找环境压力下的有序疏解黄土高原典型生态基质下的城镇化发展模式[J]. 时代建筑, 2006(4): 52-55.

[49] 刘晓丽. 基于资源环境承载力的生态城市规划指标体系研究[A]. 中国科学技术协会学会、福建省人民政府. 经济发展方式转变与自主创新——第十二届中国科学技术协会年会(第四卷)[C]. 中国科学技术协会学会、福建省人民政府: 中国科学技术协会学会学术部, 2010: 9.

[50] 刘晓丽, 方创琳. 城市群资源环境承载力研究进展及展望[J]. 地理科学进展, 2008(5): 35-42.

[51] 刘彦随. 新型城镇化应治"乡村病"[N]. 人民日报, 2013-9-10(5).

[52] 刘彦随. 中国新时代城乡融合与乡村振兴[J]. 地理学报, 2018, 73(4): 637-650.

[53] 刘寅, 黄志勤, 辜寄蓉, 等. 基于资源环境承载力的建设用地布局优化方法研究[J]. 环境与可持续发展, 2016, 41(3): 95-100.

[54] 卢亚灵, 刘年磊, 程曦, 等. 京津冀区域大气环境承载力监测预警研究[J]. 中国人口·资源与环境, 2017, 27(S1): 36-40.

[55] 鲁甜. 新型城镇化下村镇宜居社区环境容量评估的再思考[A]. 中国风景园林学会. 中国风景园林学会 2014 年会论文集(上册)[C]. 中国风景园林学会: 中国风景园林学会, 2014: 4.

[56] 毛靓, 李桂文, 徐聪智. 村落生态基础设施研究[J]. 城市建筑, 2012(5): 120-122.

[57] 王永胜, 张定青. 西安市秦岭北麓村镇生态化建设规划初探——以周至县为例[J]. 华中建筑, 2010, 28(12): 126-130.

[58] 王雨, 段威. 基于生态承载力的县域乡村建设规划研究——以河北安新县白洋淀地区为例[J]. 小城镇建设, 2017(8): 18-23.

[59] 吴晓青. 污染农村影响"美丽乡村"建设[J]. 西部大开发, 2012(11): 100.

[60] 徐卫华, 杨琰瑛, 张路, 等. 区域生态承载力预警评估方法及案例研究[J]. 地理科学进展, 2017, 36(3): 306-312.

[61] 许明军, 杨子生. 西南山区资源环境承载力评价及协调发展分析——以云南省德宏州为例[J]. 自然资源学报, 2016, 31(10): 1726-1738.

[62] 杨静, 张仁铎, 翁士创, 等. 海岸带环境承载力评价方法研究[J]. 中国环境科学, 2013, 33(S1): 178-185.

[63] 杨正先, 张志锋, 韩建波, 等. 海洋资源环境承载能力超载阈值确定方法探讨[J]. 地理科学进展, 2017, 36(3): 313-319.

[64] 叶菁, 谢巧巧, 谭宁焱. 基于生态承载力的国土空间开发布局方法研究[J]. 农业工程学报, 2017, 33(11): 262-271.

[65] 叶有华, 韩宙, 孙芳芳, 等. 小尺度资源环境承载力预警评价研究——以大鹏半岛为例[J]. 生态环境学报, 2017, 26(8): 1275-1283.

[66] 于汉学, 解学斌. 黄土高原沟壑区城镇体系协调发展的生态学途径[J]. 建筑科学与工程学报, 2006(4): 84-89.

[67] 岳文泽, 王田雨. 资源环境承载力评价与国土空间规划的逻辑问题[J]. 中国土地科学, 2019, 33(3): 1-8.

[68] 张雪绸. 我国农村环境污染的现状及其保护对策[J]. 农村经济, 2004(9): 86-88.

[69] 张引, 杨庆媛, 闵婕. 重庆市新型城镇化质量与生态环境承载力耦合分析[J]. 地理学报, 2016, 71(5): 817-828.

[70] 赵雪雁. 村域社会资本与环境影响的关系——基于甘肃省村域调查数据[J]. 自然资源学报, 2013, 28(8):

　　　　　1318-1327.

[71] 郑小玉, 刘彦随. 新时期中国"乡村病"的科学内涵、形成机制及调控策略[J]. 人文地理 2018, 33(2): 100-106.

[72] 中办国办印发《关于建立资源环境承载能力监测预警长效机制的若干意见》[N]. 人民日报, 2017-09-21(001).

[73] 周璞, 王昊, 刘天科, 等. 自然资源环境承载力评价技术方法优化研究——基于中小尺度的思考与建议[J]. 国土资源情报, 2017(2): 19-24＋18.

[74] 自然资源部国土空间规划局. 资源环境承载能力和国土空间开发适宜性评价技术指南(征求意见稿)[S]. 2019.

[欢迎引用]

高原, 于江浩, 田莉. 村镇资源环境承载力研究评述与展望[J]. 城市与区域规划研究, 2021, 13(2): 180-196.

GAO Y, YU J H, TIAN L. Review and prospect of research on resource and environment carrying capacity at town and village levels [J]. Journal of Urban and Regional Planning, 2021, 13(2): 180-196.

以中国城镇化推动中国式现代化

——顾朝林著《中国城镇化》评述

武廷海

Promoting Chinese Modernization with Chinese Urbanization: A Review of *Chinese Urbanization* by GU Chaolin

WU Tinghai
(School of Architecture, Tsinghua University, Beijing 100084, China)

《中国城镇化》

顾朝林著
北京：科学出版社
452 页，280.00 元
ISBN：978-7-030-66428-0

城镇化是指生活在城市地区的人数不断增加、城镇数量不断增加、城镇人口占总人口的比重不断增加的过程，城镇化是伴随工业化、现代化而席卷人类社会的历史趋势。城镇化带来经济集聚效应推动人口、经济和空间的集聚，这种持续和过分的人口、经济和空间的集聚，也带来城镇化问题。因此，城镇化是城市地理学研究的核心内容之一，相关的研究已经持续了将近 200 年。

中国城镇化研究，早在 1945 年抗日战争取得胜利后就开始萌芽。当时全国人民期盼国家重建，开展了重庆、南京等地区的地理调查和研究，梁思成在《大公报》发表"市镇的体系秩序"。进入社会主义建设阶段，由于我国理论界长期持有"城市化是资本主义的产物""社会主义不需要城市化"等认识，因此城镇化就成为我国人文社会科学界、城市规划和建设领域的理论与实践研究禁区。1979 年，城市地理学家吴友仁"论中国社会主义城市化"率先冲破这个禁区，从理论上开启了中国城镇化研究历程，如今中国城镇化研究已经成为自然科学、人文社会科学、工程领域和各级政府重要的研究课题与发展战略。

自改革开放以来，随着中国大规模快速城镇化实践蓬勃展开，为了满足国家和社会发展需求，至少四代城市地理学者前赴后继努力工作，城镇化研究成为中国城市地理学者将论文写在祖国大地的最辉煌地理学研究成果之一，《中国城镇化》就是这批优秀研究成果中的杰出代表。

作者简介
武廷海，清华大学建筑学院。

《中国城镇化》所讨论城镇化与西方文献中的城市化（urbanization）同义。在西方发达国家，城市化进程较为缓慢，有的经历了一两百年的时间。它们在城市化的初期和中期，都是与工业革命关联在一起的，与城市病缠绕在一处，例如交通拥堵、环境污染、生态退化、住房短缺和社会不公等等，城市化的研究也没有与社会经济发展的需求相适应，有点像中国改革开放初期的"摸着石头过河"的感觉。后来的城市化研究，大部分都是"权宜之计"的应景之作，如偏向城市贫困的社会学的城市化社会问题研究，或是"隔岸观火"的"贫民窟"发展中国家城市化研究，而大多数后城市化国家学者，虽然"身临其境"，却都是在上述西方发达国家城市化研究理论的指引下，有的"慌不择路"，有的"笃信前行"，缺乏大场景、全过程、多要素、系统化的思考和经验累积。

《中国城镇化》从城镇化的本质开始思考，力图避免上述研究缺陷。我们为什么要城镇化？中国是否可以走非城镇化道路？工业革命以来的人类社会实践表明，城镇化是现代化的标志，城镇化是一种生活方式，城镇化是一个社会过程，城镇化是一把双刃剑。也就是说，中国要迈向现代化国家，城镇化是不可逾越的障碍；城镇化只是人类社会的一种生活方式，不是全部，有一部分人是可以选择非城镇化生活方式的，更进一步说，中国是不需要实现 100%城镇化水平的国家；城镇化是一个社会过程，是一个漫长的经济—社会发展、社会—文化转型的内生过程，一蹴而就难成行；城镇化也是一把双刃剑，既有利，也有害，是一个人口—社会—经济—资源—环境—生态—发展的全链条的封闭系统，相互关联，互相依赖，一个要素的不协调，会触发全系统的不运行甚至"系统崩解"，对人类社会或者人类赖以生存的自然—生态系统不可持续的伤害，而且"开弓难有回头箭"，城镇化过程具有"不可逆性"。

基于对城镇化本质的认识，《中国城镇化》系统地梳理了城镇化研究的理论框架，从经典的理论到当代的前沿进展和经济学、社会学、政治学三个研究转向，从单要素的全球化到多要素的多维视角，从静态分析到动力学机理，从定性到定量，从人口—社会—经济系统到生态—环境胁迫，进行了全方位的展示。

中国城镇化的影响具有世界性。一方面，中国城镇化是世界城镇化的最重要组成部分，规模巨大，影响深远。目前中国城市人口占世界城市人口总数的 1/7，特大城市地区人口约占世界特大城市地区的 2/5；另一方面，21 世纪的世界实际是美中主导下的城市化竞技场，资源和市场、技术与文化、东西方人类价值观和生活方式的博弈与竞争，在所难免。中国城镇化必须要有世界的眼光和全球的视角，观察和研究相关的城镇化过程与转型发展问题。

中国城镇化研究尽管起步较晚，但因为政府主导，多学科齐头并进，研究成果可以说浩如烟海，林林总总。《中国城镇化》采用"学贯中西"的穿透手法，坚守原真的学术源流，分别展开中国城镇化空间、中国城镇化过程、中国城镇化模式这些城镇化经典内容的研究，展现出完全的、全新的场所感。

根据第七次全国人口普查，居住在城镇的人口为 9.02 亿人，占全国总人口的 63.89%，可以说中国城镇化正在路上。哪些重要因素会影响中国城镇化？首先需要仔细甄别中国城镇化发展的机理，存在外生发展和内生增长两个方面。中国城镇化是中国的城镇化，灿烂悠久的历史积淀、传统文化和现代化探索、三次不成功的工业化经历都深深刻画了中国的印记，第一人口大国、第二大经济体、全部的生产体系、转型中的消费市场和巨大的流通环节，都会给中国城镇化带来不一般的认知和挑战。对中国城镇化来说，经济发展是基础，人口变化是现象，土地利用是关键，基础设施是支撑，面对越来越紧迫的资源—环境—生态约束，制度的改革和创新才是唯一一打开这些要素互锁的钥匙。

可以预期，再有 10 年的努力，中国将步入高收入国家行列。中国城镇化会从弗里德曼的城镇化Ⅰ型走向城镇化Ⅱ型的转型发展，经济高质量发展、绿色城镇化、服务和消费时代的城市生活方式以及人类社会生命共同体的价值理念彰显，都会一一向我们走来。无论你是谁，也无论你愿意不愿意，你都会去拥抱中国城镇化，接受她的洗礼，植入你的光芒。因为，你处在这样的时代，中国从农业国家向城镇化国家转型的时代，不能视而不见或无动于衷。

习近平总书记在庆祝中国共产党成立 100 周年大会上的重要讲话中指出："我们坚持和发展中国特色社会主义，推动物质文明、政治文明、精神文明、社会文明、生态文明协调发展，创造了中国式现代化新道路，创造了人类文明新形态。"中国城镇化是现代化的重要标志，中国城镇化关系中国式现代化，如何以中国城镇化推动中国式现代化，相信读者通过阅读《中国城镇化》，可以获得更多新的启示。

参考文献

[1] 顾朝林. 中国城镇化[M]. 北京: 科学出版社, 2021.

[欢迎引用]

武廷海. 以中国城镇化推动中国式现代化——顾朝林著《中国城镇化》评述[J]. 城市与区域规划研究, 2021, 13(2): 197-199.

WU T H. Promoting Chinese modernization with Chinese urbanization: a review of *Chinese Urbanization* by GU Chaolin [J]. Journal of Urban and Regional Planning, 2021, 13(2): 197-199.

《城市与区域规划研究》征稿简则

本刊栏目设置

本刊设有 7 个固定栏目，分别是：

1. **主编导读**。介绍本期主题、编辑思路、文章要点、下期主题安排。
2. **特约专稿**。发表由知名学者撰写的城市与区域规划理论论文，每期 1～2 篇，字数不限。
3. **学术文章**。城市与区域规划理论、方法、案例分析等研究成果。每期 6 篇左右，字数不限。
4. **国际快线（前沿）**。国外城市与区域规划最新成果、研究前沿综述。每期 1～2 篇，字数约 20 000 字。
5. **经典集萃**。介绍有长期影响、实用价值的古今中外经典城市与区域规划论著。每期 1～2 篇，字数不限，可连载。
6. **研究生论坛**。国内重点院校研究生研究成果、前沿综述。每期 3 篇左右，每篇字数 6 000～8 000 字。
7. **书评专栏**。国内外城市与区域规划著作书评。每期 3～6 篇，字数不限。

根据主题设置灵活栏目，如：**人物专访、学术随笔、规划争鸣、规划研究方法**等。

用稿制度

本刊收到稿件后，将对每份稿件登记、编号及组织专家匿名评审，刊登与否由编委会最后审定。如无特殊情况，本刊将会在 3 个月内告知录用结果。在此之前，请勿一稿多投。来稿文责自负，凡向本刊投稿者，即视为同意本刊将稿件以纸质图书版本以及包括但不限于光盘版、网络版等数字出版形式出版。稿件发表后，本刊会向作者支付一次性稿酬并赠样书 2 册。

投稿要求

本刊投稿以中文为主（海外学者可用英文投稿），但必须是未发表的稿件。英文稿件如果录用，本刊可以负责翻译，由作者审查定稿。除海外学者外，稿件一般使用中文。作者投稿用电子文件，通过采编系统在线投稿，采编系统网址：**http://cqgh.cbpt.cnki.net/**，或电子文件 **E-mail 至 urp@tsinghua.edu.cn**。

1. 文章应符合科学论文格式。主体包括：① 科学问题；② 国内外研究综述；③ 研究理论框架；④ 数据与资料采集；⑤ 分析与研究；⑥ 科学发现或发明；⑦ 结论与讨论。

2. 稿件的第一页应提供以下信息：① 文章标题、作者姓名、单位及通讯地址和电子邮件；② 英文标题、作者姓名的英文和作者单位的英文名称。稿件的第二页应提供以下信息：① 200 字以内的中文摘要；② 3～5 个中文关键词；③ 100 个单词以内的英文摘要；④ 3～5 个英文关键词。

3. 文章正文中的标题、插图、表格、符号、脚注等，必须分别连续编号。一级标题用"1""2""3"……编号；二级标题用"1.1""1.2""1.3"……编号；三级标题用"1.1.1""1.1.2""1.1.3"……编号，标题后不用标点符号。

4. 插图要求：500dpi，14cm×18cm，黑白位图或 EPS 矢量图，由于刊物为黑白印制，最好提供黑白线条图。图表一律通栏排，表格需为三线表（图：标题在下；表：标题在上）。

5. 参考文献格式要求如下：

（1）参考文献首先按文种集中，可分为英文、中文、西文等。然后按著者人名首字母排序，中文文献可按著者汉语拼音顺序排列。参考文献在文中需用括号表示著者和出版年信息，例如（王玲，1983），著录根据《信息与文献 参考文献著录规则》（GB/T 7714—2015）国家标准的规定执行。

（2）请标注文后参考文献类型标识码和文献载体代码。

- 文献类型/类型标识
  专著/M；论文集/C；报纸文章/N；期刊文章/J；学位论文/D；报告/R
- 电子参考文献类型标识
  数据库/DB；计算机程序/CP；电子公告/EP
- 文献载体/载体代码标识
  磁带/MT；磁盘/DK；光盘/CD；联机网/OL

（3）参考文献写法列举如下：

［1］刘国钧，陈绍业，王凤翥. 图书馆目录[M]. 北京：高等教育出版社，1957: 15-18.

［2］辛希孟. 信息技术与信息服务国际研讨会论文集: A 集[C]. 北京: 中国社会科学出版社, 1994.

［3］张筑生. 微分半动力系统的不变集[D]. 北京: 北京大学数学系数学研究所, 1983.

［4］冯西桥. 核反应堆压力管道与压力容器的 LBB 分析[R]. 北京: 清华大学核能技术设计研究院, 1997.

［5］金显贺, 王昌长, 王忠东, 等. 一种用于在线检测局部放电的数字滤波技术[J]. 清华大学学报(自然科学版), 1993, 33(4): 62-67.

［6］钟文发. 非线性规划在可燃毒物配置中的应用[C]//赵玮. 运筹学的理论与应用——中国运筹学会第五届大会论文集. 西安: 西安电子科技大学出版社, 1996: 468-471.

［7］谢希德. 创造学习的新思路[N]. 人民日报, 1998-12-25(10).

［8］王明亮. 关于中国学术期刊标准化数据库系统工程的进展 [EB/OL]. (1998-08-16)/[1998-10-04]. http://www.cajcd.edu.cn/pub/wml.txt/980810-2.html.

［9］PEEBLES P Z, Jr. Probability, random variable, and random signal principles[M]. 4th ed. New York: McGraw Hill, 2001.

［10］KANAMORI H. Shaking without quaking[J]. Science, 1998, 279(5359): 2063-2064.

6. 所有英文人名、地名应有规范译名, 并在第一次出现时用括号标注原名。

编辑部联系方式

地址: 北京市海淀区清河嘉园东区甲 1 号楼东塔 22 层《城市与区域规划研究》编辑部

邮编: 100085

电话: 010-82819491

著作权使用声明

本书已许可中国知网以数字化方式复制、汇编、发行、信息网络传播本书全文。本书支付的稿酬已包含中国知网著作权使用费, 所有署名作者向本书提交文章发表之行为视为同意上述声明。如有异议, 请在投稿时说明, 本书将按作者说明处理。

《城市与区域规划研究》征订

《城市与区域规划研究》为小 16 开，每期 300 页左右。欢迎订阅。

订阅方式

1. 请填写"征订单"并电邮或邮寄至以下地址：

联系人：单苓君

电　话：（010）82819491

电　邮：urp@tsinghua.edu.cn

地　址：北京市海淀区清河嘉园东区甲 1 号楼东塔 22 层

《城市与区域规划研究》编辑部

邮　编：100085

2. 汇款

① 邮局汇款：地址同上

收款人姓名：北京清大卓筑文化传播有限公司

② 银行转账：户　名：北京清大卓筑文化传播有限公司

开户行：北京银行北京清华园支行

账　号：01090334600120105468638

《城市与区域规划研究》征订单

每期定价	人民币 83 元（含邮费）				
订户名称				联系人	
详细地址				邮　编	
电子邮箱		电　话		手　机	
订　阅	年　　　期至　　　年　　　期			份　数	
是否需要发票	□是　发票抬头				□否
汇款方式	□银行　　　　　　□邮局			汇款日期	
合计金额	人民币（大写）				
注：订刊款汇出后请详细填写以上内容，并将征订单和汇款底单发邮件到 urp@tsinghua.edu.cn。